JN023719

力　学

鳥居 隆 編・著

学術図書出版社

はじめに

　私たち人類が生きているところを,「世界」,「宇宙」,「自然界」などといいます. またはこの世といってもよいでしょう.「この世」にはいろいろな「物体」があります. 自然科学とは, この世のすべての物体の挙動 (自然現象と呼ばれる) を解明することを目指す人類の営み, およびその成果のことです.

　人間が自然科学を創出したり, 学んだりする目的は何でしょう?

- 科学の知識によって知的好奇心を満たす.
- 科学の知識を用いて人類の生活をより快適にする.

といえるでしょう. 前者をより重視するのが科学者, それに対して後者を追求するのが技術者であるというと分かり易いかもしれません.

　このテキストは,「技術者」を目指す人が物理学の基礎を学ぶということを念頭に置いて作成されています. 物理学を学ぶ意義は,

- 既に存在する工学技術を習得する.
- 新たな工学技術を開発する.

ために役に立つということにあります.

　ここで強調しておきますが, 公式を記憶してその使い方を覚えるような勉強をしてはなりません. そうではなく, 公式がどのように導き出されたのか, その考え方と手続 (計算過程) を学ばなければなりません. このような学び方を続けていくことによって, 新たな問題にぶつかったとき, その解決を計る応用力が身につくのです. その意味で基礎を学ぶことがとても重要になります.

　さて, 現代では自然科学は多岐にわたり, いくつもの分野に分けられますが, その中心にあるのが物理学です. さらに物理学自体も, どのようなタイプの物体を考えるか, 物体のどのような性質を調べるかなどによって細分化されます.

　高校で物理を学ぶとき, 力学, 電磁気学, 熱力学, 波, 光, 原子物理学のような分け方をします. それぞれが物理学の一分野であると思っている人が多いかも知れません. けれども, これらの中で, 力学は特別な位置を占めています.

　「力学」とは, 簡単に言うと, 物体の運動を考える物理学の一分野です. アイザック・ニュートンが 1687 年に発表したものを, 整備・拡張したものですが, 物理学の全ての分野はここから始まったという意味で, 物理学の基礎であり, 自然科学のお手本ともいわれるものです. 実は, 電磁気学を始めとして力学以外の分野は, 力学で培われた考え方を土台としてその上に構築されているのです. ですから,「力学」は物理学の土台であり, 1 年次のうちにここをしっかり作り上げておくことが重要なのです.

そのため，このテキストでは「力学」から物理学の学習を始めます．ニュートンがその基盤を作り上げたため今日では，ニュートン力学といわれています．但し，300年以上前にニュートンが創り出した「力学」ではなく，その後，多くの人々によって洗練され扱いやすくなった物を学びます．

では，物理学は「この世」をどのように記述しているのでしょうか．実は，単純化したり，近似したりして，「この世」を**理想化された「物理的世界」**に置きかえて考察します．なぜそうするかというと，ひとつには「この世」では，物体の運動に影響するものがいくつもあり，お互い複雑に影響し合うため，その運動を理解するのはとても難しいものになるからです．ただ，多くの要因の中から主要なものをうまく抜き出すことができれば，本質的な部分が理解でき，後からその他の効果を取り込むことで，実際の運動が非常にうまく説明されるのです．もともと「この世」には「物理的世界」として議論できる性質があったと言えるかもしれません．

また，「物理的世界」における自然現象は，数学を用いて記述されます．ガリレオ・ガリレイは次のような言葉を残しています．

> 「自然の書物は今あなたの目の前に開かれている．しかし
> その書物は数学の言語によって書かれている．従って，それ
> を読み解くためには数学を学ばねばならない．」

「自然の…」と言っているように，ガリレイは「この世」をイメージしていたと思いますが，実際に彼がやったことは人間の主観的な感覚や運動に本質的でない要素をどんどん削ぎ落としていって，物理法則を見つけていく手法です．ガリレイが言っているのは，「物理的世界」を記述するのに必要かつ最も有効な手段が数学ということです．

「物理的世界」は数学で記述されます．ですから，力学の基礎となるニュートンの運動法則や，電磁気学の基礎となるマックスウェル方程式は証明されていて正しい，と思っている人がいるかもしれません．しかし，それは**間違い**です．そもそも，理論の基礎となる法則はピタゴラスの定理のようには証明できません．

但し，多くの物理法則は基礎となる法則から導き出されます．ここで述べているのは，理論の根底をなす基礎法則のことですから間違わないようにしてください．例えば，力学的エネルギー保存の法則はニュートンの運動方程式から導き出すことができます．

では，基礎法則の正当性はどのように確かめられるのでしょうか．前に「物理的世界」で得られた結果が，「この世」における自然現象を非常に良く再現している，と言いましたが，まさにこれなのです．これまでになされてきた実験や観測の結果を説明できるので，その法則が正しいといえるの

です．実験や観測がその法則の正しさを保証しているわけです．ですから，1つでも説明できない実験があれば，その法則（または理論）は修正されなければなりません．

　そうなると基本法則，または「この世」が「何故そうなっているのか？（why）」という質問に意味は無くなります．法則が何かから説明されるものではないからです．意味のある質問は「この世」が「どうなっているのか（how）」ということです．物理学はこの「how」に答える学問ということもできます．

　このテキストは，講義の際の教材として用いられるものですが，皆さんが自習できるように，かなり詳しい説明を書き込んであります．本文中の例題や練習問題，章末の問題を解く事で，理解を深められるよう配慮してあります．教室で学ぶことをふまえ，自主的に学習を展開していくのが，大学における学びです．分からないところが出てきたら，友達と一緒に考えてみましょう．協力して解決を目指すことは，それ自体重要な学びとなります．どうしても解決できないなら，教員のところへ質問に行きましょう．自らの力で解決を計ることは，社会人として当然求められることでもあります．

　本書は，以下の大阪工業大学工学部の物理系教員の協力によって作成されました．皆さんの積極的な学びを期待しています．

　明 孝之，中野 正浩，藤元 章，原田 義之，中村 正彦，林 正人

2016 年 1 月
鳥居 隆 代表執筆者

　昨年度，力学（上）・（下）別冊にして出版したものを 1 冊にまとめました．その際，いくつかの項目について書き足し，演習問題も増やしました．説明は丁寧にと意識して書いてありますから，講義で扱われない項目であっても，自主的に学習されることを願っています．また，将来専門の勉強をする際に，参考にしてもらうことも意図しています．しかしながら，重要な項目ではあるけれども本書では扱えなかったことも沢山あります．ここで学んだことを手がかりとして，更に学習を進めていってください．みなさんの健闘を期待しています．

2017 年 1 月
鳥居 隆 代表執筆者

旧版の章末問題を拡充し，別冊としました．基本事項を確認する問題を追加してAとし，従来のA，BをそれぞれB，Cとしました．物理の学習において問題演習は欠かせません．講義では体系性を重視した抽象的な説明が中心になります．具体例を積み上げるより，一般化して考える方が見通しが良いからです．しかしながら，具体的な計算をしなければ，様々な物理概念や考え方は身につきません．この部分はみなさんの自習に任されています．

　毎回の講義の後，必ずAの問題で基本事項の確認をしましょう．高校で学習した内容も多く含まれています．全てを解く必要はありません．確認を終えたら，B，Cの問題にもチャレンジしてみましょう．難しいと感じても，先ずは自分でよく考えることが重要です．友達と一緒に考えるのもよい方法です．議論している中で理解が進み，解答が得られることもあります．考えてもわからないときは，略解を付けてありますから読んでみましょう．解き方の流れが分かるはずです．大切なことは，答えが合っているかどうかではなく，どのように考えて答えに至るのかを学ぶことです．考え方が身につけば色々な場面で応用がきくようになります．

　何れにしても，まずは始めてみることです．自分のレベルに合わせて取り組んでいきましょう．

2018 年 1 月

鳥居 隆 代表執筆者

　説明が不十分であったり，誤解を招きやすいと思われるいくつかの点について記述を改訂し，ミスプリントの訂正を行いました．特に下記の方々からは，多くの有意義なコメントをいただきました．この場を借りて感謝します．

長谷川 尊之，野澤 真人，門内 晶彦

2023 年 1 月

鳥居 隆 代表執筆者

目　　次

1

運動学 —— 運動を記述するための準備 ——

学習のねらい
- ・質点・剛体とは何かを理解する.
- ・座標系を用いて位置を表すことができる.
- ・時間・空間について学ぶ.

「この世」の物体は「空間」の中に存在し,「時間」の経過とともにその形・配向・位置が変化していきます. 物体の形・配向・位置の時間変化のことを運動 (motion) といいます. 物体の運動を調べる分野が（広い意味での）「力学」ですが,その一番の目的は,運動の起源を解明し,将来の時間変化を予測することです.

☞ 配向とは大きさ・形のある物体の向きのことです.

このテキストでは,先ず質点と剛体を扱います. これは「(狭い意味での) 力学」です. なぜ力学から始めるかというと,力学に出てくる概念やテクニックに基づいて熱学や電磁気学が創られているからです. 逆に**力学をしっかり分かっていないと, 他の物理学分野は理解できません.** 力学が他の物理分野の基礎になっている所以です. しっかりと学んでください.

☞ 質点と剛体については後ほど説明します.

1.1 運動学

ボールを投げたときに, その後ボールがどのように飛んでいったのか他の人に伝えることを考えてください.「山なりにとんでいった」とか「あっちに飛んだ」ではきちんと伝わりませんね. 物体の運動を客観的にきちんと伝えるためにはそれなりのアイデアが必要です. このアイデアを考え, 運動を記述するのが運動学 (kinematics) です. この章と次の章で運動学を見ていきます.

1.2 力学で扱う物体

「固い」近似　　実在する物体に力が作用すると必ず変形します. しかし, 変形を扱うのはかなり難しいため, 変形については, 配向・位置の変化に

ついての学習を進めた後で改めて考察することにします. そこで, 物体はとても固くて「変形しない」という仮定（近似）をおいて, 物体の配向と位置の時間変化のみを考察します.「物理的世界」ですね. 全く変形しない仮想的（理想的）な物体を 剛体 (rigid body) といいます.

「小さい」近似　　さて, 実在の物体から大胆に剛体へと簡単化すると運動の解析はかなり簡単になりますが, それでも最初は難しいものです. そこで, もう一段, ググッと簡単化します.

　大きさのあるボールが飛んでいるのを遠くから見ると, その大きさはほとんど見えません. 地球のように人間と比べると巨大な物体でも, 太陽系の大きさに比べると非常に小さく, 点のようにしか見えません. そこで, 物体はとても「小さい」として「大きさは無い」とするのです. こうすると, 剛体で重要になる配向や回転, 密度の分布など, 大きさに関するものはすべて考えなくて良くなります. つまり, **質点の運動とは位置の変化である**ということになります.

　これで物体を図に描くと, ただの「点」になってしまったわけですが, これを 質点 (material particle, particle) といいます. なぜ,「点」ではなく「質点」と呼ぶのでしょうか. 質点は, その属性として質量を持っているからです.

☞ 質量については, 第 4.1 節で詳しく考察します.

> **質点** ··· 大きさが無い. 質量だけを持つ
> **剛体** ··· 大きさはあるが, 固くて変形しない. 質量分布を持つ.

まずは質点の運動から　　これから先ず, 質点の運動について学習します. 質点の運動を学ぶことには, つぎのような利点があるからです.
1. 実際の物体を質点と近似でき, 質点の運動の解析が実用に役立つ.
2. 質点の運動の解析は数学的に簡単である.
3. 後に剛体, さらに変形する物体の運動を学ぶときの基礎となる.

☞ 2 で簡単と書きましたが, 複数の質点の運動を"完全"に解析するのは極めて難しいことです. 現代の数学と計算機を駆使しても解けない問題は無限にあります.「力学の問題はもう全部解決してるんだろう」という誤解をしてはいけません！

1.3　座標系

座標軸と座標　　質点の位置を表すにはどうすれば良いでしょうか. そのためには, まず空間のどこかに基準点を設けます. この点を「原点」といい, 通常, アルファベットの大文字 O で表します. 次に, 原点を通って互いに直交する 3 本の向きのある直線を設定します. これらを 座標軸 (axis of coordinate) といって, 一つひとつに x 軸, y 軸, z 軸をいう名前を付けます. 質点の位置は, 原点から x 軸の正の向きに x だけ進み, y 軸の正の向きに y だけ進み, z 軸の正の向きに z だけ進んだ位置ということで一意

的に定まります. これをまとめて

$$(x, y, z) \tag{1.1}$$

のように表記します. この 3 つ値の組のことを 座標 (coordinate) といい, 一つひとつは前から順に x 座標, y 座標, z 座標といいます. このようにして質点の位置を 3 つの座標で表すことができます. これで位置が一意的に決まることが分かりますね. このことを「1 個の点の位置の自由度は 3 である」といいます.

☞ 座標軸の負の向きに進むときは x, y, z を負の量として表現します.

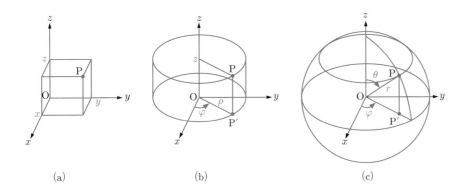

図 1.1　(a) 3 次元デカルト座標系, (b) 3 次元円筒座標系, (c) 3 次元極座標系
$\qquad (x, y, z) \qquad\qquad\quad (\rho, \varphi, z) \qquad\qquad\quad (r, \theta, \varphi)$

様々な 3 次元座標系　　上で設定した原点と 3 本の直角に交わる座標軸の組で表される座標系を, 3 次元 デカルト座標系 (cartesian coordinate) といいます. 図 1.1 の (a) に図示しました. 座標系に名前がついているのは, 他にも異なる種類の座標系があるからです. 科学や工学を深く学んでいくと, 他の座標系を用いた方が便利な場合も多く出てきます. 他の座標系があるということは, 点の位置の表し方に他の方法があるということです. 但し, 自由度は 3 ですから, 座標の数はいずれも 3 です. ここでは, 図 1.1 にある 2 つの座標系を紹介しておきます.

☞ 習慣として, 座標軸の名前と座標を同じ文字で表すので, とても紛らわしいのです. でも, すぐに慣れるでしょう.

　図 1.1(b) は 3 次元 円筒座標系 (cylindrical coodinate) といいます. 図のように点 O を共通の原点として円筒座標系とデカルト座標系を重ね, 質点の位置 P から x-y 平面に下ろした垂線の足を P′ とします. OP′ の長さを ρ, OP′ が x-軸の正の向きとなす角を φ とし, それと z 座標を組み合わせて (ρ, φ, z) で質点の位置を表します. z はデカルト座標系のものをそのまま用いています. 図より, x, y と ρ, φ の間には次の関係があることが分かるでしょう.

$$\begin{cases} \rho = \sqrt{x^2 + y^2} \\ \tan\varphi = \dfrac{y}{x} \end{cases} \quad\Leftrightarrow\quad \begin{cases} x = \rho\cos\varphi \\ y = \rho\sin\varphi \end{cases} \tag{1.2}$$

　図 1.1(c) は 3 次元 極座標系 (polar coordinate) または 球座標系 (spherical coordinate) といいます. OP の長さを r, OP が z 軸の正の向きとなす角を θ, OP′ が x–軸の正の向きとなす角を φ, として 座標 (r, θ, φ) で質点の位置を表します. デカルト座標系の座標との関係は,

$$
\begin{cases}
r = \sqrt{x^2 + y^2 + z^2} \\
\tan\theta = \dfrac{\sqrt{x^2 + y^2}}{z} \\
\tan\varphi = \dfrac{y}{x}
\end{cases}
\Leftrightarrow
\begin{cases}
x = r\sin\theta\cos\varphi \\
y = r\sin\theta\sin\varphi \\
z = r\cos\theta
\end{cases}
\tag{1.3}
$$

低い次元の座標系　質点が z 軸方向に動かずに x-y 平面内で運動している場合は, x 座標と y 座標だけ注目していれば十分です. このような場合, 質点の位置は, その平面内の2つの座標で表すことができます. 2次元の座標系の例として, 図 1.2 のようなものがあります.

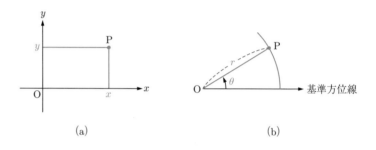

図 1.2　(a) 2次元デカルト座標系, (b) 2次元極座標系

また, 1方向にしか運動しない質点に関しては, 図 1.3 の1次元の座標系が用いられます. 向きのある数直線ですね.

図 1.3　1次元座標系

右手系と左手系　3次元デカルト座標系では, 原点 O を通り, お互いに直交する3つの座標軸が用いられます. どの軸を x とし, その正の向きをどちらにするかは, 自由に決められます. 今, 3つの座標軸から2つを任意に選んで x 軸, y 軸とし, それぞれの正の向きを決めたとしましょう. 異なる選び方をしても, 原点 O のまわりに座標系全体を回転させることで, 一致させることができます. このとき, 残った軸が z 軸となりますが, その正の向きをどちらにするかで, 2つの座標系が得られます. これらの座標系は, xy 面に平行に置かれた鏡によって写り合う関係にあり, 原点 O を中心とする回転で一致させることができません. 通常, x 軸の正の向きを y 軸の正の向きにまわしたときに右ねじ（普通のネジです）の進む向きを z 軸の

☞ 南北方向に「北向き」と「南向き」があるように, ひとつの軸方向には正と負の2つの向きがあります.

正の向きにとります. これを右手系 (right-hannded system) とよび, 鏡に映ったもう一つの座標系を左手系 (left-hannded system) といいます.

1.4 時間と空間

物理学は「この世」の自然現象を調べる学問ですが,「この世」を「宇宙」と言い換えることもできます. 宇宙の「宇」は空間を表し,「宙」が時間を表すことを知っていましたか. つまり, 空間の中にある物体の時間変化 (静止している場合も含む) を調べるのが物理学といえます.

ところで,「空間」とは何でしょうか? また,「時間」とは何でしょうか? これらは哲学的な問いで, 答えは人によってそれぞれ違うかもしれません. とりあえず, ここでは時間と空間について物理学の中で共通に認識されている事柄を見ていきます.

空間　3つの3次元座標系を紹介しましたが, 点の位置の自由度は3でした. これはこの空間の中で互いに直交する直線の最大数が3であることを表しています. 前の例ではx軸, y軸, z軸です. さらにもう一つ直角に交わる直線は描けません. このことを,「空間は3次元である」と表現します.「次元」の英語は「dimension」で,「3D 映像」の D はこの dimension の頭文字です.

☞ 「次元」という単語がこことは違った意味にも使われるので注意してください. もう1つの「次元」は第2章で出てきます. どちらの意味の次元も重要です.

物理学で考える空間は, 通常, 3次元ユークリッド空間 (Euclidian space) と呼ばれるものです. ユークリッド幾何学が成り立つ空間で, 難しそうですが, なんてことは無い, 君たちが普通に想像する縦・横・高さの空間です. 三平方の定理が成立したり, 平行線は平行のまま交わらない空間です.「距離」が定義できることも重要です.

ただし, これは私たちの本当の (実在の) 空間ではないことを注意しておいてください. ユークリッド空間は数学で定義された想像上の理想的な空間です. 前に説明した物理的世界の話ですね.「この世」の空間は厳密にはそれとは違っています. ただし, 私たちが生活しているあたりでは非常に良い精度でユークリッド空間に似ています. だから, ユークリッド空間で議論しておけば, この世の自然現象に関しても基本的には問題ないのです.

☞ 一般相対性理論では, 物質 (より正確にはエネルギーや運動量) が存在すると, 時間・空間 (合わせて時空という) がひずんでユークリッド空間ではなく, リーマン空間になると考えられています.

3次元の空間に住む我々にとって, 2次元の空間や1次元の空間を想像することは簡単です. 面上に運動範囲が制限されたのが2次元空間で, 曲線上に運動範囲が制限されたのが1次元空間です. それぞれの空間での質点の運動の自由度は2および1です.

時間　次に「宙」が意味する時間です. 時間 (経過) はストップウォッチで測れます. したがって, 時間は基準の時間の何倍かという1つの数で表されます. 1つの数で表されるので,「時間は1次元である」といいます. 時間

を表す座標（時刻）を t で表します.

　物体の状態は時間の経過とともに変化していきます. 物体の配向・位置の時間変化を運動と呼んだのでしたね. したがって, 配向や位置を表す物理量（例えば質点の座標の x, y, z）は時刻 t の関数になります.

☞ 素粒子論といわれる物理学の分野では, 時空が 10 次元とか 11 次元でなければならないという議論もあります.

　時間は 1 次元で空間は 3 次元です. どうして私たちの住んでいる「この世」の時間は 1 次元で空間は 3 次元なのか. 今の物理学ではこれには答えられません.「この世」がそのようになっていた, というしかないのです.

空間反転と時間反転　　先に右手系と左手系の説明をしましたが, 私たちが生きている 3 次元の空間では, 3 つの座標軸全ての向きを変えることによっても, 右手系から左手系に移行します. この操作を 空間反転 (space reflection) または パリティ変換 (parity transformation) といいます. 普通, 簡略化して **P 変換** と呼びます. また, 時間の進む向きを逆転する操作を 時間反転 (time reversal) といいます. こちらは **T 変換** と呼びます.

☞ P 不変性の敗れ（物理法則が変化すること）を理論的に予想したリーとヤンは 1957 年にノーベル賞を受賞しました.

☞ CP 不変性の敗れ（物理法則が変化すること）を理論的に予想した小林・益川は 2008 年にノーベル賞を受賞しました.

　原子核の β 崩壊を記述する物理法則は, P 変換（空間反転）によって変化することが知られています. それでは, 物理法則は T 変換（時間反転）によって変化するのでしょうか. 残念ながらタイムマシンは実現していないので, T 変換を実現する実験はできません. 幸い, 現在私たちが正しいと信じている素粒子を記述する場の理論では, P 変換, T 変換を行い, 更に粒子と反粒子を入れ替える荷電共役変換 (charge-conjugation transformation)（**C 変換** ともいう）を行うと不変であるという定理が証明されています. C 変換と P 変換を行うと物理法則が変化することが分かっていますから, この定理を認めると, T 変換でも物理法則が変化するということになります.

時間と空間の違いと時間の矢

　ところで, 時間を 1 次元の「空間」ととらえてはいけないのでしょうか. これはダメなのです. 物理学では時間と空間に明確な違いがあるからです. 何だか分かりますか. そう, 空間方向には前後, 左右のように行ったり来たりできますが, 時間方向には後戻りができません. 時間は 1 方向にしか行けないのです. どっちの向きか？　それはもちろん過去から未来です.

　それでは,「未来向き」とはどっち向きでしょうか.「時計が進む向き」というのは不正解. 逆向きの時計も作れるからです.「未来向き」の決め方は, いくつかあります. それを「時間の矢」の問題と言います. その中でも, 実は, 君たちというよりも世界中のすべて人が気づかないうちに共通に考えている「未来向き」というものがあります. それはどういう向きなのか. じっくり考えてみてください.

2

物理量—スカラーとベクトル—

学習のねらい

・物理量とは何かを理解する.

・ベクトルとスカラーの違いを説明できる.

・ベクトルの足し算を理解する.

物理（または科学）で出てくる量は精密かつ厳密な意味合い（例えば大きさが明確に比較できるという性質など）を持っています. そこで,「物理」という修飾語をつけて 物理量 (physical quantity) といいます.

物理量は

$$物理量 = （数値）\times （単位）$$

のように表現されます. 単位 (unit) は物理量の種類を具体的に示すもので, 長さとか広さを区別するために用います.

ところで, 私たちは長さを測るとき, 対象によって異なる単位を用います.〔m〕,〔km〕,〔mm〕…. これらは単位としては異なりますが, 長さという概念を表すという意味では同じものです. このことを示すために, これらは同じ 次元 (dimension) であると考えます.

私たちの住む世の中には, 数え切れないほど多くの物理量がありますが, 力学現象を扱うときには, 3 個の基本となる次元を決めておくと, 残りは全てこれらの掛け算・割り算で表現できることが経験的に知られています. 実用面も考慮して,「長さ」,「時間」,「質量」が用いられます.

物理量を示すために記号を用いますが, 数学と違って単位で表される「次元」を含んでいますから, 異なる次元の物理量を足すことはできないことに注意が必要です. 次元については, 第 6 章で詳しく扱います.

物理量にはその性質によっていくつかの分類方法があります. ここでは数学的な観点から物理量を分けてみます.

☞ 第 1 章で出てきた, 空間の自由度を表す次元とは異なるものです.

☞ 次元を具体的に示すために用いられるのが単位です.

2.1　向きの無い量，向きの有る量

スカラー　　向きの無い物理量を スカラー (scalar) といいます．

　　例　質量，距離，電荷，温度

スカラーを表す文字　　スカラーを表すときは，アルファベットやギリシャ文字を使います．例えば

$$A, B, C, \cdots, X, Y, Z, a, b, c, \cdots, x, y, z$$
$$\Gamma, \Theta, \Phi, \cdots, \Lambda, \Psi, \Omega, \alpha, \beta, \gamma, \cdots, \lambda, \theta, \omega$$

☞ 印刷物では，物理量を表すアルファベットは斜体字（イタリック体）にします．ノートでは分かるようにしておけば縦型の字（ローマン体）でも構いません．

ベクトル　　大きさだけでなく向きのある物理量を ベクトル (vector) といいます．

　　例　速度，加速度，力，運動量

ベクトルには大きさと向きがあるので，矢印で表します．矢印の棒の部分の長さがベクトルの大きさで，矢印の向きがベクトルの向きになっています．高校で習うので知っていますね．

ベクトルを表す文字　　高校までは

$$\vec{a}$$

のようにベクトルは文字の上に矢印をつけて表していたかもしれませんが，大学ではベクトルを表すときはアルファベットやギリシア文字を「太文字(bold face)」にして，

$$\boldsymbol{a}$$

と書きます．

> 　　**重要！**　ベクトルは太文字で表す．

☞ $\boldsymbol{a}$ の大きさを a と書き表します．

というのが世界標準です．いいですか．ベクトルを太文字で書かないと全く違った意味の式になったり，多くの場合は物理的に意味の無い式なってしまいます．この点は心しておくように！

　テキストでは

$$\boldsymbol{A}, \boldsymbol{B}, \boldsymbol{C}, \cdots, \boldsymbol{X}, \boldsymbol{Y}, \boldsymbol{Z}, \boldsymbol{a}, \boldsymbol{b}, \boldsymbol{c}, \cdots, \boldsymbol{x}, \boldsymbol{y}, \boldsymbol{z}$$
$$\boldsymbol{\Gamma}, \boldsymbol{\Theta}, \boldsymbol{\Phi}, \cdots, \boldsymbol{\Lambda}, \boldsymbol{\Psi}, \boldsymbol{\Omega}, \boldsymbol{\alpha}, \boldsymbol{\beta}, \boldsymbol{\gamma}, \cdots, \boldsymbol{\lambda}, \boldsymbol{\theta}, \boldsymbol{\omega}$$

☞ 裏表紙を参考しましょう．

のようになります．ノートや黒板に書くときは，どういう風に太文字にするかは決まっていません．ただ，文字の一部分だけを二重線にして太文字で表すことが多いです．大事なことは誰が見てもベクトルだと分かるように書くことです．

なお，ベクトル $\boldsymbol{a}$ の大きさ a を絶対値記号を付けて表すことがあります.

$$a = |\boldsymbol{a}|$$

ベクトルのデカルト座標成分表示 ベクトル量を人に伝えるのはなかなか難しいことです．隣にいれば矢印を描いてあげれば分かりますが，離れているときにはどっちに向いているかを伝えるのはアイデアが必要です．そこで最もよく用いられる方法を述べます．

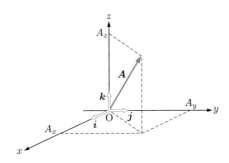

図 2.1 ベクトル $\boldsymbol{A}$ とその成分

3 次元デカルト座標系が設定してあるとします．ベクトル $\boldsymbol{A}$ を表す矢印の始点（矢のない方の端）を原点 O に合わせます．こうすると矢印の先端はある点を指し，その点の座標が (A_x, A_y, A_z) だとします．このとき，

$$\boldsymbol{A} = (A_x, A_y, A_z) \tag{2.1}$$

と記して，これをベクトルの成分表示といいます．また，A_x, A_y, A_z のことを，それぞれベクトル $\boldsymbol{A}$ の x 成分，y 成分，z 成分とよびます．(A_x, A_y, A_z) がわかると，$\boldsymbol{A}$ は x 軸の向きに A_x だけ進み，y 軸の向きに A_y だけ進み，z 軸の向きに A_z だけ進んだベクトルということになるので，離れた相手にも簡単に伝えることができます．

式 (2.1) は簡便的な標記です．ベクトルの式として表す場合は，

$$\boldsymbol{A} = A_x \boldsymbol{i} + A_y \boldsymbol{j} + A_z \boldsymbol{k} \tag{2.2}$$

のように表します．ここで $\boldsymbol{i}$, $\boldsymbol{j}$, $\boldsymbol{k}$ は，それぞれ x, y, z 軸の正の向きの大きさが 1 の単位ベクトル (unit vector) で，これらを 1 組にして基本ベクトル (fundamental vectors) といいます．成分で表示すると，次のようになります．

$$\boldsymbol{i} = (1, 0, 0) \quad , \quad \boldsymbol{j} = (0, 1, 0) \quad , \quad \boldsymbol{k} = (0, 0, 1) \tag{2.3}$$

重要な注意 デカルト座標の軸の向きは，3 本が互いに直交していれば自由にとれます．向きの異なる座標軸をもつ座標系では，ベクトルの成分は当然違ってきます（ベクトル自身は同じですよ）．だから，ベクトルの成分

というのはベクトルである物理量の幻影のようなもので，物理量の仲間に入れないこともあります．成分は向きの無い量ですが，スカラーではありません．

2.2 ベクトルに関する演算

和 2つのベクトルは，その「和」を考えることができます．図 2.2 に示したように，平行四辺形を作って対角線としてもよいし，矢印をつないで始めと終わりを結んでもかまいません．どちらも同等ですが，後者の考え方は，いくつものベクトルを足していくときには便利です．

☞ ベクトルは大きさと向きをもつものと定義しています．平行移動しても大きさも向きも変わらないので，同じベクトルであると見なします．

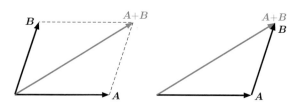

図 2.2 ベクトルの和

ベクトルはいくつでも和を取ることができ，結果は和を取る順序に依らないことは図 2.2 より分かります．例えば，

$$A + B = B + A \tag{2.4}$$

$$(A + B) + C = A + (B + C) \tag{2.5}$$

但し，ベクトルの足し算はその大きさの足し算とは異なることに注意が必要です．図 2.2 から分かりますね．一般に以下の関係式が成り立ちます．

$$\bigl||A| - |B|\bigr| \leqq |A + B| \leqq |A| + |B| \tag{2.6}$$

スカラー倍 ベクトル A とスカラー λ の「積」，ベクトルのスカラー倍 λA，を次のように定義します．

スカラー倍：λA

- λA は，ベクトルである．
- λA の大きさは，A の $|\lambda|$ 倍である．
- λA の向きは，λ が正のとき A と同じ，負のときは逆である．

（スカラー量に次元があれば，λA と A は異なる次元のベクトル量です）．定義より，

$$\lambda(A + B) = \lambda A + \lambda B \tag{2.7}$$

が成り立つことがわかります．ベクトル A と，-1 の積をとったものを $-A$ と略記します．A とは逆向きのベクトルですね．

　λ が 0 のとき λ$\boldsymbol{A}$ は大きさが 0 のベクトルになります．これを零ベクトル (zero vector) といい，$\boldsymbol{O}$ または 0 で表します．零ベクトルには向きもありません．

差　ベクトル $\boldsymbol{A}$ と $\boldsymbol{B}$ の「差」，$\boldsymbol{A} - \boldsymbol{B}$ は次のように定義します．

$$\boldsymbol{A} - \boldsymbol{B} = \boldsymbol{A} + (-\boldsymbol{B}) \tag{2.8}$$

内積と外積　2 つのベクトルの「積」と呼ばれるものが 2 種類あります．演算の結果がスカラーになる，スカラー積 (scalar product) または内積 (inner procuct) と呼ばれるものと，結果がベクトルになる，ベクトル積 (vector product) または外積 (outer product) と呼ばれるものです．物理を学ぶみなさんは，両方ともよく理解している必要があります．ベクトル $\boldsymbol{A}$ と $\boldsymbol{B}$ の内積を

$$\boldsymbol{A} \cdot \boldsymbol{B} \tag{2.9}$$

で，外積を

$$\boldsymbol{A} \times \boldsymbol{B} \tag{2.10}$$

と表わす表記法が，広く採用されており，本書もそれに従います．

成分表示による内積と外積の定義　ベクトルの内積・外積は，式 (2.2) で導入した基本ベクトルの間の関係として，以下のように定義します．

$$\boldsymbol{i} \cdot \boldsymbol{i} = \boldsymbol{j} \cdot \boldsymbol{j} = \boldsymbol{k} \cdot \boldsymbol{k} = 1$$
$$\boldsymbol{i} \cdot \boldsymbol{j} = \boldsymbol{j} \cdot \boldsymbol{k} = \boldsymbol{k} \cdot \boldsymbol{i} = 0$$
$$\boldsymbol{i} \times \boldsymbol{j} = -\boldsymbol{j} \times \boldsymbol{i} = \boldsymbol{k}, \ \boldsymbol{j} \times \boldsymbol{k} = -\boldsymbol{k} \times \boldsymbol{j} = \boldsymbol{i}, \ \boldsymbol{k} \times \boldsymbol{i} = -\boldsymbol{i} \times \boldsymbol{k} = \boldsymbol{j}$$
$$\boldsymbol{i} \times \boldsymbol{i} = \boldsymbol{j} \times \boldsymbol{j} = \boldsymbol{k} \times \boldsymbol{k} = 0$$

$$\tag{2.11}$$

この定義を用いて，任意の 2 つのベクトル

$$\boldsymbol{A} = A_x \boldsymbol{i} + A_y \boldsymbol{j} + A_z \boldsymbol{k} \tag{2.12}$$
$$\boldsymbol{B} = B_x \boldsymbol{i} + B_y \boldsymbol{j} + B_z \boldsymbol{k} \tag{2.13}$$

の内積・外積の成分表示が求められます．結果は以下の通りです．

$$\boldsymbol{A} \cdot \boldsymbol{B} = A_x B_x + A_y B_y + A_z B_z \tag{2.14}$$
$$\boldsymbol{A} \times \boldsymbol{B} = (A_y B_z - A_z B_y)\boldsymbol{i} + (A_z B_x - A_x B_z)\boldsymbol{j} + (A_x B_y - A_y B_x)\boldsymbol{k} \tag{2.15}$$

☞ 文字式と同様に，カッコを外して展開できるとしています．例えば，$\boldsymbol{i} \cdot (a\boldsymbol{i} + b\boldsymbol{j}) = a\boldsymbol{i} \cdot \boldsymbol{i} + b\boldsymbol{i} \cdot \boldsymbol{j} = a$

問 2.1　内積．外積の定義式 (2.11) を用いて，式 (2.15) を導出せよ．

解　[省略．定義に従って掛算する．]

式 (2.15) は，デカルト座標系の成分を用いた表式で，特に外積は複雑な形となっています．しかし，3 行 3 列の行列式を用いて，形式的には次のように表現できます．

$$\boldsymbol{A} \times \boldsymbol{B} = \begin{vmatrix} \boldsymbol{i} & \boldsymbol{j} & \boldsymbol{k} \\ A_x & A_y & A_z \\ B_x & B_y & B_z \end{vmatrix} = \begin{vmatrix} B_x & B_y & B_z \\ \boldsymbol{i} & \boldsymbol{j} & \boldsymbol{k} \\ A_x & A_y & A_z \end{vmatrix} = \begin{vmatrix} A_x & A_y & A_z \\ B_x & B_y & B_z \\ \boldsymbol{i} & \boldsymbol{j} & \boldsymbol{k} \end{vmatrix} \quad (2.16)$$

式 (2.16) の行列式を展開すると，式 (2.15) と一致します．この式と，行列式の性質を使って，次の興味深い等式が成り立つ事が分かります．

$$\boldsymbol{A}\cdot(\boldsymbol{B} \times \boldsymbol{C}) = \boldsymbol{B} \cdot (\boldsymbol{C} \times \boldsymbol{A}) = \boldsymbol{C} \cdot (\boldsymbol{A} \times \boldsymbol{B})$$

$$= \begin{vmatrix} \boldsymbol{A}\cdot\boldsymbol{i} & \boldsymbol{A}\cdot\boldsymbol{j} & \boldsymbol{A}\cdot\boldsymbol{k} \\ B_x & B_y & B_z \\ C_x & C_y & C_z \end{vmatrix} = \begin{vmatrix} A_x & A_y & A_z \\ B_x & B_y & B_z \\ C_x & C_y & C_z \end{vmatrix}$$

☞ この値は，$\boldsymbol{A}$, $\boldsymbol{B}$, $\boldsymbol{C}$ を 3 辺とする平行六面体の体積を表します．（負号が付く場合もある．）平行六面体とは，向かい合う 3 組の面が全て平行である立体で，全ての面は平行四辺形です．8 つの頂点は，$\boldsymbol{A}$, $\boldsymbol{B}$, $\boldsymbol{C}$ の共通の始点 O と各ベクトルの示す 3 点，更に，$\boldsymbol{A}+\boldsymbol{B}$, $\boldsymbol{B}+\boldsymbol{C}$, $\boldsymbol{C}+\boldsymbol{A}$, $\boldsymbol{A}+\boldsymbol{B}+\boldsymbol{C}$ で表される 4 点です．

この結果を用いると，

$$\boldsymbol{A} \cdot (\boldsymbol{A} \times \boldsymbol{B}) = \boldsymbol{B} \cdot (\boldsymbol{A} \times \boldsymbol{B}) = 0$$

が得られます．この式は $\boldsymbol{A} \times \boldsymbol{B}$ が，$\boldsymbol{A}$, $\boldsymbol{B}$ のどちらに対しても垂直である事，即ち，$\boldsymbol{A}$, $\boldsymbol{B}$ が張る面の法線の向きであることを示しています．

幾何学的な内積・外積の定義　式 (2.11) による定義は，計算のルールとしては明確ですが，天下り的で唐突な感じがするでしょう．しかも，一般の座標系では，どのように計算すればよいのか分かりませんね．実は，ベクトルの成分表示を使わずに定義することができます．ここでは，式 (2.14) と (2.15) から，その定義に相当する関係式を導いてみましょう．少々計算が大変ですが，頑張ってトライしてみます．

先ず，ベクトル $\boldsymbol{A}$, $\boldsymbol{B}$ の支点を重ねて点 O とし，それぞれのベクトルの指す点を A, B として三角形 OAB を作ります．ここで，ベクトル $\boldsymbol{A}$, $\boldsymbol{B}$ のなす角を θ とします．図 2.3 を参照してください．すると，

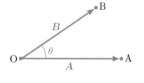

図 2.3　三角形 OAB

$$\left| \overrightarrow{\mathrm{AB}} \right|^2 = |\boldsymbol{B} - \boldsymbol{A}|^2 = (B_x - A_x)^2 + (B_y - A_y)^2 + (B_z - A_z)^2$$

$$= A_x{}^2 + A_y{}^2 + A_z{}^2 + B_x{}^2 + B_y{}^2 + B_z{}^2$$

$$- 2(A_x B_x + A_y B_y + A_z B_z)$$

$$= |\boldsymbol{A}|^2 + |\boldsymbol{B}|^2 - 2\boldsymbol{A} \cdot \boldsymbol{B} \quad (2.17)$$

と書き表すことができます．ところで，余弦定理により，

$$\left| \overrightarrow{\mathrm{AB}} \right|^2 = |\boldsymbol{A}|^2 + |\boldsymbol{B}|^2 - 2|\boldsymbol{A}||\boldsymbol{B}| \cos\theta \quad (2.18)$$

が成り立っています．従って，この 2 式から内積が

$$\boldsymbol{A} \cdot \boldsymbol{B} = |\boldsymbol{A}||\boldsymbol{B}| \cos\theta \quad (2.19)$$

と書き表されることが分かります．この表式から，内積はベクトルの大きさと相互の位置関係だけで決まることが分かります．これが内積の，具体的な座標にはよらない，幾何学的な定義となります．また，

$$A \cdot B = 0 \iff A \perp B \qquad (2.20)$$

☞ $\cos\theta = \dfrac{A \cdot B}{|A||B|}$ によって A, B のなす角を計算できます．

もいえます．

外積に関しては，もう少し計算が大変です．先ず，外積の大きさの2乗を計算してみましょう．式 (2.15) より

$$|A \times B|^2 = (A_y B_z - A_z B_y)^2 + (A_z B_x - A_x B_z)^2 + (A_x B_y - A_y B_x)^2$$
$$= (A_y B_z)^2 + (A_z B_y)^2 + (A_z B_x)^2 + (A_x B_z)^2 + (A_x B_y)^2 + (A_y B_x)^2$$
$$- 2(A_y B_z A_z B_y + A_z B_x A_x B_z + A_x B_y A_y B_x)$$

となりますが，二つ目の等号の後の一行目が

$$\left(A_x{}^2 + A_y{}^2 + A_z{}^2\right)\left(B_x{}^2 + B_y{}^2 + B_z{}^2\right) - \left(A_x{}^2 B_x{}^2 + A_y{}^2 B_y{}^2 + A_z{}^2 B_z{}^2\right)$$

と書き直すことができることに気がつけば，

$$|A \times B|^2 = |A|^2 |B|^2 - (A \cdot B)^2 = |A|^2 |B|^2 \left(1 - \cos^2\theta\right) = \left(|A||B|\sin\theta\right)^2$$

となることが分かります．従って，外積の大きさは，

$$|A \times B| = |A||B|\sin\theta \qquad (2.21)$$

☞ 式 (2.21) の右辺は，A, B を2辺とする平行四辺形の面積を表します．（図 2.3 参照）

で与えられ，内積と同様，ベクトルの大きさと相互の位置関係だけで決まることが分かります．

ベクトル積の大きさは分かりました．それではその向きはどうなるでしょうか．先に見たように，$A \times B$ の向きは，ベクトル A, B を含む平面に垂直でした．面に垂直な向きは二つあります．式 (2.11) の定義を詳しく調べて見ると，$A \times B$ の向きは，

☞ 面の表から裏と，裏から表です．

$$A \ \text{を} \ B \ \text{の方へまわしたとき右ねじの進む向き} \qquad (2.22)$$

である，とまとめることができます．このことは，一般的に成り立つ事が示されています．また，式 (2.21) より

$$A \times B = O \iff A /\!/ B \qquad (2.23)$$

が示せます．

本書では，式 (2.11) を用いて，デカルト座標系において内積，外積を定義しましたが，ここで導いた式 (2.19) を内積の定義とし，式 (2.21)，(2.22) を外積の定義とすることもできます．こちらの定義を採用する場合，式 (2.11) はこの定義から導き出される関係式ということになります．

進む方向

右ねじの回転方向

図 2.4　右ねじ

$\boldsymbol{3}$ 位置，速度，加速度

学習のねらい

・物体の運動をベクトルを使って表すことができる．

・位置・速度・加速度の関係を理解する．

・微分・積分を用いて，位置・速度・加速度の各物理量を計算することができる．

3.1 位置の表し方

位置ベクトル　物体が平面上（2次元）や空間の中（3次元）を運動して
いるときに，一番気になる情報はその物体の位置ですね．いまどこにある
か，5秒前はどこにあったか，などです．力学では位置を表すのに，ベクト
ルを用います．

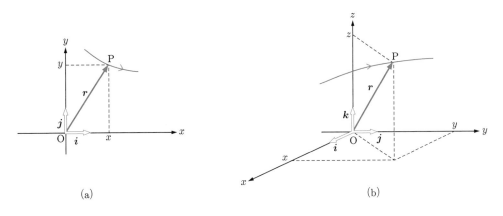

図 3.1　(a) 2 次元デカルト座標系と位置ベクトル $\boldsymbol{r}$．(b) 3 次元デカルト座標系と
位置ベクトル $\boldsymbol{r}$．

　第 1 章で学習した 2 次元または 3 次元のデカルト座標系における質点の
位置を表してみましょう．図 3.1 で，青い曲線は物体が動いていく道筋を
表しています．ある時刻に質点が点 P にいるとします．このとき原点 O を
始点として，点 P を終点とするベクトル $\overrightarrow{\mathrm{OP}}$ を考えると，点 P とベクト

ル $\overrightarrow{\mathrm{OP}}$ は 1 対 1 に対応するので，ベクトル $\overrightarrow{\mathrm{OP}}$ で点 P の位置を表すことができます．このベクトル $\overrightarrow{\mathrm{OP}}$ のことを O に関する点 P の位置ベクトル（position vector）といい，習慣的に $\boldsymbol{r}$ と書きます．

　質点は静止していることもありますが，普通は動いていることが多いので位置は時刻 t とともに変化していきますね．そこで，位置ベクトル $\boldsymbol{r}$ は時刻の関数であり，そのことを表すために $\boldsymbol{r}(t)$ と書きます．ただし，「(t)」は省略されることもよくあります（このテキストでもよく省略します）ので，注意してください．

成分表示　　ベクトルを用いて物理量や法則を表すと，デカルト座標系でも極座標系でも全く同じ式で表すことができます．つまり，ベクトルで表した式は座標系によらない普遍的なものということができます．一方，具体的な計算は，適当な座標系を導入してベクトルを成分で表示しなければできません．つまり，

> 普遍的な表式は**ベクトル**．計算は**成分表示**．

ということを覚えておきましょう．

　では，位置ベクトルを成分で表します．ここではデカルト座標系でやってみます．図 3.1 の場合，2 次元デカルト座標系では，第 2 章（9 ページ）で説明した基本ベクトル $\boldsymbol{i}, \boldsymbol{j}$ を用いて

$$\boldsymbol{r} = x\boldsymbol{i} + y\boldsymbol{j} \tag{3.1}$$

と書けます．そこで

$$\boldsymbol{r} = (x, y) \tag{3.2}$$

と成分表示することができます．

　3 次元デカルト座標系では基本ベクトル $\boldsymbol{i}, \boldsymbol{j}, \boldsymbol{k}$ を用いて

$$\boldsymbol{r} = x\boldsymbol{i} + y\boldsymbol{j} + z\boldsymbol{k} = (x, y, z) \tag{3.3}$$

となります．見て分かるように，点 P の座標値が位置ベクトルの成分になっています．直感的にも非常に分かりやすいですね．

　また，$\boldsymbol{r}$ が時刻の関数だったことを思い出してください．当然，質点の x 成分，y 成分，z 成分も時刻とともに変化します．そこで，正確には $\boldsymbol{r}(t) = (x(t), y(t), z(t))$ となります．と座標 $(x(t), y(t), z(t))$ を曲線でつなげたものは，刻々と変化する点 P の位置を表していて，質点が通った道筋になっています．図 3.1 の青い曲線です．この曲線を軌跡，または軌道（orbit）といいます．

☞ 極座標系など基本ベクトルが場所によって変化する場合には，成分だけでなく基本ベクトルも時刻の関数になっているので注意が必要!!

位置ベクトルの大きさ　　位置ベクトル r の大きさ，つまり，線分 OP の
長さを r と表します．式では

$$r = |r| = \left| \overrightarrow{\mathrm{OP}} \right| \tag{3.4}$$

となります．これは原点からの距離を表します．ピタゴラスの定理から，

$$r = \sqrt{x^2 + y^2 + z^2} \tag{3.5}$$

となることは分かりますね．

☞ 何度も言いますが，ベク
トルは**太字**，スカラーは細字
（普通の文字）で書きます．

3.2　変位ベクトル

　図 3.2 のように質点が時刻 t_1 に点 P_1 にいて，それからしばらくして
時刻 t_2 に点 P_2 へ移動したとします．このとき，位置の変化のみに着目し
て，P_1 から P_2 へ向かうベクトル $\overrightarrow{\mathrm{P}_1\mathrm{P}_2}$ を変位ベクトルまたは単に変位
（displacement）といいます．変位ベクトルは一般に Δr と書きます．

☞ Δr は Δ と r のかけ算で
はなくて，1 つの物理量を表
します．Δ はギリシア文字の
「D」で，変化量を表すとき
によく使います．

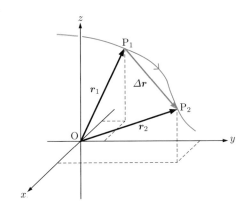

図 3.2　変位ベクトル Δr．ここでは，見やすくするために，3 次元デカルト座標系
の 3 本の座標軸を書き込んである．他の座標系を選ぶと，当然座標軸は異なる．

　両時刻での位置ベクトル $r(t_1) = \overrightarrow{\mathrm{OP}_1}$ と $r(t_2) = \overrightarrow{\mathrm{OP}_2}$ をそれぞれ r_1，
r_2 と書くと，$\overrightarrow{\mathrm{P}_1\mathrm{P}_2} = \overrightarrow{\mathrm{OP}_2} - \overrightarrow{\mathrm{OP}_1}$ なので，変位ベクトルは位置ベクトルを
用いて

$$\Delta r = r_2 - r_1 \tag{3.6}$$

と書くことができます．図に描いてある 3 つのベクトルの位置関係を見れ
ば分かりますね．

　問 3.1　陸上競技のトラックを 1 周した場合の変位はいくらか．
[解] ［考えよう．始点と終点が大事］

3.3   速度

位置の他に「**速度**」も物体の運動状態を表す重要な物理量です．「速度」に似た言葉に「速さ」もあります．まずは日常的に使っている「速さ」の話から初めて，物理で用いる「速度」の定義を説明します．

3.3.1   「速さ」と「速度」はどうちがうの？

─ 例題 3.1　速さの計算例 ───────────────

女子マラソン選手が，12 時ちょうどにスタートして，42.195 km のコースを走って，14 時 20 分にゴールした．この選手の全コースでの（平均の）速さは何 km/h 求めよ．また，何 m/s か求めよ．

解　　（平均の）速さ $= \dfrac{42.195\,\text{km}}{14\,\text{時}\,20\,\text{分} - 12\,\text{時}} \fallingdotseq 18.1\,\text{km/h} \fallingdotseq 5.0\,\text{m/s}$

日常生活でみなさんは意味の違いをあまり気にせずに「速さ」と「速度」という言葉を使っているのではないでしょうか．例えば上の例題の場合，速度という場合もあるでしょう．正確には，これは選手が一定の速さで走っていると仮定した平均の速さですが，とりあえず，あまり気にしないで進めていきます．

話をより正確に扱うため，陸上競技の男子 100 m 走を考えてみましょう．トップアスリートは 10 秒足らずでこの距離を走ることができます．このときの速さを計算すると，$100\,\text{m} \div 10\,\text{s} = 10\,\text{m/s}$ となります．

では，この選手が逆向きにゴールからスタート地点まで走った場合はどうでしょう．この場合も「速さ」は 10 m/s になります．しかし，速度はそうはなりません．最初，普通に走ったときの「速度」を 10 m/s とすると，逆向きに走った場合の「速度」は –10 m/s となります．そうです．**速度には「向き」がある**のです．同じ速さで走っていても，どの向きに進んでいるかで運動の状態は違うので，それも含めたのが速度です．数学的には速度はベクトルで，**太字で $\boldsymbol{v}$** と書き，速さはその大きさで，細字で v と書きます．

たとえば，速さ 10 m/s で走っている人が，y 軸の正の向きに進んでいる場合，速度は $\boldsymbol{v} = 0\boldsymbol{i} + 10\boldsymbol{j} + 0\boldsymbol{k} = (0,\ 10,\ 0)$ となります．一方，x 軸と y 軸の両方に対して 45 度となるななめの向きに進んでいる場合，$\boldsymbol{v} = 5\sqrt{2}\boldsymbol{i} + 5\sqrt{2}\boldsymbol{j} + 0\boldsymbol{k} = (5\sqrt{2},\ 5\sqrt{2},\ 0)$ となります．

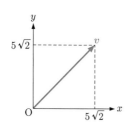

図 3.3　速度

日常では，向きを含めた「速度」を話題にすることはほとんどありません．「速度」という言葉を使っても，意味としては「速さ」のことを指すことがほとんどです．ですから，物理を学び始めた頃は，「速度」と「速さ」を混同してしまうことがありますので，そうならないように，きちんと区別して使うように意識しましょう．

・速度 ··· ベクトルで，大きさと向きを持つ.
・速さ ··· 速度の大きさを表す.

3.3.2　平均の速度

1次元運動の場合　上の 100 m 走の例では，実際にはレースの最中に選手の「速度」は刻々と変化していきます. しかし，それを一定と見なして計算していることがわかるでしょう.

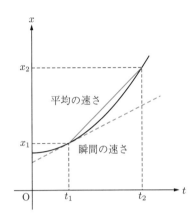

図 3.4　平均の速さと瞬間の速さ

図 3.4 に，x 軸上を運動する物体の位置 x と時刻 t の関係を示しました. このような図を x-t グラフと呼びます. 物体は，時刻 t_1 のときに位置 x_1 にあり，それから時間 Δt だけ経過した時刻 t_2 のときに位置 x_2 に移動しています. このとき，平均の速度 $\bar{v}$ を，

$$\bar{v} = \frac{x_2 - x_1}{t_2 - t_1} \tag{3.7}$$

と定義します. 図 3.4 の 2 点 (t_1, x_1) と (t_2, x_2) を結ぶ直線の傾きになっていることがわかります. また，これは，$\Delta t = t_2 - t_1$ として

$$\bar{v} = \frac{x(t_1 + \Delta t) - x(t_1)}{\Delta t} \tag{3.8}$$

とも書けますね. この表し方は次のところで「**速度**」を定義するときに重要になるので覚えておいてください.

3次元での平均の速度　1 次元運動の場合をみれば，3 次元的な一般の運動での平均の速度をどのように定義するかは大体予想がつきますね. 物体が時刻 t_1 のときに位置 $\boldsymbol{r}_1 = (x_1, y_1, z_1)$ にあり，それから時間 Δt だけ経過した時刻 t_2 のときに位置 $\boldsymbol{r}_2 = (x_2, y_2, z_2)$ に移動したとします. このとき平均の速度は次で定義されます.

☞ **1次元運動の速度**　100 m 走のように 1 次元的な運動でも**速度はベクトル**ですが，習慣的に記号は細字の v を用います. ただし，v はマイナスの値もとり，その符号で正の向き・負の向きを表すベクトルになっています. 速さではありませんので注意しましょう.

☞ ほとんどの運動では平均の速さは，平均の速度の大きさではなく，$\bar{v} \geqq |\bar{\boldsymbol{v}}|$ です. 等しくなるのは 1 次元運動で，かつ運動の向きが一定の場合だけです.

$$\bar{\boldsymbol{v}} = \frac{\Delta \boldsymbol{r}}{\Delta t} = \frac{\boldsymbol{r}_2 - \boldsymbol{r}_1}{t_2 - t_1} \tag{3.9}$$

右辺の分子は変位ベクトル $\Delta \boldsymbol{r}$ ですね．成分で表すと

$$\bar{\boldsymbol{v}} = \left(\frac{x_2 - x_1}{t_2 - t_1}, \ \frac{y_2 - y_1}{t_2 - t_1}, \ \frac{z_2 - z_1}{t_2 - t_1} \right) \tag{3.10}$$

☞ 1次元的な運動のときには，y, z 方向に変位が無いので，この式の x 成分だけを見ていることが分かります．このように一般のベクトルで議論をしておけば，より簡単な場合を全て含んでいます．ですので，大学生としてはベクトルを用いた議論に早く慣れることが必要となります．

です．また，式 (3.9) は

$$\bar{\boldsymbol{v}} = \frac{\boldsymbol{r}(t_1 + \Delta t) - \boldsymbol{r}(t_1)}{\Delta t} \tag{3.11}$$

とも書けます．

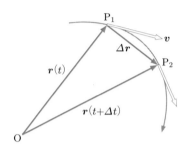

図 3.5　点 P は時刻とともに位置が変わる．$\Delta t \to 0$ では，点はほとんど移動していないから，$\Delta r \to 0$ である．速度ベクトル $\boldsymbol{v}$ は点 P の軌道の P_1 における接線方向を向く．

3.3.3　物理学における速度

速度の定義　　これまでに平均の速度を説明しましたが，実際には 100 m 走の選手は一定の速度で走っているわけではありません．

そこで，Δt を限りなく 0 に近づけます．そうすると，微小な時間 Δt の間では速度はほとんど一定と見なしてよくなります．このように $\Delta t \to 0$ の極限をとって定義したものを時刻 t_1 における速度ベクトル，または単に速度（velocity）といい，$\boldsymbol{v}(t_1)$ と表します．数式で表せば

$$\boldsymbol{v}(t_1) = \lim_{\Delta t \to 0} \frac{\boldsymbol{r}(t_1 + \Delta t) - \boldsymbol{r}(t_1)}{\Delta t} \tag{3.12}$$

これは，時刻 t_1 における $\boldsymbol{r}(t)$ の微分係数ですね．時刻 t_1 での値なので，時刻 t_1 での「瞬間の」速度になっています．

さらに，時刻 t_1 は任意の時刻ですので t とすると，この式は $\boldsymbol{r}(t)$ の導関数になって

$$\boldsymbol{v}(t) = \lim_{\Delta t \to 0} \frac{\boldsymbol{r}(t + \Delta t) - \boldsymbol{r}(t)}{\Delta t} = \frac{\mathrm{d} \boldsymbol{r}(t)}{\mathrm{d} t} \ [\mathrm{m/s}] \tag{3.13}$$

となります．つまり，**位置ベクトルを微分すれば質点の速度を求めることができる**のです．これで各時刻での，まさにそのときの速度が分かるのです．速度の単位が m/s であることはいいですね．

速度の向き　さて，この速度，または速度ベクトルがどっちを向いているかはすぐに予想がつきますね．図 3.5 のように，質点の**軌跡の接線方向**になります．

速度の成分表示　速度の成分をデカルト座標系で表してみましょう．速度の定義と位置ベクトルの成分表示を用いると，

☞ 1 行目から 2 行目への変形で，$\boldsymbol{i}, \boldsymbol{j}, \boldsymbol{k}$ は空間のどの場所でも同じなので，時間微分がゼロになることを用いました．極座標系や円筒座標系を用いた場合は基本ベクトルの時間微分が出てくるので注意しましょう．

$$\begin{aligned} \boldsymbol{v} &= \frac{\mathrm{d}\boldsymbol{r}}{\mathrm{d}t} = \frac{\mathrm{d}}{\mathrm{d}t}(x\boldsymbol{i} + y\boldsymbol{j} + z\boldsymbol{k}) = \frac{\mathrm{d}}{\mathrm{d}t}(x\boldsymbol{i}) + \frac{\mathrm{d}}{\mathrm{d}t}(y\boldsymbol{j}) + \frac{\mathrm{d}}{\mathrm{d}t}(z\boldsymbol{k}) \\ &= \frac{\mathrm{d}x}{\mathrm{d}t}\boldsymbol{i} + \frac{\mathrm{d}y}{\mathrm{d}t}\boldsymbol{j} + \frac{\mathrm{d}z}{\mathrm{d}t}\boldsymbol{k} \end{aligned} \tag{3.14}$$

となるので，速度の x 成分，y 成分，z 成分をそれぞれ v_x, v_y, v_z とすると，

$$v_x = \frac{\mathrm{d}x}{\mathrm{d}t}, \qquad v_y = \frac{\mathrm{d}y}{\mathrm{d}t}, \qquad v_z = \frac{\mathrm{d}z}{\mathrm{d}t} \tag{3.15}$$

であることがわかります．このように，デカルト座標系では，位置ベクトルの各成分を時刻で微分すれば，速度の成分が求められます．

速さ　これまで速度の話をしましたが，速さ（speed）は速度ベクトルの大きさとして定義されます．つまり，

$$v = |\boldsymbol{v}| = \sqrt{v_x{}^2 + v_y{}^2 + v_z{}^2} \tag{3.16}$$

です．負でない値をとります．日常生活では「速度」がこの速さの意味で使われていますので注意が必要です．

x-t **グラフと速度**　x 軸上の 1 次元的な運動では，速度は式 (3.15) の $v_x(t)$ になります．図 3.4 で時刻 t_1 のときの速度は $v_x(t_1)$ で，位置 $x_1(t)$ の（t_1 における）微分係数になります．したがって，時刻 t_1 におけるグラフの接線の傾きが，時刻 t_1 における速度ということになります．

3.4　速度の変化を表す加速度

　自動車はアクセルを踏むとどんどん速くなっていきます．高いところから物体を落とした場合も，時間が経つにつれて物体の速さは大きくなっていきます．このようなとき，みなさんは「加速している」と表現するでしょう．どのくらいの割合で加速しているかということも物体の運動では非常に重要で，これは加速度という物理量で表されます．

3.4.1　平均の加速度

　加速度は，単位時間あたりの速度の変化の割合を表します．例えば，x 軸上を運動する物体があり，時刻 $t = 0$ のとき静止していて，時刻 3.0 秒のとき，速度が 6.0 m/s であったとします．このとき加速度は

$$\bar{a} = \frac{6.0 - 0}{3.0 - 0} = 2.0\ \mathrm{m/s}^2 \tag{3.17}$$

となります．ここで，いくつか注意が必要です．まず，これは 平均の加速度ということ．3.0 秒になるまでに物体の速度がどのように変化しているかは分かっていません．もしかしたら，2.0 秒のときには速度がマイナスになっている可能性もあります．これは平均の速度の考え方と同じですね．

　もうひとつは，単位です．計算からわかるように，加速度の単位は $\mathrm{m/s^2}$ です．「メートル毎秒毎秒」と読みます．

例題 3.2　平均の加速度の計算例

新幹線が発車する時の平均の加速度の大きさを $0.16\ \mathrm{m/s^2}$ とする．新幹線が運動し始めてからの 30 秒後の速さを求めよ．また，新幹線が $270\ \mathrm{km/h}$ の速さに達するには何秒かかるか求めよ．平均の加速度の大きさは同じとする．

解　30 秒後の速さ $= 0.16 \times 30 = 4.8\ \mathrm{m/s}$

$$270\ \mathrm{km/h} = \frac{270 \times 10^3\ \mathrm{m}}{3600\ \text{秒}} = 75\ \mathrm{m/s}, \quad 75\ \mathrm{m/s} \div 0.16\ \mathrm{m/s^2} = 469\ \mathrm{s}$$

　これまでは 1 次元の運動の場合でしたが，3 次元の一般の運動では平均の加速度は

$$\bar{\boldsymbol{a}} = \frac{\Delta \boldsymbol{v}}{\Delta t} = \frac{\boldsymbol{v}_2 - \boldsymbol{v}_1}{t_2 - t_1} \tag{3.18}$$

となります．ここで，$\boldsymbol{v}_1$ と $\boldsymbol{v}_2$ は，それぞれ時刻 t_1, t_2 での速度，$\Delta \boldsymbol{v} = \boldsymbol{v}_2 - \boldsymbol{v}_1$, $\Delta t = t_2 - t_1$ です．

3.4.2　加速度

加速度の定義　　速度の場合と同じように，平均の加速度から「瞬間の」加速度を定義します．もう察しがついていると思いますが，加速度ベクトルまたは単に 加速度（acceleration）は

$$\boldsymbol{a} = \lim_{\Delta t \to 0} \frac{\Delta \boldsymbol{v}}{\Delta t} = \frac{\mathrm{d}\boldsymbol{v}}{\mathrm{d}t}\ [\mathrm{m/s^2}] \tag{3.19}$$

☞ $\dfrac{\mathrm{d}\boldsymbol{v}}{\mathrm{d}t} = \dot{\boldsymbol{v}}, \dfrac{\mathrm{d}^2\boldsymbol{r}}{\mathrm{d}t^2} = \ddot{\boldsymbol{r}}$ と書く場合もある．

で与えられます．速度が位置ベクトルの 1 階微分であることを思い出せば，

$$\boldsymbol{a} = \frac{\mathrm{d}\boldsymbol{v}}{\mathrm{d}t} = \frac{\mathrm{d}^2\boldsymbol{r}}{\mathrm{d}t^2} \tag{3.20}$$

のように，加速度は位置ベクトルの 2 階微分であることもわかります．

加速度の成分　　デカルト座標系では，加速度の成分 (a_x, a_y, a_z) は次のようになります．

$$a_x = \frac{\mathrm{d}v_x}{\mathrm{d}t} = \frac{\mathrm{d}^2 x}{\mathrm{d}t^2} \tag{3.21}$$

$$a_y = \frac{\mathrm{d}v_y}{\mathrm{d}t} = \frac{\mathrm{d}^2 y}{\mathrm{d}t^2} \tag{3.22}$$

$$a_z = \frac{\mathrm{d}v_z}{\mathrm{d}t} = \frac{\mathrm{d}^2 z}{\mathrm{d}t^2} \tag{3.23}$$

これは式 (3.14) の計算と同じなので確かめておいてください. これらの成分を用いると加速度の大きさは, 次のようになります.

$$a = |\boldsymbol{a}| = \sqrt{a_x{}^2 + a_y{}^2 + a_z{}^2} \tag{3.24}$$

例題 3.3　微分を用いた速度・加速度の計算

x 軸上を運動する質量 m の質点がある. その座標 x は, x_0, μ, ω, δ を定数として, $x = x_0 e^{-\mu t} \cos(\omega t + \delta)$ と表される.

(a)　速度 $\dfrac{\mathrm{d}x}{\mathrm{d}t}$, 加速度 $\dfrac{\mathrm{d}^2 x}{\mathrm{d}t^2}$ を求めよ.

(b)　$x_0 e^{-\mu t} \sin(\omega t + \delta)$ を x と $\dfrac{\mathrm{d}x}{\mathrm{d}t}$ を用いて表せ.

(c)　この質点の加速度を x と $\dfrac{\mathrm{d}x}{\mathrm{d}t}$ を用いて表せ.

解　この質点がどのような運動をしているかイメージしてみてください. 原点の周りで振動しています ($\cos(\omega t + \delta)$) が, その振れ幅は減少していきます ($x_0 e^{-\mu t}$).

(a) 積の微分のルールに従って微分する.

$$\begin{aligned}
\frac{\mathrm{d}x}{\mathrm{d}t} &= x_0 \left(-\mu e^{-\mu t}\right) \cos(\omega t + \delta) + x_0 e^{-\mu t} \left(-\omega \sin(\omega t + \delta)\right) \\
&= -x_0 e^{-\mu t} \left(\mu \cos(\omega t + \delta) + \omega \sin(\omega t + \delta)\right) \\
\frac{\mathrm{d}^2 x}{\mathrm{d}t^2} &= -x_0 \left(-\mu e^{-\mu t}\right) \left(\mu \cos(\omega t + \delta) + \omega \sin(\omega t + \delta)\right) \\
&\quad - x_0 e^{-\mu t} \left(-\mu \omega \sin(\omega t + \delta) + \omega^2 \cos(\omega t + \delta)\right) \\
&= x_0 e^{-\mu t} \left\{ \left(\mu^2 - \omega^2\right) \cos(\omega t + \delta) + 2\mu\omega \sin(\omega t + \delta) \right\}
\end{aligned}$$

(b) 速度の式を変形する.

$$\begin{aligned}
\frac{\mathrm{d}x}{\mathrm{d}t} &= -\mu \cdot x_0 e^{-\mu t} \cos(\omega t + \delta) - \omega \cdot x_0 e^{-\mu t} \sin(\omega t + \delta) \\
&= -\mu \cdot x - \omega \cdot x_0 e^{-\mu t} \sin(\omega t + \delta) \\
\therefore\ x_0 e^{-\mu t} \sin(\omega t + \delta) &= -\frac{1}{\omega} \left(\frac{\mathrm{d}x}{\mathrm{d}t} + \mu x \right)
\end{aligned}$$

(c) 加速度の式に代入する. ($x_0 e^{-\mu t} \cos(\omega t + \delta) = x$ である.)

$$\begin{aligned}
\frac{\mathrm{d}^2 x}{\mathrm{d}t^2} &= \left(\mu^2 - \omega^2\right) \cdot x - 2\mu\omega \cdot \frac{1}{\omega} \left(\frac{\mathrm{d}x}{\mathrm{d}t} + \mu x \right) \\
&= -\left(\mu^2 + \omega^2\right) x - 2\mu \frac{\mathrm{d}x}{\mathrm{d}t}
\end{aligned}$$

後の章で学びますが, 上で求めた加速度の第 1 項が振動を引き起こす力に依るもの, 第 2 項が振れ幅の減少を引き起こす抵抗力に依るものです.

> 問 3.2　原点 O を出発して，数直線上を運動する物体の t 秒後の座標 x は，$x = -2t^3 + 6t^2$ である．ただし，数直線上の長さの単位は m である．
>
> (1) この物体が出発点に戻るのはいつか．そのときの速度を求めよ．
>
> (2) この物体が運動の向きを変えるのはいつか．そのときの加速度を求めよ．
>
> **解**　略解　(1) 3 秒後，$-18\,\mathrm{m/s}$, (2) 2 秒後，$-12\,\mathrm{m/s^2}$
> 注意　この問題文中の式 $x = -2t^3 + 6t^2$ は，物理学においては間違った式です．「x」「t」は次元をもった物理量ですから，正しくは $x = at^3 + bt^2$, $a = -2$ $\mathrm{m/s^3}$, $b = 6\,\mathrm{m/s^2}$ のように書かなければなりません．しかし，これでは煩雑になるので，この問題のように，次元を無視したような式を書くことがあります．計算は数値で行いますが，答えるときには適切な次元を表す単位をつけましょう．次元と単位については，後の第 6 章で詳しく説明します．

加速度はベクトル　　定義から分かるように加速度は変位や速度と同様に，大きさと向きを持つベクトル量です．どっちの向きにどれだけ速度を変化させるか，ということです．ここで，ちょっと質問ですが，みなさんは加速度は物体を速くすると思っていませんか．実は加速度はベクトルなので，速度と逆向きにはたらくと，物体は遅くなります（減速します）．物理学ではそれでも「加速」といいます．

　さらにもう一つ質問です．では加速度は物体の速さを速くしたり遅くしたりするだけと思っていませんか．それも間違いなのです．図 3.6 を見てください．2 次元面内を運動する物体が加速度 $\boldsymbol{a}$ をもっています．加速度はいま右の方を向いています．これを $\boldsymbol{a} = \boldsymbol{a}_{/\!/} + \boldsymbol{a}_\perp$ のように軌跡の接線方向と法線方向に分解します．ベクトルの合成・分解はいいですね．物体の速さを変化させるのは接線方向の成分 $\boldsymbol{a}_{/\!/}$ です．運動方向に加速しているので，直感的にわかりますね．では軌道の法線方向の成分 $\boldsymbol{a}_\perp$ は何をしているのでしょうか．円運動のところで説明しますが，法線方向の加速度の成分は物体が動いていく向きに軌道を「曲げて」いるのです．つまり，進行方向を変えるのです．ですから，物体に加速度があったとしても，全然速くならずに，曲がってばかりということもあるのです．ここはよく覚えておいてください．

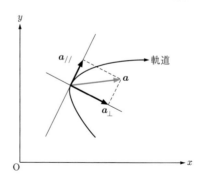

図 3.6　2 次元面内の物体の運動．加速度ベクトル $\boldsymbol{a}$ を物体の軌道の接線方向成分と法線方向成分に分解する．

3.5　位置ベクトル・速度・加速度の関係

　これまで見てきたように位置ベクトルを時間で微分すると速度が求まり，さらに速度を微分すると加速度が求まります．微分の逆の演算は積分なので，加速度を時間で積分すると速度が求められ，速度を積分すると位置ベクトルが求まります．ただし，このときに積分するたびに積分定数が表れるので，それを決めるために他の条件も必要になります．

　具体的な計算方法は下の例題で見てもらいますが，位置，速度，加速度と，微分，積分の関係を簡単にまとめると次のようになります．

$$
\text{位置} \quad \overset{\text{微分}}{\underset{\text{積分}}{\rightleftharpoons}} \quad \text{速度} \quad \overset{\text{微分}}{\underset{\text{積分}}{\rightleftharpoons}} \quad \text{加速度}
$$

例題 3.4　速度から位置を求める

x 軸上（1 次元）を運動する物体がある．時刻 $t = 0$ のときに $x = 3$ から動きだし，その速度は $v(t) = 2t - 2$ とする．このとき，時刻 t における物体の位置 $x(t)$ を求めよ．

[解]　位置は速度を時間で積分すれば求まるので

$$
x(t) = \int v(t)\mathrm{d}t = \int (2t - 2)\mathrm{d}t = t^2 - 2t + C
$$

ここで，C は積分定数です．これは時刻 $t = 0$ の条件から決めることができます．$t = 0$ のとき $x = 3$ だったので，これを代入すると

$$
3 = 0^2 - 2 \times 0 + C \qquad \therefore C = 3
$$

以上より

$$
x(t) = t^2 - 2t + 3
$$

となります．

　ここで今一度，陸上競技の男子 100 m 走について考えてみましょう．スタート直後が最も加速度が大きくなります．スタートダッシュですね．その後，速くなるにつれて空気の抵抗力が増すため，加速度は減少していきますが，速さはおよそ 12 m/s にまで達します．多くの選手は，ゴールするまでに失速してしまうのですが，10 秒を切るトップアスリートの場合，ほぼこの速さを維持したままゴールまで駆け抜けます．

例題 3.5　位置と時間から加速度を求める

静止した状態からスタートし，一定の加速度 α〔m/s^2〕で加速，速度が $v_0 = 12$ m/s に達した後，この速度 v_0 を維持したまま走り続ける．100 m を 10 s で走るためには加速度 α をいくらにすればよいか求めよ．

☞ 1次元の問題なので，加速度 α，速度 v_0 といっていますが，太字にはしません．1次元のベクトルの特殊事情です．

解　まず，速度 v と時刻 t の関係を示すグラフを描いてみましょう．速度を「積分」すると位置，速度を「微分」すると加速度でしたから，このグラフ（以下では v-t グラフと呼ぶ）から，位置；速度；加速度の全ての情報を読み取ることができます．x 軸上を運動するとして，加速している最中は

$$\frac{\mathrm{d}^2 x}{\mathrm{d}t^2} = \alpha \text{（一定）}$$

となります．この式を（不定）積分すると，積分定数を C として，

$$\frac{\mathrm{d}x}{\mathrm{d}t} = \alpha t + C$$

です．時刻 $t = 0$ s には静止していた（$v = 0$ m/s）ので $C = 0$ となり，

$$\frac{\mathrm{d}x}{\mathrm{d}t} = \alpha t$$

と書けます．したがって，速度が v_0 に達する時刻を τ〔s〕とすると，

$$\alpha \tau = v_0 \qquad \rightarrow \qquad \alpha = \frac{v_0}{\tau} \tag{3.25}$$

この後速度は一定となりますから，v-t グラフは図 3.7 のようになります．

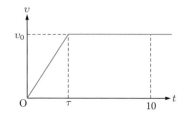

図 3.7　速度 v と時刻 t の関係．加速度は速度のグラフの傾きから読み取れる．

このグラフの面積（台形の部分）が移動距離を表しますから，

$$\frac{1}{2}\left\{(10 - \tau) + 10\right\} v_0 = 100$$

この式に $v_0 = 12$ m/s を代入して計算すると，$\tau = 10/3$ が得られます．よって，式 (3.25) より，

$$\alpha = 12 \times \frac{3}{10} = \ 3.6 \, \mathrm{m/s}^2$$

☞ 速度に関する初期条件を初速度 (initial velocity) といいます．積分定数を決めるためには他に境界条件 (boundary condition) などもあります．

この例で積分定数 C を決めたときの条件 ($t = 0$ s のときに $v = 0$ m/s であった) を 初期条件 (initial condition) といいます．時刻 $t = 0$ を運動の「始まり」と考えれば，その名前の由来がわかりますね．

問 3.3　例題 3.5 に対する x-t グラフを描け．

解　図 3.7 で，時刻 t までの面積を計算すればよい．$0 \leqq t \leqq \tau$ のときは三角形の面積で，

$$x(t) = \frac{1}{2} t \cdot \alpha t = \frac{v_0}{2\tau} t^2$$

$\tau < t$ のときには台形の面積で

$$x(t) = \frac{1}{2}\big((t - \tau) + t\big) v_0 = v_0 t - \frac{1}{2} v_0 \tau$$

$v_0 = 12$ m/s，$\tau = \dfrac{10}{3}$ s を代入して右のグラフとなる．

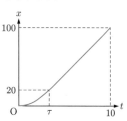

図 3.8　100 m 走 x-t グラフ

この結果から，最高速度に達するのは，スタートから 20 m の地点であることが分かります．残り 80 m を最高速度を維持したまま走りきることはかなり厳しいでしょう．そういう意味で，このモデルは現実的ではありません．演習問題で，改良版を検討しましょう．

最後に今一度，注意を喚起しておきます．文字式 v_0, τ に具体的な数値を入れて，上の問題なら $0 \leqq t \leqq \tau$ のとき

$$x(t) = \frac{12}{2 \times \frac{10}{3}} t^2 = 1.8\,t^2 \tag{3.26}$$

と書くことがあります．しかし，時間の 2 乗を 1.8 倍したものが移動距離と等しいというのは，左辺と右辺で次元が異なるおかしな式ですね．物理量は数値と単位から構成されているのに，文字式に入れるとき，数値だけ入れて単位を入れなかったからこうなってしまうのです．正確には，

$$x(t) = \frac{12 \text{ m/s}}{2 \times \frac{10}{3}\text{s}} t^2 = 1.8\,t^2 \text{ m/s}^2$$

と書かなければなりません．しかしこれではいかにも煩わしいですから，便宜上次元を示す単位を省略して，式 (3.26) のように書くのです．演習問題でもこのような書き方をしたものがありますが，単位を省略した書き方であることをふまえ，答えるときにはきちんと単位を復活させて明示することを忘れないでください．

有効数字

測定値を用いて物理量の計算をするとき，測定値には誤差が含まれることに注意が必要です．例えば，机の縦横の長さがそれぞれ 150.3 cm，61.8 cm であったとしましょう．これらの値は誤差を含み，本当の長さは縦が 150.25 cm から 150.35 cm の間，横が 61.75 cm から 61.85 cm の間であると考えられます．

この縦横の長さの測定値から机の面積 S を計算してみましょう．測定値をそのまま掛けると

$$S = 150.3 \times 61.8 = 9288.54 \text{ cm}^2$$

となりますが，誤差を考慮すると S は $150.25 \times 61.75 \text{ cm}^2$ と $150.35 \times 61.85 \text{ cm}^2$ の間の値となるでしょう．計算すると

$$9277.9375 \text{ cm}^2 < S < 9299.1475 \text{ cm}^2$$

となります．このことから，誤差を含む測定値を用いた計算では，むやみに桁数を多く書いても意味が無いことが分かります．

今の場合は 150.3 cm は有効数字 (significant figure) が 4 桁，61.8 cm は有効数字が 3 桁ですから，面積 S は小さい方に合わせて 3 桁で求めます (4 桁目を四捨五入)．ですから，

$$S = 9280 \text{ cm}^2 \quad \rightarrow \quad 9.28 \times 10^3 \text{ cm}^2$$

とします．電卓で表示された数字をそのまま書き写して答えるのは間違いです．

4 運動法則

学習のねらい

　この章では，物体の運動が変化していく様子を，物体に働く力と結びつける法則を学びます．ここでは次元として，長さ，時間に加えて，質量が必要となります．

　力学はニュートンによって集大成・確立されたので，ニュートン力学 (Newtonian mechanics) とも呼ばれています．その後の物理学の研究の進歩によって，光の速さに近い現象に関して 1905 年に特殊相対性理論 (special relativity) が，宇宙のような極めて大きく重たい世界に関して 1916 年に一般相対性理論 (general relativity) が，原子・分子などの極微の世界の現象に関して 1925 年に量子力学 (quantum mechanics) が定式化され，ニュートン力学では説明できない現象につても理解できるようになってきました．

　このようなわけで，ニュートン力学のことを古典力学 (classical mechanics) と呼ぶこともあります．けれども，ニュートン力学を古くさい，カビの生えた学問であると誤解してはなりません．私たちが日常的に経験する地上での物体の運動から，人工衛星や惑星の軌道計算にいたる，とても広い範囲にわたる現象が，ニュートン力学で説明できます．また，その理論体系は，自然科学のお手本ともいわれ，今日私たちが自然を見る目（自然観や世界観）を支えています．

4.1　質量と力

　質量と力は，ニュートン力学の基本概念で，極めて重要な物理量です．ただ，これらを明確に定義することはできません．どうしても感覚的な理解が必要になります．力学を学ぶ中で，これらの概念に慣れていってください．但し，物理学におけるこれらの用語の意味は，日常で使われるときの意味とは異なる点があるので，注意が必要です．

ニュートン：Sir Isaac Newton 1643.1.4〜1727.3.31

　イギリス，リンカーンシャーのウールスソープに生まれた．ケンブリッジ大学トリニティーカレッジで学び，1669年から同大学のルカス教授職を32年間占めた．1700年から造幣局長官を生涯勤める．1703年からロンドン王立協会会長となる．物理学の業績は，力学の内容をまとめた1687年の「プリンキピア」，1704年の「光学」が最も有名である．微積分をはじめ数学の業績も多い．神学や錬金術などに多大の関心を寄せる中世的思考の持ち主でもあった．ウエストミンスター寺院正面に墓がある．〈「プリンピキア－自然哲学の数学的諸原理」中野猿人訳，講談社〉〈「世界の名著 26 ニュートン」河辺六男訳，中央公論社〉〈「ニュートン」E.N.da.C.アンドレード著，久保亮五他訳，河出書房〉

4.1.1　質点

　第1章では，物体を数学的な点とみなすことについて説明し，その運動の様子を記述するために第3章で位置ベクトルや速度，加速度について解説しました．

　運動の法則を記述するためには，物体が質量をもつことを考慮しなければなりません．物体を，質量をもった点とみなすとき，これを質点 (material parteicle, particle) といいます．

☞ 質点がいくつも散らばったものを質点系，連続的に分布しているものを剛体または連続体といいます．これらの力学については，後に説明します．

質量と重さ　　ニュートンはその著書「プリンキピア」で，質量 (mass) の定義を与えています．」〈「プリンシピア」中野猿人訳，講談社〉

　　　定義 I「物質の量とは，その物質の密度と容積との相乗積を持って測られるものである．…中略…『質量』の名のもとに意味するものは，この量である．そしてこれは，各物体の重さによって知られる．なぜならば，後で示されるように，私は極めて精確に行われた振り子の実験によって，それが重さに比例することを見いだしたからである」

☞ あらかじめ密度が定義されていないと，この式で質量を定義したことにはなりません．

少し分かりにくい表現ですが，質量 m は，密度を ρ，体積を V として

$$m = \rho V \tag{4.1}$$

ということです．そして，質量はそれぞれの物体に固有な量で，地球上で物体にはたらく重力 (gravity) に比例すると述べています．

　私たちは，日常では「質量 (mass)」と「重さ (weight)」を意識して区別することはしませんね．しかし，力学では異なる物理量です．重さは力（重力）を表すのです．質量と重さの明確な区別は，ニュートンによってはじめて認識され，質量がニュートン力学の基本概念となったのです．

　質量は，その単位として kg（キログラム）を用いることが国際協定によって決められていて（SI単位系），1 kg はプランク定数の値を定めることで定義されています（6章の6.2.3節を参照）．一般に質量 m〔kg〕の物体に働く

重力（つまり重さ）F〔N〕は

$$F = mg \qquad (g = 9.80655\cdots \mathrm{m/s^2}) \qquad (4.2)$$

となります.

☞ g は重力加速度の大きさです．詳しくは後の第 5.2.2 節（42 ページ）で説明します．

4.1.2　力

　質点を加速・減速させたり，その運動方向を変えたりする外部からの要因を，力学では外力 (external force) または単に力 (force) といいます．加速させる力の向きを逆にすると，減速することからもわかるように，力は大きさと向きをもち，ベクトルで表されます．

　ニュートンは，「力」を次のように説明しています.

　　　　定義IV「物体に加えられた力とは，物体が静止しているか，直線上を一様に運動しているかにかかわらず，その状態を変えるために働かれた一つの作用である．この力はその作用中だけ存在し，作用が終われば，もはや物体には残存しない．というのは，物体は，それが獲得したすべての新しい状態を，ただその慣性のみによって保持するからである.」〈「プリンシピア」中野猿人訳，講談社〉

☞ 外力の「外」は，外部を意味しますが，紐で引く力とか，地球が引く力（重力）等の具体的なものを意識しないということです．つまり，「外力」とは，あらゆる力に共通する「力」という抽象概念を表す言葉です．

　たとえば，ボールを投げたりドアを開閉するとき，投げる「力」とか押したり引いたりする「力」という言葉が日常語として用いられます．このように物体を動かしたり止めたりするときの人間の筋肉の「力」の作用から出発して，上のような力学における力の概念に到達することは，ニュートンという天才にして初めて可能であったといえるでしょう.

　現代の物理学では，物質の間に働く力がさまざまな自然現象の原因であると考え，「力」にかえて相互作用 (interaction) とよぶようになりました．そして，その相互作用の性質やそこに隠されている法則を見つけ出すことを主要な課題として，物理学は発展しています.

　自然界における相互作用は，これまでに発見された順に次の4種類です.

① 重力相互作用（万有引力）；1665年，ニュートンによる.
② 電磁相互作用（クーロン力）；1785〜89年，クーロンによる.

☞ 但し，運動の変化で力を定義していますので，運動の変化を知りたければ，どこか別のところで力が定義されていなければなりません.

☞ ケプラーは火星が運動する面と地球が運動する面が僅かに傾いており，それが交わってできる直線上に太陽がある事に気づきました．このことから彼は，太陽が惑星の運動に重要な役割を果たしていると考えるようになったと言われています．これがニュートンによる万有引力の発見につながったのです.

ケプラー：Johannes Kepler 1571.12.27〜1630.11.15

　ドイツの天文学者．1599年ティコ・ブラーエ（プラハでルドルフ皇帝の宮廷天文学者であった）の助手となり，火星の運動の研究を始める．この研究をもとに，ケプラーの3法則を発見した．ティコ・ブラーエの肉眼による観測データとケプラーの3法則を土台として作成されたルドルフ表は，最も正確な天文表として長く後世に影響を与えた．ケプラー自身は，幼少の頃にかかった天然痘のために物が二重に見える後遺症が残ったが，数学的才能が抜群であったのでもっぱら理論計算を行った．星占いで生計を立てた時期もあるなど，神秘的思考方法の持ち主でもあった.

③　弱い相互作用；1934 年，フェルミによる．

④　強い相互作用；1935 年，湯川秀樹による．

このうち，① と ② は 遠距離力 (long-range force) で，古典物理学において発見されたものです．③ と ④ は 短距離力 (short-range force) で，原子核レベル以下の極微の世界における現象において発見されました．素粒子の世界では，② と ③ は電弱相互作用として統一できることが明らかにされています (1983 年)．

4.2　ニュートンの運動法則

力学は，次に述べる 3 つの法則を基礎とて構築されています．これらを 運動の 3 法則 といいます．先ず始めに，この法則を示します．

第 1 法則 (Newton's first law of motion)：慣性の法則

　　外力が作用しなければ，すべての質点は静止あるいは等速直線運動の状態を続ける．この座標系を慣性系という．

第 2 法則 (Newton's second law of motion)：運動方程式

　　慣性系において質量 m の質点に外力 $\boldsymbol{F}$ が作用したとき，次の関係がある．

$$m\frac{\mathrm{d}^2\boldsymbol{r}}{\mathrm{d}t^2} = \boldsymbol{F} \tag{4.3}$$

第 3 法則 (Newton's third law of motion)：作用・反作用の法則

　　2 個の質点が，互いに力をおよぼし合っているとき，それぞれの質点に働く力は，質点を結ぶ直線上に作用し，その大きさは等しく，向きは逆である．

強調しておきたい事は，これらは，**証明できるものではない**ということです．多くの人々が，長い年月をかけて自然界にある様々な現象を観察し，見つけ出してきた規則を集大成したものです．こんなことを言うと，不安になる人もいるかもしれませんが，本節の最後で，もう一度この点について説明します．以下で，これらの法則の内容を，順番に見ていきましょう．

第 1 法則　慣性の法則 とよばれています．静止を速度 0 の等速直線運動とみなせば，質点に力が働かなければ等速直線運動をするということです．つまり，質点は，その速度を維持しようとする性質をもっているといえます．この性質を 慣性 (inertia) と呼びます．

☞ 力が働かなければ，動いている質点は止まってしまうと考えている人はいませんか？止まるのは，摩擦力のような運動を止めようとする力が働いているからなのです．

このことは，多くの実験で確かめることはできますが，厳密に正しいということを証明することはできません．そのため，これが正しいと認めて力学を作ろうと言っているのです．第 1 法則が成り立つ世界を 慣性系 (inertial system) といいます.

　私たちの身のまわりで日常的に起こる小規模な運動に対しては，地球に固定した座標系を慣性系とみなすことができます．しかしながら，後に詳しく述べますが，地球が自転しているため，この座標系を慣性系と見なすことはできません．それでは，太陽に固定した座標系を慣性系と考えればどうでしょう．残念ながら，これもダメです．太陽は天の川銀河の中心の周りを回転しているのです．

　現在では，我々の宇宙は膨張していること，更に膨張のスピードが加速していることが分かっています．このように考えて行くと，結局，慣性系が本当にあるのかどうか分からないのです．そこで，慣性系が存在することを認めて力学を考えていきましょうと宣言してるというのが，第1法則の裏に隠された意味なのです.

> 問 4.1　質量 m の物体を糸 A で天井から吊るしてある．図のように物体の下部にもう1本の糸 B が結びつけられている．この糸 B を持って次の2通りの方法で下方に引くとき，どちらの糸が先に切れるか．また，その理由を述べよ．2本の糸の強度は等しいものとする.
> a) ゆっくり引く.
> b) 急に引く.
> **解**　a) A の糸，b) B の糸　（慣性について考えよう）

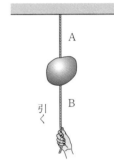

図 4.1　吊された物体を引く

第2法則　　運動方程式です．力によって質点の速度が変化することを，2階の微分方程式とよばれる数式 (4.3) によって，定量的に表したものです．この関係式は，慣性系でのみ成り立つということに注意しておいてください．これから力学を学んでいくとき，中心的な役割を果たします.

　運動方程式 (4.3) は，**質量，加速度と外力の間に成り立つ関係式**ですが，力学ではこれを，外力 $\boldsymbol{F}$ が働いた結果，加速度 $\dfrac{\mathrm{d}^2\boldsymbol{r}}{\mathrm{d}t^2}$ が生じたと解釈します．原因と結果を結びつける因果関係を表すものだと見なすのです．もちろん，こう考えるためには，力がどこか他のところで，既に定義されている必要があります.

☞ 数式がもつ意味を物理的に解釈することで，物理の理解が促進されます.

　このとき生ずる加速度は，外力と同じ向きですが，大きさは質量によって変わります．質量が大きな質点では，加速度の大きさは小さくなりますね．そのため，速度の変化は小さくなります．速度を維持しようという性質を慣性と呼んだことから，質量は慣性の大きさを表すものだと考えられるでしょう．そのため，運動方程式 (4.3) に含まれる質量を，慣性質量 (inertial mass) と呼びます.

☞ 力の向きは加速度の向きと同じです．運動している方向（速度の方向）に力が作用していると思っている人が多いので注意しましょう.

　ところで，第 4.1.1 節（30 ページ）では，質量は重力（重さ）に比例すると説明しました．こちらの質量を重力質量 (gravitational mass) と呼びます．このように，質量は「慣性」と「重さ」という2つの物理量に関わっ

☞ アインシュタインの一般相対性理論では，慣性質量と重力質量が同じであるという「等価原理」を理論の基本原理の1つにしています．

☞ ニュートンは「もし，私がより遠くを眺められたとすれば，それは巨人たちの肩に乗ったからであります」と述べています．先人達の発見の上に自分の仕事があると言う意味でしょう．〈「ニュートン」島尾永康著，岩波新書〉〈「力学的世界の創造」吉仲正和著，中公新書〉

ているのですが，ニュートン力学ではこの2つの質量は，理由はわからないけれども同じだと考えます．その結果，重力がはたらく質点の運動は，その質量によらず同じになります．このことは，ガリレイが有名なピサの斜塔での実験で明かにしたのですが，それ以前の人たちは，重いものの方が早く落ちると考えていました．

歴史的には，第1法則と第2法則は，ガリレイ，デカルトおよびホイヘンスによってある程度気づかれていたものであるといわれています．実際，ニュートンは「プリンキピア」のなかで，ガリレイがこの2つの法則をもとに，物体の落下距離が時間の2乗に比例すること，および投げ出された物体の軌道が放物線となることを見出したと書いています．尚，ニュートンが示したのは，式 (4.3) と異なる形（質量が変化する場合にも適用できる）でしたが，このことについては後の章で説明します．式 (4.3) から，力の単位が $kg \cdot m/s^2$ となることがわかりますが，これをニュートンの名前にちなんで「ニュートン」と名付け，N と書き表します．

第3法則　　作用・反作用の法則 (law of action and reaction) です．この内容を視覚的に表現すると，次の図 4.2 のようになります．

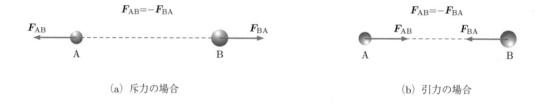

(a) 斥力の場合　　　　　　　　　　　　(b) 引力の場合

図 4.2　作用・反作用の視覚的表現

これを式で表せば，質点 A が質点 B から受ける力を F_{AB}，逆に質点 B が質点 A から受ける力を F_{BA}，ベクトル $\overrightarrow{AB}$ を r_{AB} として

$$F_{AB} = - F_{BA} \qquad かつ \qquad r_{AB} \times F_{AB} = 0 \quad (r_{AB} /\!/ F_{AB}) \qquad (4.4)$$

となります．このように，作用 F_{AB} と反作用 F_{BA} は，いつもペアで現れます．但し，後に説明する見かけの力（遠心力など）には反作用はありません．この法則は，質量をもった広がりのある物体を質点として取り扱ってよいことの根拠を与えるものでもあります．

> 問 4.2　相撲で，力士 A が力士 B を押し出した．このとき二人の力士が相手を押す力を比べると，どちらが大きいか説明せよ．
> **解**　同じである．　（作用・反作用について考えよう）

オーストリアの物理学者マッハは，力学の諸原理に関するニュートンの業績の中で，作用・反作用の法則を最も重要なものと評価し，この法則を用い

ガリレイ：Galileo Galilei 1564.2.15～1642.1.8

　イタリアのピサに生まれた．実験に基づく論証と数学的定量化・定式化により，アリストテレスの学説を覆し，近代科学の手法の基礎を確立した．落体の研究，振り子の等時性の発見，望遠鏡の製作とそれを用いた木星の衛星や月の山や谷などの発見で知られた．これらのことはコペルニクスの地動説を実証することになったが，地動説を擁護したために宗教裁判にかけられ，1633 年カトリック教会から破門された．そのとき，「それでも地球は動く」とつぶやいたというエピソードがある．1992 年カトリック教会は誤りを認め，名誉回復がなされた．彼は，「神は 2 冊の書物を書いた．1 冊は聖書で，もう 1 冊は自然である．自然は数学で書かれているのでこれを読むためには数学を学ばねばならない」と数学の重要性を強調した，といわれている．〈「ガリレオ」田中一郎著，中公新書〉

デカルト：Rene Descartes 1596.3.31～1650.2.11

　フランスのトゥーレーヌ地方ラ・エに生まれた．力学については，慣性の法則や運動量保存の法則などの発見があり，近代科学の先駆者といわれる．学問の基礎を「我思う．故に我あり」として，機械論的自然観の基礎を確立したことでも有名である．

ホイヘンス：Christiaan Huygens 1629.4.14～1695.6.8

　オランダのハーグに生まれた．完全弾性衝突の研究や振り子時計の発明が有名である．複数の物体の運動を考察し，力学的エネルギーが保存することを基礎として，力学の体系を構築しようと試みた．また，光の波動としての伝播を二次波素元波の考えに基づくいわゆるホイヘンスの原理で説明した．

て質量を定義することを提唱しています．彼は著書「力学」の中で，ニュートンの力学（プリンキピア）を中心に，力学の発展過程を批判的に分析しました．その哲学は，後にアインシュタインに大きな影響を与え，一般相対性理論の思想的支柱になったといわれています．〈「マッハ力学」伏見譲訳，講談社〉

運動の 3 法則について　　ここで説明した 3 つの法則が，ニュートン力学の基盤となります．始めに，これらは証明できるものではないと述べました．それでは何故これらが基盤となるといえるのでしょうか．この 3 つの法則を使うと，物体がどのように運動するか，計算できます．そして，その計算結果と現実（観測や実験）を比較し，一致すればよしとするのです．もし食い違えば，その原因を探ります．見落としている効果はないか，計算にミスはないか等々．どうしても一致しないときには，この法則を修正し，新たな理論を創ることになります．

　別の言い方をすると，「力学」では，何故その運動が起こるのかは問題に

☞ 水星の公転軌道は楕円ですが，木星の引力の影響で，この楕円自身がゆっくりと回転してゆきます．しかし，ニュートン力学では楕円軌道の回転スピードを正しく計算できませんでした．そのズレは，後に一般相対性理論によって正しく求められました．

しません．どのようにその運動が起こるのかを考えるのです．運動法則が何故正しいのかを問題にするのではなく，運動法則からどのような運動が起きるかを計算するのです．つまり，質点に働く力がわかると，運動方程式を解くことで，慣性系における運動が決まると考えるのです．

　もし物体がどのような運動をするかが先にわかっているときには，どのような力が働いているのかを，運動方程式から計算で求めることができます．例えば，惑星の運動に関するケプラーの 3 法則が観測データから導き出されると，太陽と惑星の間には，距離の 2 乗に反比例しそれぞれの質量の積に比例する引力が働いていることがわかるのです．

☞ このときには，運動方程式で力が定義されるともいえますね．

　「力学」とは何かと問われれば，少し乱暴かもしれませんが，力は与えられているとの前提に立ち，

> **1** … 運動方程式を立てる
> **2** … 運動方程式を解く

ということとなります．こう言ってしまうと簡単なように見えるかもしれませんが，力を的確に捉え，適切な座標系を設定して運動方程式を正確に書くには熟練を要します．また，これを解くには数学的知識が必要です．「力学」を学ぶ目的は，この一連の手続を通して，論理的な思考能力を身につけることにあります．このことを忘れずに，今後の学修を継続していって下さい．

　最後に一つ質問します．**以下の主張の誤りを指摘してみましょう．**

まちがい !!

> 運動の第 2 法則で $F = 0$ とすると加速度が 0 になり，等速直線運動を意味する．よって第 1 法則が導かれるので，第 1 法則は必要ない．

分かりますか？一見正しそうですが，超天才であるニュートンがそんな間違いをするはずがありません．注意して読むと分かりますが，第 2 法則は慣性系でのみ成り立つ関係式です．第 1 法則は慣性系が（あるのか無いのか分からないけれども）存在する（または考えられる）と認めましょうという主張です．ですから，先ず第 1 法則があって，それを踏まえてはじめて，第 2 法則を考える事ができるのです．先に第 2 法則を考える事はできませんから，第 2 法則から第 1 法則が導き出せるわけではないのです．

4.3　慣性系とガリレイの相対性原理

　運動の第 1 法則で，存在すると決めた慣性系を S 系と呼ぶことにしましょう．S 系に原点 O を決め，質点 m の位置ベクトルを r とします．この質点 m に働く力を F とすると，運動方程式 (4.3) が成り立ちます．

☞ 原点 O は S 系の中に固定された点です．

　S 系からみて，一定の速度 v_0 で動く座標系を考え，これを S′ 系とします．S′ 系に固定された全ての点は，S 系から見ると，速度 v_0 をもちます．

たとえば真直ぐなプラットホームがあり，その前を電車が一定の速度 $\boldsymbol{v}_0$ で通過する場面を思い浮かべて下さい．プラットホームに固定された座標系が S 系，電車内に固定された座標系が S′ 系にあたります．

ニュートン力学では，時間は運動する全てのものに対して共通であると考え，これを 絶対時間 (absolute time) といいます．つまり，S 系の時刻を t，S′ 系の時刻を t' として，

$$t = t' \tag{4.5}$$

と考えます．

時刻 $t = 0$ で S 系と S′ 系は一致していたとしましょう．その後，S′ 系の原点 O′ は，当然 S′ 系と一緒に動くので，S 系から見ると，一定の速度 $\boldsymbol{v}_0$ で進んでいきます．質点 m の S′ 系での位置ベクトルを $\boldsymbol{r}'$ とすると，図 4.3 より，次の関係があることは明かでしょう．

$$\boldsymbol{r} = \boldsymbol{r}' + \boldsymbol{v}_0 t \tag{4.6}$$

図 4.3 では，分かりやすくするために，デカルト座標系の座標軸を書き加えてあります．それぞれの座標軸は，平行を保っています．このとき，S′ 系は S 系に対して 並進運動 (translational motion) しているといいます．

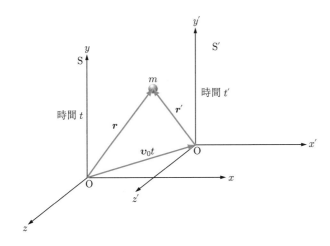

図 4.3 慣性系 S と速度 $\boldsymbol{v}_0$ で並進運動する座標系 S′ の関係

S 系で質点 m の速度を計算してみましょう．それには式 (4.6) の両辺を t で微分すればよいですね．結果は

$$\boldsymbol{v} = \boldsymbol{v}' + \boldsymbol{v}_0 \tag{4.7}$$

です．ここで，$\boldsymbol{v} = \dfrac{\mathrm{d}\boldsymbol{r}}{\mathrm{d}t}$，$\boldsymbol{v}' = \dfrac{\mathrm{d}\boldsymbol{r}'}{\mathrm{d}t'} = \dfrac{\mathrm{d}\boldsymbol{r}'}{\mathrm{d}t}$ は，それぞれ S 系と S′ 系における質点 m の速度です．この関係式 (4.7) を ガリレイの速度加法則 (Galilean form of the law of transformation of velocities) とよびます．速度 $\boldsymbol{v}_0$ の電車の中で速度 $\boldsymbol{v}'$ で動く質点をプラットホームから見たとき，その速度は両者の和 $\boldsymbol{v}' + \boldsymbol{v}_0$ になるということです．極めて当たり前のことですね．

式 (4.7) をもう一度時間で微分すると

$$\boldsymbol{a} = \boldsymbol{a}' \qquad \text{または} \qquad \frac{\mathrm{d}^2\boldsymbol{r}}{\mathrm{d}t^2} = \frac{\mathrm{d}^2\boldsymbol{r}'}{\mathrm{d}t'^2} \tag{4.8}$$

が得られます. m や $\boldsymbol{F}$ は座標系の選び方によって変わらないと考えましょう. S 系では運動方程式 (4.3) が成り立っていましたから, 式 (4.8) により,

$$m\frac{\mathrm{d}^2\boldsymbol{r}'}{\mathrm{d}t'^2} = \boldsymbol{F} \tag{4.9}$$

となり, S′ 系においてもニュートンの運動方程式が成り立ちます. すなわち, S′ 系も慣性系であるとみなせるのです. したがって, **慣性系 S に対して等速直線運動する座標系はすべて慣性系**であり, $\boldsymbol{v}_0$ は勝手な値にとれますから, 慣性系は無数にあるということになるのです.

関係式 (4.5) と (4.6) は, S 系と S′ 系を関係づける ガリレイ変換 (Galilean transformation) とよばれています. 上に述べたことは, **ニュートンの運動方程式の形が, ガリレイ変換に対して不変である**ことを意味します. これを ガリレイの相対性原理 (Galilean principle of relativity) といいます.

さて, ガリレイの相対性原理は何を意味するのでしょうか. もう一度電車とプラットホームの例に戻って考えてみましょう. プラットホームに立つ人が手に持ったボールを静かに落とすと足下に落ちます. 後の章で計算されますが, ボールを落とす高さを h とすると, 落下にかかる時間は $\sqrt{\dfrac{2h}{g}}$ となります. g は重力加速度の大きさです.

同じことを, 電車の中に立っている人が行ったらどうなるでしょう. 同じ運動方程式にしたがいますから, ボールは同じ時間で足下に落ちるでしょう. このことから次のことが分かります.

> 力学現象を調べることだけでは, プラットホームにいるのか, 等速度で動く電車の中にいるのかは区別できない

それでは, 電車の中で落下するボールはプラットホームからはどのように見えるでしょうか？落下しながら, 電車と共に一定の速度で動いていきますね. 電車の存在を無視してしまうと, 初速度 $\boldsymbol{v}_0$ で高さ h の点から水平に投げ出されたボールと同じ運動です. つまり, 物体の運動は,

> 水平方向と鉛直方向に分けて, それぞれ独立に考えてよい

ということです. 実際の運動は, それらを合成すればよいのです. このことに最初に気づいたのがガリレイであったと言われています. 速度がベクトルで表されるのはこのためです. 同様に加速度や力もベクトルとして合成したり分解したりできることになります.

5 力の法則

学習のねらい

　これまでに説明してきたきたように，力の概念は力学の中核をなすものです．この章では，力に関する基本的な事項の理解を目指します．またテキストに出てくる力の例を説明するので，それらの性質を理解しましょう．

5.1　力の性質

5.1.1　力は物体間の相互作用

　問題にしている質点が 1 個で，「質点 m に作用する力」とか「質点 m が受ける力」などというとき，その質点に力を及ぼしている物体（質点）が必ず存在します．すなわち力は，物体（質点）間の相互作用なのです．けれども，力を及ぼす物体がいつも明示されているとは限りません．明示する必要があるときには，第 4.2 節（32 ページ）の運動の第 3 法則（作用・反作用の法則）の項で述べた $\boldsymbol{F}_{\mathrm{AB}}$（A が B から受ける力）のように記述します．

5.1.2　力はベクトル量

　質点 m が他のいくつかの質点から力を同時に受けているとき，これらの力から質点 m が受ける運動状態の変化は，これらの力のベクトル和から受ける変化の効果に等しくなります．このことを運動方程式を用いて表すと

$$m\frac{\mathrm{d}^2\boldsymbol{r}}{\mathrm{d}t^2} = \boldsymbol{F}_1 + \boldsymbol{F}_2 + \boldsymbol{F}_3 + \cdots \tag{5.1}$$

となります．ここで，

$$\boldsymbol{F}_1 + \boldsymbol{F}_2 + \boldsymbol{F}_3 + \cdots = \boldsymbol{F} \tag{5.2}$$

とおけば，式 (4.3) と全く同じ形になります．

$$m\frac{\mathrm{d}^2\boldsymbol{r}}{\mathrm{d}t^2} = \boldsymbol{F} \tag{5.3}$$

式 (5.2) を力の合成 (composition of forces) といい，$\boldsymbol{F}$ を $\boldsymbol{F}_1$，$\boldsymbol{F}_2$，$\boldsymbol{F}_3 \cdots$ の合力 (resultant force) といいます.

逆に，問題によっては，1 つの力をいくつかの力のベクトル和として書き直す必要が生じることがあります．この場合は力の合成の式 (5.2) と違って，色々な形に表すことができます．すなわち

$$\boldsymbol{F} = \boldsymbol{F}_1 + \boldsymbol{F}_2 = \boldsymbol{f}_1 + \boldsymbol{f}_2 + \boldsymbol{f}_3 = \cdots \tag{5.4}$$

いうまでもなく，与えられた問題を解くのに適した表し方をしなければなりません．式 (5.4) を力の分解 (resolution of force) といい，$\boldsymbol{F}_1$，$\boldsymbol{F}_2$ や $\boldsymbol{f}_1$，$\boldsymbol{f}_2$，$\boldsymbol{f}_3$ などを $\boldsymbol{F}$ の分力 (components of force) といいます.

一般に力を指定するときは，力の作用する点，すなわちベクトルの始点を明示しなければなりません．この点を力の作用点 (point of application) といいます．質点の場合，作用点はその質点の位置そのものです．また，力の作用点を通り，力の方向に引いた直線のことを力の作用線 (line of action) といいます.

以上から，質点 A が質点 B から受ける力 $\boldsymbol{F}_{\mathrm{AB}}$ は，質点 A の位置ベクトル $\boldsymbol{r}_{\mathrm{A}}$，質点 B の位置ベクトル $\boldsymbol{r}_{\mathrm{B}}$ と時間 t の関数であると考えられます．さらに，質点は運動しているので，速度の関数でもあるでしょう．すなわち

$$\boldsymbol{F}_{\mathrm{AB}} = \boldsymbol{F}_{\mathrm{AB}} \left(\boldsymbol{r}_{\mathrm{A}}, \boldsymbol{r}_{\mathrm{B}}, \frac{\mathrm{d}\boldsymbol{r}_{\mathrm{A}}}{\mathrm{d}t}, \frac{\mathrm{d}\boldsymbol{r}_{\mathrm{B}}}{\mathrm{d}t}, t \right) \tag{5.5}$$

と表されます．これを図に表すと，図 5.1 のようになります．ここでは質点 B が質点 A から受ける力（$\boldsymbol{F}_{\mathrm{AB}}$ の反作用）は省略しました．力 $\boldsymbol{F}_{\mathrm{AB}}$ は質点 C，D，$\cdots$ には影響されません.

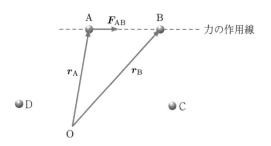

図 5.1　質点 A が質点 B から受ける力 $\boldsymbol{F}_{\mathrm{AB}}$

5.1.3　2 体力

質点 A が質点 B から受ける力 $\boldsymbol{F}_{\mathrm{AB}}$ が，A と B との相対的な関係によってのみ確定し，A と B 以外の第 3 の質点などの有無にいっさい影響されないとき，力 $\boldsymbol{F}_{\mathrm{AB}}$ は 2 体力 (two body force) であるといいます．古典力学では，力を 2 体力と考えて十分精密であることが確かめられています．したがって，式 (5.1) の右辺の力 $\boldsymbol{F}_1$，$\boldsymbol{F}_2$，$\boldsymbol{F}_3$，$\cdots$ はすべて 2 体力です.

☞ 第 3 の質点の存在によって影響を受ける力を多体力とよびます．陽子や中性子の間には，非常に弱い多体力がはたらくとされています.

5.2 力の具体例

　われわれが現在知っている自然界における基本的な相互作用について，第 4.1.2 節（31 ページ）に列挙しました．ここでは古典力学で取り扱う力のうち，本書でとりあげるいくつかの力について説明します．

5.2.1 万有引力

　万有引力 (universal gravitation) は，質量をもつ全ての物体の間に作用する引力 (attractive force) です．

　質量が m_1 と m_2 の 2 つの質点の間には，それらを結ぶ直線を作用線とする引力が作用します．その引力の大きさ F は，質点間の距離を r として

$$F = G \frac{m_1 m_2}{r^2} \tag{5.6}$$

と表されます．ここで比例定数 G は自然界における普遍定数 (universal constant) で，万有引力定数 (gravitational constant) とよばれます．その測定値は

$$G = 6.67408(31) \times 10^{-11} \, \mathsf{N} \cdot \mathsf{m}^2/\mathsf{kg}^2 \tag{5.7}$$

です式 (5.7) に示されているように G の値はきわめて小さいですが，質量をもつ物体間に作用する力は常に引力で，かつ物体間の距離が小さいほど力が強くなるので，雪だるま式に物体を集め，地球や太陽のような巨大な天体を形成することができるのです．

　万有引力をベクトルで表すとどうなるかを見ておきましょう．質点 m_1 が質点 m_2 から受ける万有引力 $\boldsymbol{F}_{12}$ は

$$\boldsymbol{F}_{12} = -G \frac{m_1 m_2}{|\boldsymbol{r}_1 - \boldsymbol{r}_2|^2} \hat{\boldsymbol{r}}_{12} \tag{5.8}$$

となります．ここで，$\boldsymbol{r}_1$ と $\boldsymbol{r}_2$ はそれぞれ質点 m_1 と質点 m_2 の位置ベクトルを，$\hat{\boldsymbol{r}}_{12}$ は質点 m_2 から質点 m_1 へ向く単位ベクトルで，$\dfrac{\boldsymbol{r}_1 - \boldsymbol{r}_2}{|\boldsymbol{r}_1 - \boldsymbol{r}_2|}$ を表します．したがって，$|\hat{\boldsymbol{r}}_{12}| = 1$ です．また，質点間の距離は $|\boldsymbol{r}_1 - \boldsymbol{r}_2|$ と表しました．式 (5.8) が，式 (4.4)（34 ページ）を満たすことから，万有引力が作用・反作用の法則に従うことが確認できます．

☞ 万有引力定数 G の単位は $\mathsf{m}^3/\mathsf{kg} \cdot \mathsf{s}^2$ と書くこともできます．．数値の最後にあるカッコは，ここに誤差が含まれていることを示しています．

☞ 最近の研究では，万有引力が星の一生やブラックホールや宇宙の形成などにおいて最も重要な役割を演じていることが明らかにされてきています．

☞ 万有引力が質点間の距離の 2 乗に反比例することを，地上の実験で確かめることは難しいですが，長い円筒を用いた実験で，10^{-4} の精度実証されています．後に述べる惑星の運動の安定性からは，より高い精度で確認できます．

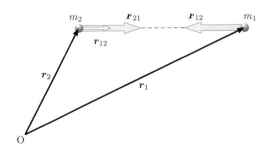

図 **5.2** 万有引力のベクトル表現

万有引力とクーロン力

　万有引力と同じタイプの力として，クーロン力がある．電荷を帯びた物体の間に電荷による力が作用する．電荷が空間の1点に集中しているとみなせるとき，これを点電荷という．静止した2つの点電荷 q_1 と q_2 の間に作用する力は，クーロン力とよばれ，ベクトルで表すと

$$\boldsymbol{F}_{12} = \frac{1}{4\pi\varepsilon_0} \frac{q_1 q_2}{|\boldsymbol{r}_1 - \boldsymbol{r}_2|^2} \hat{\boldsymbol{r}}_{12}$$

である．電荷 q の単位は C（クーロン）である．この単位を使うと比例定数 $\dfrac{1}{4\pi\varepsilon_0}$ の測定値は，真空中で約 8.99×10^9 N·m^2/C^2 である．その他の記号の説明は，式 (5.8) の項を参照せよ．

　クーロン力と万有引力の相違点について指摘しておく．電荷は質量と違って，2種類（プラスとマイナスで区別する）ある．そして，クーロン力は，$q_1 q_2 > 0$ のときは斥力，$q_1 q_2 < 0$ のときは引力である．また，陽子と電子の間にはたらくクーロン力は，万有引力の $\dfrac{\dfrac{e^2}{4\pi\varepsilon_0}}{G m_{\mathrm{p}} m_{\mathrm{e}}} \fallingdotseq 2.3 \times 10^{39}$ 倍となる．したがって，原子・分子の世界ではクーロン力が支配的な相互作用である．

5.2.2　重力

　地球上に存在するすべての物体や，われわれ人間は生まれて死ぬまで，地球から力を受けています．この力を重力 (gravity) といいます．重力は，万有引力と地球の自転による効果（遠心力）を重ね合わせた力ですが，ここでは，万有引力についてのみ考えてみましょう．

☞ 自転の効果は，地軸からの距離によって変わりますが，最大となる赤道上でも万有引力の約290分の1です．

　質点は地球に引きつけられていますが，作用反作用の法則から，質点は地球を同じ大きさの力で逆向きに引きつけています．しかし，地球の質量はとても大きいので，実際には地球は動かず，質点が地面に向けて落下するようにしか見えません．地球が球対称（中心から見てどの方向も同じ）であると近似すると，重力はつねに地球の中心 O に向かいます．その大きさは，中心 O に地球の質量 M と同じ質量をもつ質点を置いたときに働く万有引力の大きさと同じです．

☞ 地球の外にある質点に対して作用する地球の万有引力が，地球の中心にその全質量が集中した質点による万有引力に等しいことは，ニュートンによって最初に証明されました．この証明の完成はニュートンが「プリンキピア」を発表することを決心した理由の1つであったといわれています．

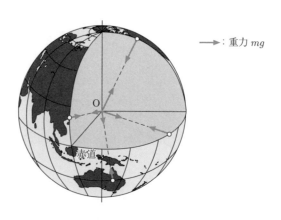

図 **5.3**　重力のベクトル表現

地表地面から高さ h の位置にある質量 m の質点が（地球から）受ける重力（万有引力）の大きさ F_g は，地球の半径を R，質量を M と書くと，式 (5.6) から

$$F_g = G \frac{mM}{(R+h)^2} \tag{5.9}$$

となります．ここで，$R \fallingdotseq 6.4 \times 10^6$ m（$= 6400$ km）であることを考慮すれば，地球上の質点（物体）に対しては $R \gg h$ としてよいでしょう．このとき $\dfrac{h}{R}$ を無視する近似で，

$$F_g = G \frac{mM}{(R+h)^2} = m \times \frac{GM}{R^2} \frac{1}{\left(1 + \frac{h}{R}\right)^2} \fallingdotseq m \frac{GM}{R^2} \tag{5.10}$$

となり，F_g は高さ h には無関係な定数になります．ここで $g = \dfrac{GM}{R^2}$ とおくと重力は

$$F_g = mg \tag{5.11}$$

となります．g は加速度の次元をもつので，向きも含めて $\boldsymbol{g}$ と書き，重力加速度 (acceleration of gravity) とよばれています．g の値を測定すると，

$$g \fallingdotseq 9.8 \text{ m/s}^2 \tag{5.12}$$

となります．

地球の質量を直接量ることはできませんが，万有引力定数 G，重力加速度の大きさ g と地球の半径 R の測定値を用いて，式 (5.11) から計算で求めることができ，

$$M = \frac{gR^2}{G} \fallingdotseq 5.98 \times 10^{24} \text{ kg} \tag{5.13}$$

となります．

質量 m の物体が受ける重力の大きさは mg ですから，1 kg の質量の物体は 9.8 N の力を受けます．g の値は地球上ではほぼ一定なので，実用的な単位として「キログラム・重（kgw）」が使われることがあります．すなわち

$$1 \text{ kgw} = 9.80665 \text{ N} \tag{5.14}$$

です．日常語として「この物体の重さ (weight) は m キログラムである」といいますが，「はかり」で測るのは重力ですから，力学を学んだ諸君は，「この物体に働く重力は m キログラム重である」という意味に解釈してください．

また、重力の作用線を鉛直線 (plumb line) といい，鉛直線に垂直な面を水平面 (horizontal line) といいます．地球に固定した座標系を考えるときには，水平面と鉛直線を基準に選ぶと便利です．

5.2.3 ばねの力

物体に外力を加えると，物体は変形したり体積が変化するなど，ひずみ (strain) を生じます．同時に物体の内部には，このひずみをもとへ戻そ

☞ 地球を球対称とみなし，地表が球面であると考えています．

☞ ひずみや応力は，一般にはスカラーやベクトルを拡張したテンソルと呼ばれる量になっています．

うとする応力 (stress) が発生します．フックは，応力がひずみに比例する
ことを発見しました（1678 年）．これをフックの法則 (Hooke's law) とも
いいます．実際には，この法則が適用できるのは，ひずみが小さい場合であ
ることをつねに留意しておかなければなりません．

　ばね (spring) は，フックの法則を簡単に実現できる装置です．いま 1 次
元の例として，図 5.5 のように，水平な台上に一端を固定したばねがあった
としましょう．このばねのもう一方の端に物体をつけます．台上のばねに
沿った方向に x 軸をとり，ばねが自然の長さ（自然長）になっているとき
の物体の位置（ばねの先端）を原点 O とします．ばねを x 軸の正の向きに
引き伸ばし，そのときの物体の位置を x（＝ ばねの伸び，ひずみ）としま

重力加速度 g と重力場

　式 (5.10) によれば，地球の表面の近くではどこでも，質点 m に重力 mg が地面に向かって作用
する．質量が m' であれば $m'g$ の重力が作用する．このことは，地球表面の近くの空間内の各点に，
質量に比例して質点に力を作用させる性質・能力があると考え直すことができることを示唆してい
る．この性質は，地球の質量によって地球の周囲の空間（空気などの存在しない真空）に与えられ
たと考える（アインシュタインによれば時空がひずんでいる）．そしてその強さが g で，単位質量
あたりの重力である．この g は地面に向かう方向をもち，大きさは一定値（9.8）で，加速度 m/s^2
の単位をもつベクトル量である．このようにして，地球の周囲の空間のすべての点にベクトルが与
えられ，空間全体にわたるベクトルの集合が考えられる (図 5.4 を参照せよ)．このベクトル g の集
合全体を重力場という．そして，ベクトル g を重力場の強さという．これをわれわれは重力加速度
とよんでいるのであるが $\dfrac{\mathrm{d}^2 r}{\mathrm{d}t^2}$ の意味の加速度ではないといえる．万有引力をこのように理解する
仕方を近接作用の考え方という．

　古典物理学で場の考え方が最も成功したのは電場，磁場，電磁場によるマクスウェルの電磁気学
である．

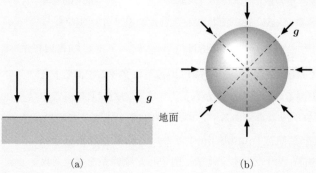

(a)   (b)

図 5.4　(a) 地表近くの重力場．g は水平面に垂直（鉛直）で下向き．(b) 地球全体として見たときの地表近く
の重力場．g はすべて地球の中心 O に向かう．

す，このとき物体がばねから受ける力 F は

$$F = -kx \tag{5.15}$$

となります．比例係数 k は ばね定数 (spring constant) とよばれ，単位は N/m です．k は，ばねの材質や形状・大きさなどによって決まる正の定数です．

☞ ばねが縮んだときは x は負の値になり，F は正になります．いずれにしてもばねが元の形に戻ろうとするので，その力を 復元力 (restoring force) ともいいます．

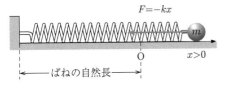

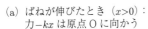

(a) ばねが伸びたとき（$x>0$）：力 $-kx$ は原点 O に向かう

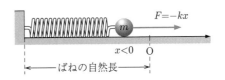

(b) ばねが縮んだとき（$x<0$）：力 $-kx$ は原点 O に向かう

図 5.5 ばねの力．物体の大きさが無視できるとすると，物体の位置がばねの伸び・縮み x でもある．

式 (5.15) は，単純な形ですが，この表式はきわめて応用範囲が広く，土木工学の問題から量子力学の問題にまで及んでいます．複雑な現象が，このような簡単なモデルで近似され整理できることは驚くべきことです．

☞ 線形または一次近似といいます．

第 4.1.2 節（31 ページ）で，自然界には 4 種類の相互作用があると説明しましたが，その中には「ばねの力」というのは入っていないように見えます．実は 4 種類といっているのは，素粒子のレベルでのことで，莫大な数の分子・原子が集まってできている物質に働く力を考えるときには，実効的な力としてとらえた方が便利です．例えば，針金をねじると元に戻ろうとする力が働きます．この力は，ねじることで広がった金属原子間の距離を縮めるように，電磁気力が働くことによって発生します．つるまきばねは，針金を巻くことでそのねじれを大きくして見やすくしています．このように，ばねによる力は，原理的には電磁相互作用で説明できるのです．しかし，実効的な力としてばねの力は「ばねの伸び・縮みに比例する」と考えた方が便利なわけです．

☞ 同じ力に対してはりがねがねじれる角度は長さに比例します．

フック：Robert Hooke 1635.7.18～1702.3.3

イギリス，ワイト島のフレッシュウォーターに生まれた．ボイルの助手などを経て，ロンドン王立協会の実験者となり，のち同書記となる．顕微鏡で見た「世界」を見事に描写（「ミクログラフィア」）して，はじめて世に知らせたことは有名である．ニュートンに与えた影響も大きい．〈「ロバート・フック ニュートンに消された男」中島秀人著，朝日選書〉

5.2.4　粘性抵抗と慣性抵抗

☞ 流体とは，ほぼ気体と液体の総称です．

　物体が流体 (fluid) 中を速度 $\boldsymbol{v}$ で運動するとき，物体は流体から抵抗力を受けます．この分野の研究は流体力学 (fluid dynamics) として知られています．それによれば，物体の速度があまり大きくなければ，抵抗力の大きさ F は $v = |\boldsymbol{v}|$ として，

$$F = k_1 v + k_2 v^2 \tag{5.16}$$

で表すことができます．そして，抵抗力の向きは速度ベクトル（物体が進む向き）の逆向きです．ここで，比例係数 k_1 と k_2 は流体の密度，粘性率，物体の大きさや形状などによって決まる定数です．式 (5.16) の第1項は，速度が小さいときに支配的な粘性抵抗 (viscous drag) でストークスの抵抗法則 (Stokes law of resistance)，第2項は，速度が比較的大きいときに支配的な慣性抵抗 (inertial resistance) でニュートンの抵抗法則 (Newton's law of resistance) とそれぞれよばれています．

　大ざっぱにいえば，粘性抵抗は流体の粘性（ねばり気の程度）により，慣性抵抗は物体の前面にある流体を押しのけることから生じる抵抗力です．流体の抵抗力を正確に計算することは困難なため，コンピュータによる数値計算か実験によって求める場合が多いです．なお，慣性抵抗と粘性抵抗の比をレイノルズ数といい，流れの様子を特徴づける重要なパラメータであることが明らかにされています．

　ストークスの得た理論式は，半径 a の球が粘性係数 η の流体中を運動するとき，

$$k_1 = 6\pi a\eta \tag{5.17}$$

です．また，抵抗力もミクロレベルで見れば，物体の分子と流体の分子の間に働く電磁相互作用であることが分かります．

ストークス：George Gabriel Stokes 1819.8.13〜1903.2.1

　イギリス，アイルランド生まれ．1841 年ケンブリッジ大学を卒業後 1849 年から終生ルカス教授職を務めた．物理学の多くの分野の研究をした．1850 年，ストークスの抵抗法則を理論的に導いた．数学のベクトル解析におけるストークスの定理はよく知られている．

6 次元と単位

学習のねらい

　物理量の種類を区別する「次元」という抽象的な概念を認識し，その具体的な実現である「単位」とは何かを理解することがこの章の目標です．この表現は難解に感じるかもしれませんが，これまでに慣れ親しんできた「単位」について，きちんと学び直そうということです．

6.1　物理量の次元

　第 2 章で物理量の種類を表す概念として次元の説明をしました．そこで説明したように，力学では，3 個の基本となる物理量の次元を決め，他の物理量の次元はこの 3 個の組み合わせで表現します．実用的に最も便利な次元として，長さ $[L]$，時間 $[T]$，質量 $[M]$ が選ばれています．そのため，この次元選択によれば，一般の物理量 Q は，q を単なる数値として

$$Q = qL^aT^bM^c \tag{6.1}$$

と表されます．このとき，Q の次元 $[Q]$ は $[L^aT^bM^c]$ であるといいます．ただし，a, b, c は数値です．たとえば，

$$[面積] = [縦の長さ] \times [横の長さ] = [L^2] \tag{6.2}$$

$$[速度] = [移動した距離] \div [時間] = [LT^{-1}] \tag{6.3}$$

$$[加速度] = [変化した速度の差] \div [時間] = [LT^{-1}]/[T] = [LT^{-2}] \tag{6.4}$$

$$[力] = [質量] \times [加速度] = [LT^{-2}M] \tag{6.5}$$

$$[エネルギー] = [力] \times [移動した距離] = [L^2T^{-2}M] \tag{6.6}$$

です．

6.2　単位

これらの次元をはかる基本単位として，国際単位系 (International System of Units) が 1960 年の国際度量衡総会で採択されています．これは SI 単位系 (SI units) とも呼ばれています．具体的な単位として，長さはメートル〔m〕，時間は秒〔s〕，質量はキログラム〔kg〕が用いられます．たとえば，速度は 10 m/s または 10 ms^{-1} のように表します．

2018 年 11 月 16 日に開かれた第 26 回国際度量衡総会において基本単位の定義を改定することが決議・承認され，2019 年 5 月 20 日から施行されることになりました．

6.2.1　時間の単位

時間の長さ τ を他人に伝達したり，後生の人々に伝えるために記録するにはどうすればよいかを考えみてましょう．それには，「**基準の時間 τ_0**」を決めておき，それに比べて何倍かを使えばよでしょう．つまり

$$T = \frac{\tau}{\tau_0} \tag{6.7}$$

として定義される T を伝達・記録すればよいのです．T は次元をもたない量です．もちろん，

$$\tau = T\tau_0 \tag{6.8}$$

と書いても構いません．

この基準の時間 τ_0 を，抽象的な「時間の次元」を具体的に示す単位と呼んでいます．

「**基準の時間 τ_0**」として何を使うかは，国・地域・文化圏などによってばらばらでしたし，時代によっても変わってきました．具体的には，地球の自転（1 day），月の公転（1 month），地球の公転（1 year）等が用いられてきました．

しかし，それでは不便であるということで，世界共通の，いつまでも変わらない，基準の時間を選択しましょうということになりました．そして，1790 年にフランスでメートル法を制定したとき，平均太陽時（太陽が真南に来てから次に真南に来るまでの時間の平均値）を 1 day と定義しました．1 day の 1/24 倍を 1 h，1 h の 1/60 倍を 1 min，1 min の 1/60 倍を 1 s としたのです．

1 day は地球の自転と公転が規則的であるとして決められました．ところが，地球の自転周期は少しずつ遅くなっていることが分かりました．公転周期も一定ではありません．そこで，現在 1 s は，以下のように定義されています．

☞ この会議は，定期的に開かれ，1 度決めたものはなるべく変えないようにと注意しながらも，より優れた単位の定義や，測定方法などを探求し続けています．

☞ 1875 年 5 月 20 日にメートル条約が締結され，5 月 20 日は世界計量記念日となっています．

☞ 時間を測るということは，基準と比べてその何倍かを測ることなのです．

☞ 科学にとって重要なのは τ_0 の決め方です．何か基準の時間を選択しなければなりません．

> 　記号 s で表される秒は，SI 単位系の時間の単位である．それは，Cs^{133} 原子の基底状態の 2 つの超微細準位（$F = 4$, $M = 0$ と $F = 3$, $M = 0$）の間の遷移の振動数 $\Delta\nu_{Cs}$ を，s^{-1} に等しい Hz を単位として，9 192 631 770 と定めることで定義される．

　定義とするために厳密性が必要です．Hz という単位は s が定義されてから決められるものなので，秒の単位の定義の中に入れられています．ですから少々回りくどい，解り難い表現になっていますが，Cs^{133} 原子から放出される特定の電磁波が，9 192 631 770 回振動するのに要する時間をもって 1s と定義するということです．つまり，Cs^{133} 原子の振動数を

$$\Delta\nu_{Cs} = 9\,192\,631\,770\,\text{Hz}$$

と決めることで 1s を定義しているのです．

　この定義は，物理学を知らない人にとって理解できない記述となっています．この定義の背景には量子力学があります．物理の理論に準拠することで，普遍的な定義ができるというわけです．数値が複雑なのは以前の定義とのずれを最小に押さえるためです．代表的な時間を**表 6.1** に示しておきます．

表 6.1　代表的な時間（単位：s）

最も短い原子核の寿命	$\leqq 10^{-23}$
原子の現象（光の吸収，準位の励起）	$10^{-15} \sim 10^{-9}$
分子の代表的な回転周期	10^{-12}
化学変化	$10^{-9} \sim 10^{-6}$
生化学的な反応の連鎖	$10^{-8} \sim 10^{-2}$
心臓の 1 拍	8×10^{-1}
最も速い細胞分裂	5×10^{2}
低い軌道の人工衛星の典型的な周回周期	2×10^{3}
1 日	8.64×10^{4}
1 年	3.15×10^{7}
大型哺乳動物の 1 世代	$4 \sim 40 \times 10^{8}$
哺乳動物の時代	3×10^{15}
脊椎動物の時代	10^{16}
生命の時代	$\geqq 10^{17}$
地球の年齢	2×10^{17}
宇宙の年齢	5×10^{17}
陽子の寿命	$\geqq 10^{41}$

6.2.2　長さの単位

「基準の長さ ℓ_0」として馴染み深いのは，1 m や 1 mm や 1 km でしょう．日本人なら 1 寸 や 1 尺 を知ってるかも知れませんし，1 マイル とか 1 ヤード，1 フィート，1 インチなども使われています．これでようやく，165 cm とか 438 km とかいう，日常で皆が使っている長さ（距離）に到達するわけです．

1790 年にフランスでメートル法が制定されたとき，「基準の長さ ℓ_0」は地球の大きさから定義されました．基準物体が地球ならどの国・地域・文化圏からも文句が出ないだろう，と考えたのでしょうね．北極点から赤道に至る子午線の長さを 10^{-7} 倍したもの（1 千万で割ったもの）を 1 m と決めました．実際には，パリを起点として北はダンケルク，南はバルセロナまでの距離を測量し，この 2 地点の緯度の差から北極点から赤道までの距離が計算されました．測量は 1792 年に開始されましたが，種々の困難に遭遇し，完遂されたのは，1798 年でした．翌 1799 年にはメートル原器が作成され，保管されることになりました．

地球の大きさを基準にすることは，一見合理的ですが，基準の長さを再確認しようとすると，もう一度地球の大きさを測り直す必要があり，莫大な費用と時間がかかります．そのためこの定義では基準の再現性が保ちにくいという難点があります．そこで，メートル原器そのものを基準とすることにし，新たにメートル原器が作り直されました．

その後，測定技術が向上してくると，メートル原器の長さには曖昧なところもあることから，より普遍的な定義が検討されるようになります．そして，現在 1 m は，以下のように定義されています．

> 記号 m で表されるメートルは，SI 単位系の長さの単位である．それは，真空中の光の速さ c を，$\mathrm{m\,s^{-1}}$ を単位として，299 792 458 と定めることで定義される．ここで，秒は $\mathrm{Cs^{133}}$ 原子の振動数 $\Delta\nu_{\mathrm{Cs}}$ を用いて定義されたものである．

この定義は，既に時間が決められているので速度を定義すれば長さが決まる，との考え方に基づくものです．真空中の光の速さ c を

$$c = 299\,792\,458\,\mathrm{m\,s^{-1}}$$

と決めることで 1m を定義しているのです．$\dfrac{1}{299\,792\,458}$ s の間に光が真空中で進む距離が 1m になります．特殊相対性理論によれば，真空中の光の速さはどの慣性系から見ても同じになります．つまり，物理の理論に基づく普遍的定義になっているのです．代表的な長さを**表 6.2** に示しておきます．

☞ もちろん，現在ではこの定義は変わっています．しかし，歴史を引きずっていますから，現在の定義の 1 m と昔の定義の 1 m はほとんど同じです．それに起因して，地球 1 周の長さは非常によい精度で 4 万 km です．

☞ 原器の長さ 102 cm で，原器に刻まれた 2 本の目盛り線の間を 1m としました．

表 6.2   代表的な長さ（単位：m）

ウイークボソンのコンプトン波長	10^{-18}
原子核（直径）	10^{-15}
水素原子（直径）	10^{-10}
DNA（直径）	2×10^{-9}
細胞膜の厚さ	10^{-8}
可視光（波長）	$4 \sim 7 \times 10^{-7}$
ミトコンドリア（直径）	$0.5 \sim 1.0 \times 10^{-6}$
大型アメーバ（直径）	2×10^{-4}
一円の直径	2×10^{-2}
ヒト（身長）	$1 \sim 2 \times 10^{0}$
明石海峡大橋の長さ	2×10^{3}
地球（直径）	1.3×10^{7}
太陽（直径）	1.4×10^{9}
地球-太陽間の距離（天文単位）	1.5×10^{11}
太陽に一番近い恒星までの距離	4×10^{16}
われわれの銀河系（直径）	1.2×10^{20}
アンドロメダ銀河までの距離	2×10^{22}
最も遠方に観測された銀河までの距離	1.2×10^{26}

6.2.3　質量の単位

　質量は，1 気圧で密度が最大になるときの水 1000 cm^3（一辺 10 cm の立方体）の質量を「**基準の質量 m_0**」ときめ，これに合わせて「キログラム原器」が作成されました．この質量が 1 kg です．メートル原器が作られたのと同じ 1799 年のことです．

☞ この定義が引き継がれているため，水 1 リットルの質量はよい精度で 1 kg です．

　その後，キログラム原器は作り直され，100 年以上使われましたが，人工物に準拠しているというのは大変不便なことです．しかも，人工物の質量は，時間経過と共に変化します．そこで，種々の測定技術の進歩を経て，現在では 1 kg は以下のように定義されています．

> 　記号 kg で表されるキログラムは，SI 単位系の質量の単位である．それは，プランク定数 h を，$kg\,m^2\,s^{-1}$ に等しい Js を単位として，$6.626\,070\,15 \times 10^{-34}$ と定めることで定義される．ここで，メートルと秒は c と $\Delta\nu_{Cs}$ を用いて定義されたものである．

　この定義も量子力学と特殊相対性理論に基づいています．振動数 ν〔Hz〕の光子はエネルギー $h\nu$〔J〕のエネルギーをもちます．一方，質量 m〔kg〕は

表 6.3 代表的な質量（単位：kg）

電子	9.11×10^{-31}
ミュー粒子	1.88×10^{-28}
陽子・中性子	1.69×10^{-27}
水素原子	1.69×10^{-27}
マウス	3.7×10^{-2}
成人日本人の脳	1.3×10^{0}
ヒト	5.0×10^{1}
インドゾウ	3.8×10^{3}
1914年桜島噴火のマグマ噴出量	3×10^{12}
月	7.34×10^{22}
地球	5.97×10^{24}
太陽	1.99×10^{30}
銀河系の可視総質量	2×10^{41}

エネルギー mc^2〔J〕と等価です．このことから，振動数が

$$\nu = \frac{(299\,792\,458)^2}{6.626\,070\,15 \times 10^{-34}} \text{ Hz}$$

の光子のエネルギーと等価な質量が 1kg ということになります．代表的な質量を**表 6.3** に示しておきます．

6.3 SI 単位系での決まり事

6.3.1 組み立て単位

　力学で扱う基本単位は，長さ〔m〕，時間〔s〕，質量〔kg〕の 3 つです．これ以外の物理量の単位は，これらを組み合わせて表現され，組み立て単位と呼ばれます．

　力学の学習を進めていくと，いろんな次元の物理量が出てきます．それらの単位は全て

$$\text{m}^a \text{s}^b \text{kg}^c \qquad (a, b, c \text{ は整数}) \tag{6.9}$$

と表されるのですが，例えば $\text{m}^{-1}\text{s}^{-2}\text{kg}$ というのが頻繁に出てくるとき，いちいちそんな風に書くのは煩雑です．また，べきが違うと別の物理量ですから，判読するのも大変です．そこで SI 単位系では，それを略して「Pa」と書きましょうと決めてあります．主な組み立て単位を**表 6.4** に示しておきます．

　ここで注意が必要なのは，最後の項目にある「平面角」です．聞き慣れない名称かもしれませんが，普通の角のことです．「rad」という単位だと思っている人もいるかもしれませんが，扇型の弧長を半径で割ったものですか

表 **6.4**　代表的な組み立て単位

量	名称	記号	基本単位での表現
力	ニュートン	N	$m\,s^{-2}kg$
圧力	パスカル	Pa	$m^{-1}s^{-2}kg$
仕事・エネルギー	ジュール	J	$m^2s^{-2}kg$
仕事率	ワット	W	$m^2s^{-3}kg$
振動数	ヘルツ	Hz	s^{-1}
平面角	ラジアン	rad	1

ら，その次元は [長さ]/[長さ] で1となります．次元をもたないので，無次元量 (dimensionless quantity) ともいわれます．

☞ 一周 360° が 2π rad となるのは，（円周）/（半径）だからでしたね．

6.3.2　接頭詞

さて，物理量は数値と組み立て単位で表現されます．

$$物理量 = （数値）\times m^a s^b kg^c$$

このとき，数値の部分は大変大きな数から逆に小さな数まで現れ，10^N の形が頻繁に出てきます．これも見にくいので，記号で表すルールも決められています．この記号を接頭詞 (prefix) といいます．SI 単位系で定められている接頭詞を**表 6.5** に示しておきます．

☞ kg や km の k「キロ」は 10^3 を表すとか，mm や mg の（初めの）m「ミリ」は 10^{-3} を表すというのは，日常でも使われていますね．

表 **6.5**　SI 単位系で定められている接頭詞

係数	名称	記号	係数	名称	記号
10^{30}	quetta	Q	10^{-30}	quecto	r
10^{27}	ronna	R	10^{-27}	ronto	r
10^{24}	yotta	Y	10^{-24}	yocto	y
10^{21}	zetta	Z	10^{-21}	zepto	z
10^{18}	exa	E	10^{-18}	atto	a
10^{15}	peta	P	10^{-15}	femto	f
10^{12}	tera	T	10^{-12}	pico	p
10^9	giga	G	10^{-9}	nano	n
10^6	mega	M	10^{-6}	micro	μ
10^3	kilo	k	10^{-3}	milli	m
10^2	hecto	h	10^{-2}	centi	c
10^1	deca	da	10^{-1}	deci	d

6.4 次元解析

物理量は次元を含む概念で，次元は具体的に単位で表現されます．例えば，長さ x といわれたら，これは「長さ」の次元をもった量で，SI 単位系であれば，〔m〕という単位を含んでいるということを意識しなければならないのです．ですから

☞「面積」と「長さ」は足せませんね．

$$x^2 + x \qquad （まちがい!!）$$

という式には意味がありません．というより，このような式を書いてはいけないのです．

☞ 数学では，通常無次元の量を扱いますので，$x^2 + x$ と書けるのです．

このように，数式として数学では普通に書かれているものが，物理では許されないことがあるということは，初めは面倒に思えるかもしれません．しかし，逆に便利なこともあります．次の例題を考えてみましょう．

> ─ 例題 6.1　波の伝わる速さ ─────
>
> 一端を壁に固定した長さ L〔m〕，質量 M〔kg〕の一様な弦のもう一方の端を T〔N〕の力で引っ張る．この弦の上を伝わる波の速さ V〔m/s〕は，L，M，T とどのような関係にあるか決定せよ．

解　いきなり問われても，物理の知識が無ければ解けないと思うでしょうか．実は，次元に着目すると，完全ではありませんが，以下のようにして解答することができます．

☞ ここで T は張力 (tension) です．時間ではありません．（念のため．）

V に影響する要因となる物理量は L，M，T の3つです．したがって，k を無次元の定数として

$$V = kL^a M^b T^c \tag{6.10}$$

と書けるはずです．式 (6.10) の両辺の単位に着目すると，

$$\mathrm{ms}^{-1} = (\mathrm{m})^a (\mathrm{kg})^b (\mathrm{ms}^{-2}\mathrm{kg})^c = (\mathrm{m})^{a+c} (\mathrm{s})^{-2c} (\mathrm{kg})^{b+c}$$

という関係が成り立っていなければなりません．これから

$$a + c = 1, \quad -2c = -1, \quad b + c = 0$$

が得られ，これを解くと

$$a = \frac{1}{2}, \quad b = -\frac{1}{2}, \quad c = \frac{1}{2}$$

となります．即ち，

$$V = k\sqrt{\frac{LT}{M}} = k\sqrt{\frac{T}{\sigma}} \tag{6.11}$$

ここで $\sigma = \dfrac{M}{L}$ は弦の単位長さあたりの質量を表し，線密度とよばれる量です．このようにして，物理量の間の関係を論ずる手法を次元解析 (dimensional anaysis) と呼びます．残念ながら，係数数である k を決めることはできません．詳しい計算によると，$k = 1$ となります．

7

自由落下運動

学習のねらい

　　ボールを真上に投げ上げて，落ちてくるボールをキャッチした経験は誰でもありますね．このボールの運動は，力学では一番基本的かつ教育的な運動です．この章では運動方程式の一般的解法の手順を学習し，最初の例として投げ出されたボール（質点）の運動を扱います．

7.1　運動方程式の解法の手順

　これまでの説明で，第 5 章で説明した力を受けている質点について，ニュートンの運動方程式 (4.3)（32 ページ）を成分で書くことはできるようになりました．この章から，具体的な問題に当てはめて，運動方程式の解き方について説明します．ここで説明する方法は 演繹法（deductive method）といます．

　始めに，解法の手順を整理しておきましょう．以下のように，7 つの step にまとめることができます．

☞ 必ずこの順番で解かなければならないというわけではありませんが，慣れてくるまでは，この順序に従うことを勧めます．

step 1　問題の略図を描く．

step 2　質点にはたらくすべての力を知り，これを略図に描き込む．

step 3　座標系を設定して，略図に描き込む．

step 4　この座標系において，運動方程式を成分で書き表す．

step 5　運動方程式を積分して，一般解を求める．数学のテクニックが必要になる．

step 6　初期条件から一般解に含まれる積分定数を決定する．

step 7　問題で要求されている問に答える．

7.2　重力のみを受けている場合——放物運動

地球上の運動で，歴史的にも実際にも最も重要な次の例題について考え
てみましょう.

┌─ 例題 7.1　放物運動 ─────────────────

質量 m の質点（以下では質点 m と呼ぶ）を，地面から高さ h の位置
から，速さ v_0 で水平面から上方へ角 α で投げたとき，この質点の運動
を考察せよ. ただし，空気の抵抗は無視する.

└────────────────────────────

step 1：問題の略図を描く　　まず最初に問題をしっかりと読んで，その
略図を描きます. 最後までこの図を見ながら問題を解いていくので，丁寧に
描きましょう.

例題 7.1 に対するは略図は，下の図 7.1 のように描けます.

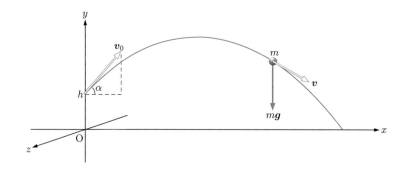

図 7.1　地表近くの質点の運動. 質点 m にはたらく力は重力のみで，鉛直下方に向
かう. 速度は軌道の接線方向である（この図は結果を先取りして描いてある）.

step 2：質点にはたらくすべての力を略図に描き込む　　step 1 で描いた
図に，問題で示されている力を描いていきます. 実際の現象を扱うときに
は，どのような効果を取り入れるのか（例えば，空気抵抗を入れるのか，
入れないのか. 摩擦を考慮するのか，しないのか，など）を吟味する必要
があります.

例題 7.1 で質点 m が受ける力は第 5 章の重力 (5.10)（43 ページ）です.

step 3：座標系を設定して，略図に描き込む　　次に座標系を設定します.
座標系には様々なものがあり，問題に適したものを選ぶことが大切です. そ
れによって，運動方程式を解く際の複雑さがぐっと違ってきます. センスと
経験によるところが多いので，たくさんの演習を行なうことが大事です.

例題 7.1 では，3 次元デカルト座標系をとり，鉛直上方に y 軸，地面に
沿った水平面上に x 軸と z 軸を設定します. そして，初速度ベクトルが x-y

☞ 第 1 章で説明した座標系
を参照.

面内にあるとします．このように取ると以下の計算が楽になります．実際，
運動は x-y 面内で起こることが分かります．

step 4：運動方程式を成分で書き表す step 3 までで準備が整いました．
ここから運動方程式の登場です．運動方程式は $m\boldsymbol{a} = \boldsymbol{F}$ で，右辺には具体
的な力の項を書きます．左辺の $\boldsymbol{a}$ は加速度で，速度ベクトルの1階微分，ま
たは，位置ベクトルの2階微分で表されます．

例題 7.1 で，運動方程式を成分に分けて書くと

$$m\frac{\mathrm{d}v_x}{\mathrm{d}t} = m\frac{\mathrm{d}^2x}{\mathrm{d}t^2} = 0 \tag{7.1}$$

$$m\frac{\mathrm{d}v_y}{\mathrm{d}t} = m\frac{\mathrm{d}^2y}{\mathrm{d}t^2} = -mg \tag{7.2}$$

$$m\frac{\mathrm{d}v_z}{\mathrm{d}t} = m\frac{\mathrm{d}^2z}{\mathrm{d}t^2} = 0 \tag{7.3}$$

となります．y 軸を鉛直上向きにとっているので，重力の項にはマイナス
がつきます．これらの式は，変数の微分を含んでいるので，微分方程式
（differential equation）といいます．

step 5：運動方程式を積分して，一般解を求める 運動方程式 (7.1)〜(7.3)
の右辺の値は定数ですから，簡単に積分できます．両辺を m で割ってから
時刻 t について1回（不定）積分すると，0の積分は定数なので，

$$v_x(t) = \frac{\mathrm{d}x}{\mathrm{d}t} = \int (0)\mathrm{d}t = C_1 \tag{7.4}$$

$$v_y(t) = \frac{\mathrm{d}y}{\mathrm{d}t} = \int (-g)\mathrm{d}t = -gt + C_2 \tag{7.5}$$

$$v_z(t) = \frac{\mathrm{d}z}{\mathrm{d}t} = \int (0)\mathrm{d}t = C_3 \tag{7.6}$$

となります．ここで，C_1，C_2 と C_3 は積分定数で，後で見るように初期条
件から決定されます．式 (7.5) では，式 (7.2) の両辺で慣性質量と重力質量
を区別せず，質量 m として約していることにも注意が必要です．そのため
質量 m はどこにも現れなくなりました．

さらに，もう1回時刻 t で（不定）積分すると

☞ 放物運動は質量によらず
同じ初期条件では同じ運動に
なります．

$$x(t) = \int C_1\mathrm{d}t = C_1t + D_1 \tag{7.7}$$

$$y(t) = \int (-gt + C_2)\mathrm{d}t = -\frac{1}{2}gt^2 + C_2t + D_2 \tag{7.8}$$

$$z(t) = \int C_3\mathrm{d}t = C_3t + D_3 \tag{7.9}$$

となります．ここで，D_1，D_2 と D_3 も積分定数で，これらも初期条件から
決定されます．式 (7.7)〜(7.9) は，それぞれ微分方程式 (7.1)〜(7.3) の一
般解（general solution）になっています．

☞ n 階の微分方程式の解の
うち，n 個の積分定数を含ん
だものを一般解といいます．
左の例では，各成分それぞれ
2階の微分方程式で，解は2
つずつ積分定数を含んでいる
ので，一般解になります．

☞ 正確には，$t = 0$ における位置や速度の値を初期値，位置や速度の関係式が与えられている場合を初期条件といいます．

step 6：初期条件から一般解に含まれる積分定数を決定する　　次に，上の 6 個の積分定数 $C_1 \sim D_3$ を初期条件から決定しましょう．初期条件（initial conditions）とは，通常は運動が始まるとき（時刻 $t = 0$ ととる）の質点の位置（初期位置，initial position）と速度（初速度，initial velocity）のことです．初期条件は自由に設定できます．

この問題の初期条件は，$t = 0$ のとき，質点の初速度を成分で表すと

$$v_x = v_0 \cos \alpha \tag{7.10}$$
$$v_y = v_0 \sin \alpha \tag{7.11}$$
$$v_z = 0 \tag{7.12}$$

です．そして，質点の初期位置は同様に

$$x = 0 \tag{7.13}$$
$$y = h \tag{7.14}$$
$$z = 0 \tag{7.15}$$

と表せます．式 (7.4)〜(7.6) に $t = 0$ を代入した式が，それぞれ対応する式 (7.10)〜(7.12) を満足しなければならないことから

$$v_x(0) = C_1 = v_0 \cos \alpha \tag{7.16}$$
$$v_y(0) = C_2 = v_0 \sin \alpha \tag{7.17}$$
$$v_z(0) = C_3 = 0 \tag{7.18}$$

となります．同様の手続きを式 (7.7)〜(7.9) と式 (7.13)〜(7.15) とについて行えば

$$x(0) = D_1 = 0 \tag{7.19}$$
$$y(0) = D_2 = h \tag{7.20}$$
$$z(0) = D_3 = 0 \tag{7.21}$$

が得られます．以上で積分定数がすべて決定されました．

このようにして運動方程式の解は次のように決まります．先ず速度は

$$v_x(t) = v_0 \cos \alpha \tag{7.22}$$
$$v_y(t) = -gt + v_0 \sin \alpha \tag{7.23}$$
$$v_z(t) = 0 \tag{7.24}$$

です．また，位置は

$$x(t) = v_0 \cos \alpha \, t \tag{7.25}$$
$$y(t) = -\frac{1}{2}gt^2 + v_0 \sin \alpha \, t + h \tag{7.26}$$
$$z(t) = 0 \tag{7.27}$$

となります. z 軸方向へは動きません（$z = 0$）から, 運動は x-y 面内の 2 次元の運動であることがわかります. 位置ベクトルを基本ベクトルで表すと

$$r(t) = -\frac{1}{2}gt^2 j + (v_0 \cos\alpha i + v_0 \sin\alpha j)t + hj \tag{7.28}$$

または, $g = -gj$ で重力加速度, $v_0 = v_0 \cos\alpha i + v_0 \sin\alpha j$ で初速度, $r_0 = hj$ で初期位置を表すことにすれば,

$$r(t) = \frac{1}{2}gt^2 + v_0 t + r_0 \tag{7.29}$$

と書き表されることになります.

　これで, 運動方程式の解は求まったので, 最後の step 7 へと進むわけですが, その前に, 初期条件について若干の補足をしておきます. 高校の物理の教科書を見ると, 自由落下から始まり, 鉛直投げ上げ, 鉛直投げ下げ, 水平投射と説明が続き, 最後に斜方投射の解説がなされるという順序になっています. 教育的配慮からこのようになっているのですが, 最後の斜方投射だけやっておけば, 後は全て初期条件を特別なものにすることで理解できます. 実際, ここに挙げた全ての運動は同じ運動方程式に従い, 運動の多様性は, 初期条件によるのです. ですから, これらの運動は皆同じ"放物運動"と考えなければなりません. くれぐれも投げ出された物体の運動には, 投げ方によって異なる色々なものがあると思ってはいけません.

☞ 静止した物体の自由落下は $v_0 = 0$, 鉛直投げ上げは $\alpha = \pi/2$, 鉛直投げ下げは $\alpha = -\pi/2$, 水平投射は $\alpha = 0$.

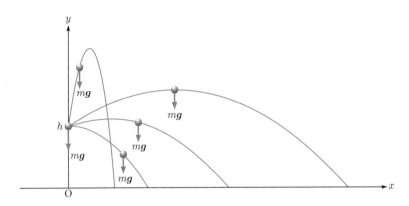

図 7.2 初期条件の違いによって, 色々な放物線が可能. 自由落下, 鉛直投げ上げ・投げ下げ（y 軸に沿った等加速度直線運動）も放物線の極限とみなす.

step 7：問題で要求されている問に答える　　さて, 例題 7.1 では,「考察しなさい」とあって, 具体的な問題は記されていません. そこで, 自分で問題と解答の両方を考える事になります. いわゆる「考察」ですね. 以下でいくつかの問題を設定し, 解答を考えてみましょう.

　まず最初に得られた解について, もう少し吟味してみましょう. 少し考えればわかるように, 落下している物体はいずれ地面にぶつかって, 跳ね返ります. ですから, ここで求めた解には, 時刻 t に制限がつきます. では,

質点 m が地面に達する時刻 t_c を求めてみましょう.

いま, 地面の高さを $y = 0$ にとっているので, 時刻 t_c では

$$y(t_c) = 0 = -\frac{1}{2}gt_c^2 + v_0 \sin\alpha\, t_c + h \tag{7.30}$$

となります. これを t_c について解くと,

$$t_c = \frac{v_0 \sin\alpha + \sqrt{(v_0 \sin\alpha)^2 + 2gh}}{g} \tag{7.31}$$

☞ 式 (7.30) にはもう一つ別の解がありますが, それは使いません. 理由は分かりますね.

が得られます. したがって, 解 (7.22) から (7.27) の有効範囲は $0 \leqq t \leqq t_c$ となります.

先に, この運動は x-y 面内の 2 次元の運動であると述べましたが, 式 (7.25) と (7.26) から時刻 t を消去することで, 質点 m がどのような軌道を描いて飛んでいくかが分かります. 計算結果は, $\alpha \neq \pm\pi/2$ として,

$$y = -\frac{1}{2}\frac{g}{(v_0 \cos\alpha)^2}x^2 + \tan\alpha\, x + h \tag{7.32}$$

となります. 式 (7.32) はこの軌道が放物線であることを示していますね. このほか, 質点 m が最高点に達するときの時刻やその高さ, 地面に落下する場所なども計算できます. 各自で調べてみましょう.

以上に見てきたように, ニュートンの運動方程式は時間の 2 階常微分方程式ですから, 3 次元空間内の運動では, その解には 6 個の積分定数が現れます. これらはある特定の時刻の速度と位置 (これらも初期条件という) を指定すれば決まってしまいます. そうすれば, 任意の時刻の速度と位置を, (物理法則である) 運動方程式の解から一義的に知ることができます. すなわち, ある初期条件 (原因, cause) を設定すると, その後の運動 (結果, result) は, ニュートンの運動方程式にしたがって一義的に決まってしまうのです. この仕組みを古典的因果律 (classical causality) といいます.

☞ かくして, 古典力学は決定論であり, 自然は時計仕掛けのように運動していくという力学的自然観が確立しました.

☞ 量子力学では, このような古典的因果律が成立しません. たとえば, ハイゼンベルグの不確定性原理によれば, 電子のようなミクロな物質の位置と速度 (正確には運動量) を同時に確定することはできないのです. したがって, 上に述べた初期条件を与えることができません.

このようにして, 初期条件の違いによって, 多様な運動曲線 (この例題では, ホームランやキャッチャーフライのようなさまざまな放物線) が存在することが理解できるのです.

空気抵抗を受けた落下運動

学習のねらい

　前章では，重力のもとで，投げ出されたボール（質点）の運動を考察しました．軌道は放物線となりました．この章では，空気抵抗によって運動の様子がどのように変化するかを調べます．運動方程式を積分するためには，より高度な数学のテクニックが必要となります．

8.1　重力と速度に比例する抵抗力を受けている場合

　空気の抵抗力を考慮すると，より現実的な運動について調べることができます．ここでは第 5 章の 46 ページの式 (5.16) で説明した粘性抵抗（第 1 項）にあたる，速度に比例する抵抗力がはたらく場合について説明します．運動方程式を解く（積分する）のに，数学のテクニックを必要とします．

> 例題 8.1　粘性抵抗がはたらくときの放物運動
>
> 質量 m の質点（以下では質点 m と呼ぶ）を，地面から高さ h の位置から，速さ v_0 で水平面から上方へ角 α で投げたとき，この質点の運動を考察せよ．ただし質点は，速度に比例する空気の抵抗力を受けるものとする．

step 1：問題の略図を描く　　例題 7.1 と同様に考ます．今回も z 軸方向への力の成分はありませんから，運動は x-y 面内の 2 次元の運動であることがわかりますね．そこで，以下では x-y 面内に限定して考察を進めることにします．

　例題 8.1 に対する略図は，図 8.1 のように描けます．空気の抵抗力が作用するため，質点は，ストンと下に落ちるような動きをします．バトミントンのシャトルの動きを思い浮かべてみると良いでしょう．

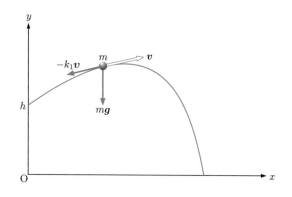

図 8.1　速度に比例する抵抗力を受けた重力下での運動

step 2：質点にはたらくすべての力を略図に描き込む　速度に比例する
抵抗力は，比例定数を k_1 として $-k_1 \boldsymbol{v}$ と表しました．マイナスは，速度ベ
クトルと逆向きである事を示しています．

☞ 抵抗力は，動いていくこ
とをじゃまする力ですから，
速度と逆向きになります．

step 3：座標系を設定して，略図に描き込む　2 次元デカルト座標系を
用います．

step 4：運動方程式を成分で書き表す　例題 8.1 で，運動方程式を成分に
分けて書くと

$$m\frac{\mathrm{d}v_x}{\mathrm{d}t} = m\frac{\mathrm{d}^2 x}{\mathrm{d}t^2} = -k_1 v_x \tag{8.1}$$

$$m\frac{\mathrm{d}v_y}{\mathrm{d}t} = m\frac{\mathrm{d}^2 y}{\mathrm{d}t^2} = -mg - k_1 v_y \tag{8.2}$$

運動方程式の右辺に，重力と速度に比例した抵抗力をそれぞれ成分に分け
て書きます．

step 5：運動方程式を積分して，一般解を求める　運動方程式の右辺に
まだ求まっていない速度の成分が入っていますから，このままでは積分を 2
回実行して座標を求めることができません．そこでこれらの方程式を，速
度の成分に関する微分方程式とみて，以下のように積分を実行します．先ず
速度を具体的に時刻 t の関数として求めておき，それを積分して座標を求める
という戦略です．

☞ 速度を積分すると座標に
なりますから，1 回は積分で
きますが，2 回目は座標を積
分することになりますが，そ
れはできません．

　運動方程式の両辺を質量 m で割り，$\dfrac{k_1}{m}$ を β とおきます．すると，運動
方程式 (8.1) と (8.2) は次のようになります．

$$\frac{\mathrm{d}v_x}{\mathrm{d}t} = -\beta v_x \tag{8.3}$$

$$\frac{\mathrm{d}v_y}{\mathrm{d}t} = -g - \beta v_y = -\beta\left(v_y + \frac{g}{\beta}\right) \tag{8.4}$$

ここで, 式 (8.3) と (8.4) をそれぞれ v_x, $v_y + \dfrac{g}{\beta}$ で割って, 時刻について積分します.

$$\int \frac{1}{v_x} \frac{\mathrm{d}v_x}{\mathrm{d}t} \mathrm{d}t = \int (-\beta)\mathrm{d}t \tag{8.5}$$

$$\int \frac{1}{v_y + \frac{g}{\beta}} \frac{\mathrm{d}v_y}{\mathrm{d}t} \mathrm{d}t = \int (-\beta)\mathrm{d}t \tag{8.6}$$

次に, 式 (8.5) と (8.6) の左辺で, 積分する変数を時刻 t からそれぞれ v_x, v_y に変えます. そうすると, 式 (8.5) と (8.6) は以下のように書き換えられます.

☞ 置換積分です.

$$\int \frac{\mathrm{d}v_x}{v_x} = \int (-\beta)\mathrm{d}t \tag{8.7}$$

$$\int \frac{\mathrm{d}v_y}{v_y + \frac{g}{\beta}} = \int (-\beta)\mathrm{d}t \tag{8.8}$$

☞ ここで, $\mathrm{d}v_x = (v_x)'\mathrm{d}t = \dfrac{\mathrm{d}v_x}{\mathrm{d}t}\mathrm{d}t$ 等の関係を使いました. 置換積分を実行する要領です.

式 (8.7) と (8.8) は, $\dfrac{\mathrm{d}v_x}{\mathrm{d}t}$, $\dfrac{\mathrm{d}v_y}{\mathrm{d}t}$ を分数とみなし, 式 (8.3) と (8.4) を

$$\frac{\mathrm{d}v_x}{v_x} = -\beta\mathrm{d}t\,, \qquad \frac{\mathrm{d}v_y}{v_y + \frac{g}{\beta}} = -\beta\mathrm{d}t$$

☞ $\dfrac{\mathrm{d}v}{\mathrm{d}t} = \lim\limits_{\Delta t \to 0} \dfrac{\Delta v}{\Delta t}$ と定義されたものですから, 微分を分数とみなせるであろうということです.

と変形して積分した (両辺に積分の記号を付けた) とみることが出来ます. 但し, 右辺と左辺では積分する変数が異なっていることに注意してください. このように, 求めるべき関数 v_x, v_y を変数とみなし, 左辺が v_x または v_y だけ (t を含まない), 右辺が t だけ (v_x, v_y を含まない) の形に変形できる微分方程式を変数分離形といいます.

変数が左辺と右辺に分離されると, それぞれの積分は簡単に実行できて,

$$\ln |v_x| = -\beta t + C_1 \tag{8.9}$$

$$\ln \left| v_y + \frac{g}{\beta} \right| = -\beta t + C_2 \tag{8.10}$$

☞ x が次元をもたない量の場合は, $\displaystyle\int \frac{dx}{x} = \ln|x| + C$ (C は積分定数) です. 自然対数 $\log_e$ を ln と書きます.

となります.

但し, この表式には, 重大な問題があります. 例えば式 (8.9) で, v_x は速度の次元 (m/s) を持ちますから, その対数をとることができないのです. 幸い, この問題は, 積分定数の取り方で解消できます. つまり, 積分定数 C_1 を, 速さの次元をもった正の定数 V_1 を用いて, $\ln V_1$ と書き変えるのです. この $\ln V_1$ も間違った式ですが, これを左辺に移項して

$$\ln \left(\frac{|v_x|}{V_1} \right) = -\beta t \tag{8.11}$$

と書き改めると, 対数をとる部分 (真数) が無次元量となり, 正しい式になります. そのようなわけで, 初期条件から積分定数を決定すると正しい式となることを見越して, 今後も式 (8.9), (8.10) のような間違った式を意図的に使うことがあります. この点に注意してください.

さて，$-\beta t = \ln e^{-\beta t}$ である事を使うと，式 (8.9) より，

$$v_x = \pm e^{C_1} e^{-\beta t}$$

となります．± どちらになるかも初期条件で決まることなので，まとめて $\pm e^{C_1}$ を $\overline{C}_1$ と書くことにすると，

☞ ここで $\overline{C}_1$ は 0 以外の実数ですが，$v_x = 0$ は式 (8.1) を満たすので，$\overline{C}_1$ は 0 も含む任意の実数とします．

$$v_x(t) = \frac{\mathrm{d}x}{\mathrm{d}t} = \overline{C}_1 e^{-\beta t} \tag{8.12}$$

という式が得られます．これで，1 回目の積分ができました．同様に，式 (8.10) より，

☞ ここで，$\pm e^{C_2}$ を $\overline{C}_2$ と置きました．$\overline{C}_2$ は 0 以外の実数ですが，$v_y = -\dfrac{g}{\beta}$ は式 (8.2) を満たすので，$\overline{C}_2$ は 0 も含む任意の実数とします．

$$v_y(t) = \frac{\mathrm{d}y}{\mathrm{d}t} = \overline{C}_2 e^{-\beta t} - \frac{g}{\beta} \tag{8.13}$$

となり，これらの式を時刻 t についてもう一度積分して，$x(t)$, $y(t)$ を求めることができます．結果は，D_1, D_2 を積分定数として

$$x(t) = -\frac{\overline{C}_1}{\beta} e^{-\beta t} + D_1 \tag{8.14}$$

$$y(t) = -\frac{\overline{C}_2}{\beta} e^{-\beta t} - \frac{g}{\beta} t + D_2 \tag{8.15}$$

step 6：初期条件から一般解に含まれる積分定数を決定する　　一般解で $t = 0$ としたときの値が，初期条件で指定された値に一致しなければなりません．例題 8.1 の初期条件は，例題 7.1 と同じですから，速度に関して，

$$v_x(0) = \overline{C}_1 = v_0 \cos \alpha \tag{8.16}$$

$$v_y(0) = \overline{C}_2 - \frac{g}{\beta} = v_0 \sin \alpha \tag{8.17}$$

位置については，

$$x(0) = -\frac{\overline{C}_1}{\beta} + D_1 = 0 \tag{8.18}$$

$$y(0) = -\frac{\overline{C}_2}{\beta} + D_2 = h \tag{8.19}$$

となります．式 (8.16)〜(8.19) から積分定数が決定されます．それらの値を一般解の式に代入した結果，以下の表式が得られます．速度は

$$v_x(t) = (v_0 \cos \alpha)\, e^{-\beta t} \tag{8.20}$$

$$v_y(t) = \left(v_0 \sin \alpha + \frac{g}{\beta} \right) e^{-\beta t} - \frac{g}{\beta} \tag{8.21}$$

です．また，位置は

$$x(t) = \frac{v_0 \cos \alpha}{\beta} \left(1 - e^{-\beta t} \right) \tag{8.22}$$

$$y(t) = \frac{1}{\beta} \left(v_0 \sin \alpha + \frac{g}{\beta} \right) (1 - e^{-\beta t}) - \frac{g}{\beta} t + h \tag{8.23}$$

となります．この結果から得られる軌道を図 8.2 に示しておきます．比較のため，空気抵抗がない場合の軌道を破線で示しておきます．

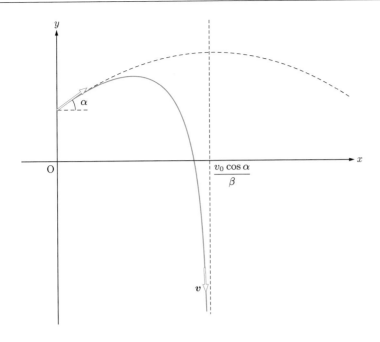

図 8.2 速度に比例する抵抗力を受けた物体の運動曲線. $t \to \infty$ で, $x = (v_0 \cos \alpha)/\beta$ が漸近線となる. このとき, $v_x(\infty) = 0$, $v_y(\infty) = -g/\beta$ である.

step 7:問題で要求されている問に答える　ここで求めた結果について, 考察してみましょう. 特に, 抵抗のない例題 7.1 との違いを調べてみます. そこで, 質点 m が投げ出されてから十分時間が経過した時を考えましょう. 数学的には $t \to \infty$ の極限を考える事に相当します. 計算自体は簡単で, 式 (8.20), (8.21) から,

$$v_x \to 0 \tag{8.24}$$

$$v_y \to -\frac{g}{\beta} \tag{8.25}$$

が得られます. これを見ると, 一定の速さで真下に向かって落下していることが分かりますね. この速度のことを終端速度 (terminal velocity) といいます. このとき, 抵抗力と重力がつり合っています. また, 定義から β は 質量の逆数ですから, 終端速度は質量に比例します. すなわち「重い物ほど 速く落ちる (アリストテレス)」という経験に合うことになります.

☞ $v_y \to -\dfrac{mg}{k_1}$

アリストテレス:Aristoteles 紀元前 384〜322
　エーゲ海にあるカルキディケ半島のスタゲイロスに生まれた. ギリシャ時代最大の哲学者である. アレクサンダー大王の家庭教師として「学問に王道なし」と諌めたというエピソードが有名である.
　彼の学説はキリスト教と結びついたこともあり, 約 1800 年間最高の権威をもち続けた. ガリレオ などの徹底的な批判を経て, ようやく近代科学が生まれることとなった.〈「アリストテレス」山本 光雄著, 岩波新書〉

問8.1　軌道を表す方程式（x, y の関係式）を求めよ.

解　式 (8.22), (8.23) を組み合わせて時刻 t を消去すればよい. 式 (8.22) より,

$$e^{-\beta t} = 1 - \frac{\beta x}{v_0 \cos \alpha} \text{ となり, この式から } t = -\frac{1}{\beta} \ln \left(1 - \frac{\beta x}{v_0 \cos \alpha} \right) \text{ であ}$$

ることが分かる. これを式 (8.23) に代入して,

$$y = \left(\tan \alpha + \frac{g}{\beta v_0 \cos \alpha} \right) x + \frac{g}{\beta^2} \ln \left(1 - \frac{\beta x}{v_0 \cos \alpha} \right) + h \tag{8.26}$$

☞ $e^{\ln X} = X$ となることに注意.

8.2　陸上競技 100 m 走

　ここで, 第3章で扱った, 100 m 走の問題を,「きちんと」取り扱ってみましょう. 静止した質量 m のアスリートが, 空気からの抵抗力を受けつつ一定の推進力 F_0 で加速して'ゴールを目指す' とモデル化して考えます. 抵抗力としては, 速さに比例した粘性抵抗 $2\gamma v$ と, 速さの2乗に比例した慣性抵抗 σv^2 の両方がはたらくとします.

☞ 2γ と σ が比例係数です. 2 を付けたのは, 後に出てくる式を見やすくするためです.

　これまで重力を扱ってきて, いきなり重力とは関係ない全く別の問題を取り上げることに違和感を感じる人もいるでしょう. ところが, F_0 を重力 mg と読み替えれば, 速さに比例した抵抗力（粘性抵抗）を受けながら落下していく質点の運動を扱った例題 8.1 の運動方程式に, 速さの2乗に比例した抵抗力（慣性抵抗）を付け加えた方程式を扱うことになるのです. 但し, 運動は鉛直下向きの1次元に限定します.

☞ 一見しただけでは全く別の問題に見えるものが, 数式を用いてモデル化してみると実は同じ構造をもつということに気付くことができるのは, 物理学を学ぶ醍醐味の1つと言えるでしょう.

　なお, この問題を解くためには, かなり高度な数学的知識・技術を要します. 数学の力にまだ不安な部分が大きい人は, 先送りにして数学の力をつけた後で再度チャレンジしてもよいでしょう.

　運動方程式は,

$$m \frac{dv}{dt} = F_0 - 2\gamma v - \sigma v^2 \tag{8.27}$$

です. これは変数分離型の微分方程式ですから,

$$\frac{m dv}{F_0 - 2\gamma v - \sigma v^2} = dt \tag{8.28}$$

と変形して積分します.

問8.2　γ, σ の次元を調べよ.

解
$\gamma : [\text{N}]/[\text{m/s}] = [\text{kg}\,\text{m/s}^2]/[\text{m/s}] = [\text{kg/s}]$
$\sigma : [\text{N}]/([\text{m/s}])^2 = [\text{kg}\,\text{m/s}^2]/([\text{m/s}])^2 = [\text{kg/m}]$

☞ $F(v)$ は v に関して上に凸の放物線で, $v = 0$ m/s のときの値が F_0 と正なので, 正と負の2つ実数に対して 0 N となります.

　積分を実行する前に, 式 (8.27) の右辺, つまりアスリートにはたらいている力の合力について, 確認しておきましょう. これを $F(v)$ と書くことにします. 静止した瞬間からスタートしますから, $F(0) = F_0$ です. その後 $F(v)$ は小さくなってゆき, F_0 と抵抗力がつり合うところで力が 0 N とな

ります．この後は加速度が $0 \ \text{m/s}^2$ ですから，一定の速さとなります．終端
速度ですね．その値を v_∞ とします．

$$F(v_\infty) = F_0 - 2\gamma v_\infty - \sigma v_\infty{}^2 = 0 \ \text{N} \tag{8.29}$$

を解いて，

$$v_\infty = \frac{\sqrt{\gamma^2 + \sigma F_0} - \gamma}{\sigma} \tag{8.30}$$

となります．式 (8.29) は v の 2 次式ですから，もう 1 つ解をもちますね．
これを $-a \ (a > 0)$ と書くことにしましょう．具体的には，

$$a = \frac{\sqrt{\gamma^2 + \sigma F_0} + \gamma}{\sigma} \tag{8.31}$$

となり，

$$F_0 - 2\gamma v - \sigma v^2 = -\sigma(v - v_\infty)(v + a) = \sigma(v_\infty - v)(v + a)$$

☞ $0 \leqq v < v_\infty$ の範囲で v は単調に増加します．

のように因数分解されます．ここで，

$$\frac{1}{(v_\infty - v)(v + a)} = \left(\frac{1}{v_\infty - v} + \frac{1}{v + a} \right) \times \frac{1}{v_\infty + a}$$

と変形できることを使います．これらの式を組み合わせると，式 (8.28) は
次のように書き換えられます．

☞ 部分分数分解といいます．

$$\left(\frac{1}{v_\infty - v} + \frac{1}{v + a} \right) \text{d}v = \frac{\sigma(v_\infty + a)}{m} \text{d}t \tag{8.32}$$

これで変数分離型での積分が容易に実行できる形に変形できました．簡単
のために，以後 $\dfrac{\sigma(v_\infty + a)}{m} = \mu$ と書くことにして両辺を積分します．積
分定数を C として，

$$-\ln(v_\infty - v) + \ln(v + a) = \mu t + C \tag{8.33}$$

という式が得られます．初速度ゼロでスタートして加速していくことから
$0 \leqq v < v_\infty$ ですね．このことを利用して，絶対値を外しました．また，63
ページの式 (8.9) のように，暫定的に次元をもった量の ln を書きますが，最
終的には正しい表式になります．

　初期条件により $v(0) = 0 \ \text{m/s}$ ですから，積分定数は，

$$-\ln v_\infty + \ln a = C \tag{8.34}$$

と決まります．これを式 (8.33) に代入・整理すると，

$$\ln \left(\frac{v_\infty}{v_\infty - v} \frac{v + a}{a} \right) = \mu t = \ln e^{\mu t} \tag{8.35}$$

となります．ln を外して分母を払うと，

$$v_\infty(v + a) = (v_\infty - v)ae^{\mu t} \tag{8.36}$$

この式を $v(t)$ について解けば，

$$v(t) = \frac{v_\infty a(e^{\mu t} - 1)}{v_\infty + ae^{\mu t}} = \frac{e^{\mu t} - 1}{\frac{v_\infty}{a} + e^{\mu t}} \cdot v_\infty \tag{8.37}$$

問 8.3　$\displaystyle\lim_{t\to\infty} v(t) = v_\infty$ となることを示せ.

解　$e^{-\mu t} \to 0$ となることから,

$$v(t) = \frac{e^{\mu t} - 1}{\frac{v_\infty}{a} + e^{\mu t}} \cdot v_\infty = \frac{1 - e^{-\mu t}}{\frac{v_\infty}{a} e^{-\mu t} + 1} \cdot v_\infty \quad \to \quad v_\infty$$

問 8.4　加速度 $\dfrac{\mathrm{d}v}{\mathrm{d}t}$ を求めよ.

解

$$\frac{\mathrm{d}v}{\mathrm{d}t} = \frac{\mu e^{\mu t}\left(\frac{v_\infty}{a} + 1\right)}{\left(\frac{v_\infty}{a} + e^{\mu t}\right)^2} \cdot v_\infty = \frac{\mu a e^{\mu t}\left(v_\infty + a\right)}{\left(v_\infty + a e^{\mu t}\right)^2} \cdot v_\infty \tag{8.38}$$

問 8.5　$v(t)$ のグラフの概形を描け.

解　[考えよう. 前問より $\dfrac{\mathrm{d}v}{\mathrm{d}t} > 0$ となるので, $v(t)$ は単調増加関数となる.]

次に, 式 (8.37) を積分して $x(t)$ を求めます. 次の式を使います.

$$\frac{\mathrm{d}}{\mathrm{d}t} \ln(p + e^{qt}) = \frac{q e^{qt}}{p + e^{qt}} \tag{8.39}$$

この公式を使えるよう, 式 (8.37) を変形します.

$$v(t) = \left(\frac{e^{\mu t}}{\frac{v_\infty}{a} + e^{\mu t}} + \frac{-1}{\frac{v_\infty}{a} + e^{\mu t}} \right) \cdot v_\infty$$

$$= \left(\frac{e^{\mu t}}{\frac{v_\infty}{a} + e^{\mu t}} + \frac{(-1) \cdot e^{-\mu t}}{\frac{v_\infty}{a} e^{-\mu t} + 1} \right) \cdot v_\infty$$

$$= \left(\frac{e^{\mu t}}{\frac{v_\infty}{a} + e^{\mu t}} + \frac{a}{v_\infty} \cdot \frac{(-1) \cdot e^{-\mu t}}{e^{-\mu t} + \frac{a}{v_\infty}} \right) \cdot v_\infty$$

$$= \frac{v_\infty}{\mu} \cdot \frac{\mu e^{\mu t}}{\frac{v_\infty}{a} + e^{\mu t}} + \frac{a}{\mu} \cdot \frac{(-\mu) \cdot e^{-\mu t}}{\frac{a}{v_\infty} + e^{-\mu t}}$$

$$= \frac{v_\infty}{\mu} \cdot \frac{\mathrm{d}}{\mathrm{d}t} \ln\left(\frac{v_\infty}{a} + e^{\mu t} \right) + \frac{a}{\mu} \cdot \frac{\mathrm{d}}{\mathrm{d}t} \ln\left(\frac{a}{v_\infty} + e^{-\mu t} \right) \tag{8.40}$$

式 (8.40) を積分すると, 積分定数を D として

$$x(t) = \frac{v_\infty}{\mu} \cdot \ln\left(\frac{v_\infty}{a} + e^{\mu t} \right) + \frac{a}{\mu} \cdot \ln\left(\frac{a}{v_\infty} + e^{-\mu t} \right) + D \tag{8.41}$$

初期条件より,

$$x(0) = \frac{v_\infty}{\mu} \cdot \ln\left(\frac{v_\infty}{a} + 1 \right) + \frac{a}{\mu} \cdot \ln\left(\frac{a}{v_\infty} + 1 \right) + D = 0$$

ですから, これで D が決まります. この D を式 (8.41) に代入・整理して,

$$x(t) = \frac{v_\infty}{\mu} \cdot \ln\left(\frac{v_\infty + a e^{\mu t}}{v_\infty + a} \right) + \frac{a}{\mu} \cdot \ln\left(\frac{v_\infty e^{-\mu t} + a}{v_\infty + a} \right) \tag{8.42}$$

　これで，$x(t)$ を表す理論的な式は得られましたが，現実と一致している
のかどうか気になるところでしょう．ここで導出した理論に基づく式を，ウ
サイン・ボルトが 2009 年の世界陸上ベルリン大会で世界記録を塗り替え
たとき走りを比較した研究があります．この論文の解析では，実測された
$x(t)$ のデータから，

$$v_\infty = 12.2 \text{ m/s}$$
$$a = 110.0 \text{ m/s}$$
$$\mu = 0.9 \text{ 1/s}$$

と求めています．この数値を入れて $x(t)$ と $v(t)$ のグラフを描いたものが，
次の図 8.3 です．スタートから 1 秒後には速さが 6 m/s，3 秒後には 10 m/s
で，6 秒後に最高速度 $v_\infty = 12.2$ m/s 達しています．このときの位置は
60 m 地点で，その後ゴールまでこの速度を維持，ゴールタイムは 9 秒 6 と
なっています．

☞ 有効数字の桁数が不明で
すが，気にしないことにし
ます．

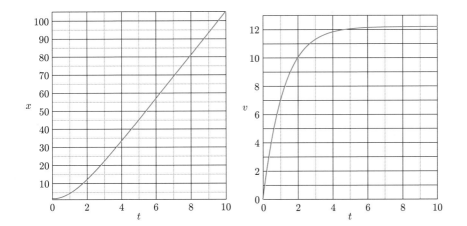

図 8.3　式 (8.42) の $x(t)$，式 (8.40) の $v(t)$ のグラフ．パラメータはウサイン・ボ
ルトが 9 秒 58 の世界記録を出したときの走りに合わせてあり，10 s までプロット
した．

　上で引用した論文* をみますと，実測値をかなりよく再現していることが
分かります．ここで扱った，抵抗力として速度および速度の 2 乗に比例する
ものだけを取り入れるという，比較的簡単なモデルで実際の 100 m 走の様
子が説明できるということは，物理学の有効性を示す実例です．物理学を学
ぶ面白さは，こういうところにあるということを是非実感してもらいたい
と思います．

* J.H.Gómez, V.Marquina, R.W.Gómez,On the performance of Usain Bolt in the 100
metre sprint. Eurropean Journal of Physics vol.34,1227 (2013) 学術雑誌投稿前の論文
は，次のサイトからアクセスできます．http://arxiv.org/pdf/1305.3947v2.pdf

問 8.6　$x(t)$ と $v(t)$ の関係式を作れ.

解　式 (8.33) より, $e^{\mu t} = \dfrac{v_\infty}{a}\dfrac{v+a}{v_\infty - v}$ となる. これを式 (8.42) の右辺に代入すれば,

$$x(t) = \frac{v_\infty}{\mu} \cdot \ln\left(\frac{v_\infty + v_\infty \frac{v+a}{v_\infty - v}}{v_\infty + a}\right) + \frac{a}{\mu} \cdot \ln\left(\frac{a\frac{v_\infty - v}{v+a} + a}{v_\infty + a}\right)$$

となり, 整理して

$$x(t) = \frac{v_\infty}{\mu} \cdot \ln\left(\frac{v_\infty}{v_\infty - v(t)}\right) + \frac{a}{\mu} \cdot \ln\left(\frac{a}{v(t) + a}\right) \tag{8.43}$$

9

単振動

学習のねらい

　　振動は自然界の様々な現象に現われると共に，現在，多種多様な技術に応用されています．ばねの力のみを受けている場合の運動である単振動について詳しく学びます．

9.1　ばねの力のみを受けている場合–単振動

　　第 5 章で説明したフックの法則 (5.15)（45 ページ）に従う力を受けた質点の運動を考察します．この運動は，工学のあらゆる分野に関係する振動に関する重要な運動です．

> ─ 例題 9.1　　単振動 ─────────
>
> 　　質量 m の質点（以下では質点 m と呼ぶ）に，フックの法則に従う力がはたらいている．ばねを自然の長さから x_0 伸びた状態とし，静かに離した．ばね定数を k として，この質点の運動を考察せよ．ただし，質点は直線上を運動し，重力や抵抗力は無視する．

☞ 重力を無視するとしていますが，なめらかで水平な床の上に置いた場合は，第 13 章で説明する垂直抗力と重力がつり合って，実質上，重力がないものとみなせます．

解　直線上の運動ですから，座標系といっても x 軸だけをとればよいことは明かでしょう．従って，

step 1：問題の略図を描く

step 2：質点にはたらくすべての力を略図に描き込む

step 3：座標系を設定して，略図に描き込む

を踏まえて略図を描くと図 9.1 のようになります．ばねの左端を壁に固定し，右端に質点 m をとり付けたとしています．また，ばねが自然長の時の質点 m の位置を原点としています．ばねによる弾性力（復元力）F は，向きも考えて $F = -kx$ となります．

☞ ばねが縮んだ時，力は右向きだから $F = kx$ とはなりません．x は座標で，このときは負になりますから，$F = k|x| = -kx$ です．

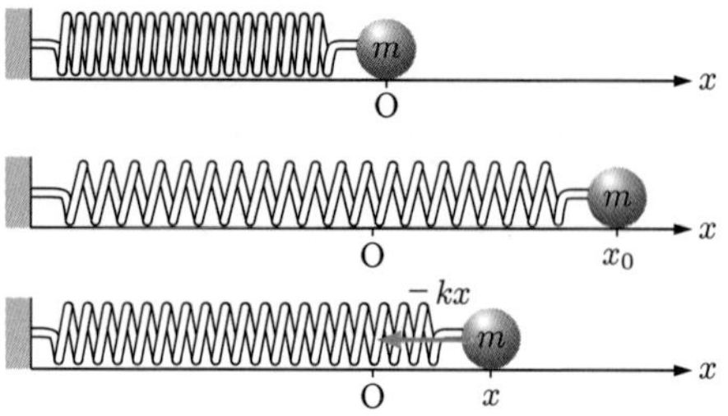

図 9.1 ばねの力を受けた物体の運動

step 4：運動方程式を成分で書き表す このとき，運動方程式は

$$m\frac{\mathrm{d}^2 x}{\mathrm{d}t^2} = -kx \tag{9.1}$$

となります．両辺を m で割って，整理すると，次のように書けます．

$$\frac{\mathrm{d}^2 x}{\mathrm{d}t^2} = -\omega^2 x \tag{9.2}$$

☞ ここで，新たに導入した ω 〔rad/s〕は角振動数 (angular frequency) と呼ばれる物理量です．

ただし，

$$\omega = \sqrt{\frac{k}{m}} \tag{9.3}$$

としました．この 2 階の微分方程式 (9.2) は単振動の微分方程式とよばれ，振動現象，特に微小な振動に対しては常に成り立つ極めて重要な微分方程式です．質点 m の運動を調べるためには，この方程式の解を求めればよいわけです．

step 5：運動方程式を積分して，一般解を求める 第 7 章で学習した放物運動では，運動方程式の両辺を積分していくことで解を求めることができました．一方，式 (9.2) をみると，右辺に求めたい関数 x が含まれていますから，単純に両辺を積分することは出来ません．つまり，ここでは別のアプローチが必要になります．

以下では三角関数を用いる最も簡単な解法を試みてみましょう．方程式を一見すればわかるように，左辺の x を 2 回微分すれば，(係数を別にして) 元の x に戻っています．つまり，このような性質をもつ関数を探せばよいことがわかります．これまでの知識と照らし合わせると，このような関数として，cos 関数（余弦関数）と sin 関数 (正弦関数) が思い浮かぶはずです．式 (9.2) の右辺に ω^2 がかかっていることを考慮すると，$\cos\omega t$, $\sin\omega t$ が解となることが分かるでしょう．各関数は独立なので，式 (9.2) の一般解は，それら 2 つの項の線形結合で表すことができると考えられます．これを式で表すと，A, B を定数として

☞ 2 個の定数を含む解ができたから一般解だろうという考え方です．本当にこれでいいのか疑問を持つ人もいるかもしれませんが，微分方程式に関する数学的吟味（解の一意性）により正当化されます．

$$x(t) = A\cos\omega t + B\sin\omega t \tag{9.4}$$

となります．これを微分すると，速度が求められます．

$$v(t) = -A\omega \sin \omega t + B\omega \cos \omega t \tag{9.5}$$

式 (9.4) で表される運動を 単振動 (simple oscillation)，または 調和振動 (harmonic oscillation) といいます．

> 問 9.1　式 (9.4) が式 (9.2) の解となっていることを確かめよ.
> **解**　［省略. 考えよう］

> 問 9.2　上記とは別に一般解の候補として，$x(t) = C \sin(\omega t + \delta)$ としてもよい. この理由を示せ.
>
> **解**　加法定理を用いれば，$C \sin(\omega t + \delta) = C \sin \omega t \cos \delta + C \cos \omega t \sin \delta$. ここで，$A = C \sin \delta$, $B = C \cos \delta$ とすれば，式 (9.4) となる.

step 6：初期条件から一般解に含まれる積分定数を決定する　　次に，初期条件から A, B を決定し，解を求めてみよう．

$t = 0$ のとき $x = x_0$, $v = 0$ である（初期条件）ことを式 (9.4), (9.5) に代入すると，

$$x(0) = A = x_0 \tag{9.6}$$

$$v(0) = B\omega = 0 \tag{9.7}$$

となります．ω は 0 ではないので

$$B = 0 \tag{9.8}$$

です．

　以上より，

$$x(t) = x_0 \cos \omega t \tag{9.9}$$

$$v(t) = -x_0 \omega \sin \omega t \tag{9.10}$$

☞ $\omega = 0$ とすると $x = A$（定数）となり，運動を表す解とはならない.

と決まります．ここで，x_0 は 振幅 (amplitude) と呼ばれています．これは，実際の振動幅の半分です．

step 7：問題で要求されている解を求める　　ここでは，今求めた解について詳しくみてみましょう．まず，振動の 周期 (period) を求めます．周期とは，振動の状態が，はじめの状態から再び元の状態に戻るまでの時間です．つまり，任意の時刻 t に対して，

$$x(t + T) = x(t) \tag{9.11}$$

を満たす最小の時間 T のことです．式 (9.9) をながめてみると，cos の位相部分 (ωt) が 2π ずれたときに元に戻ることから，$\omega(t + T) = \omega t + 2\pi$ であ

ればよいことが分かりますね．ですから，

$$T = \frac{2\pi}{\omega} = 2\pi\sqrt{\frac{m}{k}} \tag{9.12}$$

が求める周期 T となります．

さて，この結果をみて何か気付くことがあるでしょうか．周期は初期条件で指定される x_0 を含みませんね．周期は初期条件には無関係なのです．ところで，ここで考えた初期条件の下では，x_0 は振幅でした．つまり，大きな振幅で振動するときは速く動き，小さな振幅で振動するときはゆっくり動き，その結果 1 回の振動にかかる時間は同じになるということです．このことはガリレイが教会でシャンデリアが揺れるのを観察していて見つけたといわれており，振り子の等時性 (isochronism) といいます．

なお，単位時間あたりの振動回数 f を振動数 (frequency) といいます．1 回振動するのにかかる時間が T ですから，

$$f = \frac{1}{T} \tag{9.13}$$

となります．

次に，横軸に時刻 t，縦軸に振幅をとって，$x(t)$ の変化を調べてみましょ

☞ 一般解 (9.4) の周期は，AB に無関係で T となるということです．

☞ 振り子の微小振動も単振動となります．

☞ 振動数の単位をヘルツといい，Hz と書きます．基本単位では Hz=1/s です．

☞ 周期は振幅 x_0 には関係しません．このように理想的な単振動現象では周期はばね定数 k と質量 m のみに依存します．人工衛星の中などの無重量状態では，この性質を利用して，物体の質量を測定することができます．あらかじめばね定数の値が分かっているばねを用いて，振動の周期を測定すれば，重力加速度などに影響を受けず，ばねに取り付けられた物体の質量を測定できます．

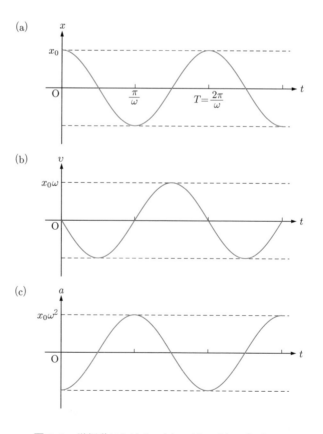

図 **9.2** 単振動における $x(t)$, $v(t)$, $a(t)$ の各グラフ

う．このグラフは，前ページの図 9.2(a) のようになります．時刻 $t = 0$ で $x = x_0$ から振動を始め，周期 $T = 2\pi/\omega$ ではじめの状態に戻っており，T ごとに繰りかえされている様子がわかるでしょう．一方，図 9.2(b) に $v(t)$ のグラフを示します．$x(t)$ と比べて，位相が $\pi/2$ ずれて振動していることが見てとれます．合わせて，$a(t)$ のグラフも図 9.2(c) に示しておきます．

問 9.3　例題 9.1 と同様の設定で，今度は時刻 $t = 0$ で原点に静止していた質点 m に初速度 v_0 を与えたとき，その後の質点の運動について説明せよ．さらに，横軸に時刻 t をとって，$x(t), v(t), a(t)$ のグラフを描け．

解　[省略．考えよう]

9.2　単振動の運動方程式の解法

前節では，単振動の微分方程式 (9.2) の解を経験から見つけるという解法を説明しました．しかしながら，いつもこのようにうまく解を見つけられるわけではありません．もう少し数学の議論に基づく汎用的な解法が必要だと感じていることでしょう．この節では，解の形を仮定して求めていく手法について説明します．

いま仮に，λ を未知の定数として，

$$x = e^{\lambda t}$$

とおいてみます．すると，

☞ 微分・積分が扱いやすい関数である事から，指数関数を用います．

$$\frac{\mathrm{d}x}{\mathrm{d}t} = \lambda e^{\lambda t}, \qquad \frac{\mathrm{d}^2 x}{\mathrm{d}t^2} = \lambda^2 e^{\lambda t}$$

となります．これらを式 (9.2) に代入しますと

$$\lambda^2 e^{\lambda t} = -\omega^2 e^{\lambda t}, \qquad \therefore \quad \lambda^2 = -\omega^2 \tag{9.14}$$

です．これを解くと，λ の 2 個の解

$$\lambda_{\pm} = \pm\sqrt{-\omega^2} = \pm i\omega \text{（複号同順）}$$

が得られます．ただし，$i = \sqrt{-1}$ は虚数単位です．式 (9.14) の第 2 式で与えられている λ を決定する方程式を特性方程式 (characteristic equation) といいます．

☞ $e^{\lambda t} = 0$ とすると，$x = 0$ となり質点 m は動きませんから，解としては除きます．

2 つの独立な解 $e^{i\omega t}$ と $e^{-i\omega t}$ が見つかりましたから，これらを重ね合わせて一般解を作ることが出来ます．即ち，C, D を（一般には複素数の）定数として，一般解は

$$x(t) = C e^{i\omega t} + D e^{-i\omega t} \tag{9.15}$$

となります．

さて，一般解の新たな表現方法が得られたわけですが，虚数をべきにもつ指数関数が何を意味するのかを明らかにしておかないと使えません．こ

☞ x は実数でなければなりませんから，複素共役を $*$ で表すと，$x^* = x$ となることが必要です．そのためには，C, D を勝手に選ぶことはできず，$C^* = D$ となっている必要があります．但し，初期条件から C, D を決めれば自動的にこの関係はみたされます．

こでは，マクローリン展開 (Maclaulin expansion) を用いた説明を紹介しましょう．きちんとした説明は数学の講義に譲り，概略を述べます．マクローリン展開とは，任意の関数 $f(x)$ を x の多項式で表すもので，

$$f(x) = f(0) + f'(0)x + \frac{1}{2}f''(0)x^2 + \cdots + \frac{1}{n!}f^{(n)}(0)x^n + \cdots \quad (9.16)$$

という式で表されます．$n!$ は 1 から n までの全ての自然数を掛けたもので，n の階乗 (factorial) といいます．x が微小量の場合，展開の高次の項はどんどん小さくなっていきますから，近似式を与える根拠にもなります．

☞ $f^{(n)} = \dfrac{\mathrm{d}^n f}{\mathrm{d}x^n}$

☞ x の 2 次以上の項を捨てたものが 1 次近似，3 次以上の項を捨てると 2 次近似という具合に，必要に応じて近似の精度を高めることが出来ます．

問 9.4   次の関数の 2 次の近似式を求めよ．

1. $f(x) = \sqrt{1+x}$

2. $g(x) = \dfrac{1}{1-x}$

3. $h(x) = \ln(1+x)$

解 $f(x) \fallingdotseq 1 + \dfrac{1}{2}x - \dfrac{1}{8}x^2,\ g(x) \fallingdotseq 1 + x + x^2,\ h(x) \fallingdotseq x - \dfrac{1}{2}x^2$

指数関数 e^x は何回微分しても e^x ですから，そのマクローリン展開は

$$e^x = \sum_{n=0}^{\infty} \frac{x^n}{n!} = 1 + x + \frac{x^2}{2} + \frac{x^3}{3!} + \frac{x^4}{4!} + \frac{x^5}{5!} + \cdots$$

です．ここで，x を $i\theta$ をに置きかえることで，虚数の指数関数を定義します．

$$e^{i\theta} = \sum_{n=0}^{\infty} \frac{(i\theta)^n}{n!} = 1 + i\theta - \frac{\theta^2}{2} - \frac{i\theta^3}{3!} + \frac{\theta^4}{4!} + \frac{i\theta^5}{5!} + \cdots$$

$$= \left(1 - \frac{\theta^2}{2} + \frac{\theta^4}{4!} - \cdots\right) + i\left(\theta - \frac{\theta^3}{3!} + \frac{\theta^5}{5!} - \cdots\right) \quad (9.17)$$

式 (9.17) で足し算の順序を換えて実数部分と虚数部分にわけると，それぞれ $\cos\theta$，$\sin\theta$ のマクローリン展開になっていますので，

$$e^{i\theta} = \cos\theta + i\sin\theta \quad (9.18)$$

となります．これをオイラーの公式 (Euler's formula) といいます．$\cos\theta$ は偶関数，$\sin\theta$ は奇関数ですから，

$$e^{-i\theta} = \cos\theta - i\sin\theta \quad (9.19)$$

☞ オイラーの公式 (9.18)，(9.19) より

$$\cos\theta = \frac{e^{i\theta} + e^{-i\theta}}{2}$$

$$\sin\theta = \frac{e^{i\theta} - e^{-i\theta}}{2i}$$

です．これを用いれば，先に求めた一般解 (9.4) と，この章で求めた一般解 (9.15) が同等である事が分かります．どちらを用いても，初期条件から定数を決めれば，同じ形となります．確かめてみてください．必要に応じて，便利な方を使えばよいでしょう．

オイラー：Reonhard Euler 1707.4.15〜1783.9.18

　スイスのバーゼルに生まれる．ベルリンの科学アカデミーやペテルブルグの科学アカデミーで活躍し，数学や物理学に多大の業績を残した．とくに力学の分野では，1736年に「力学，もしくは解析的に提示された運動の科学」を著し，力，慣性，質量，質点の概念を明確に定義し，我々が現在知っている解析的な運動方程式を書き，運動方程式が力学の基本原理であることを明確にした．過労によって1766年には完全に失明した．

9.3　線形代数学から見た特性方程式

　ここで，式 (9.14) に現れた特性方程式の意味を，線形代数学の立場から考えてみましょう．そのため．座標 x と速度 v を成分にもつ 2 成分の列ベクトルを考え $\boldsymbol{X}$ と書くことにします．運動方程式を用いると，

$$\frac{\mathrm{d}\boldsymbol{X}}{\mathrm{d}t} = \begin{pmatrix} \dfrac{\mathrm{d}x}{\mathrm{d}t} \\ \dfrac{\mathrm{d}v}{\mathrm{d}t} \end{pmatrix} = \begin{pmatrix} v \\ -\omega^2 x \end{pmatrix} = \begin{pmatrix} 0 & 1 \\ -\omega^2 & 0 \end{pmatrix} \boldsymbol{X} \qquad (9.20)$$

☞ $\boldsymbol{X} = \begin{pmatrix} x \\ v \end{pmatrix}$. 次元の異なる量を成分にすることに抵抗があれば，v を $\dfrac{v}{\omega}$ に置き換え，全ての成分が長さの次元をもつようにして同じ結論を得ることもできます．但し，途中の式が煩雑で見にくくなるので，ここではこのようにとりました．

☞ $I = \begin{pmatrix} 1 & 0 \\ 0 & 1 \end{pmatrix}$.

と書くことができます．右辺に現れた 2 行 2 列の行列を M とし，その固有値を λ とします．固有値を決める方程式は，単位行列を I として，

$$\det(\lambda I - M) = \begin{vmatrix} \lambda & -1 \\ \omega^2 & \lambda \end{vmatrix} = \lambda^2 + \omega^2 = 0$$

となり，特性方程式と一致することが分かります．このことから，固有値を求めることが，微分方程式を解く事に関係していることが推測されるでしょう．

　形式的には，行列の指数関数 e^{Mt} を用いて，

$$\frac{\mathrm{d}\boldsymbol{X}}{\mathrm{d}t} = M\boldsymbol{X} \quad \text{の一般解は} \quad \boldsymbol{X} = e^{Mt}\boldsymbol{X}_0 \qquad (9.21)$$

と書くことができます．ここで，$\boldsymbol{X}_0$ は任意の定数を成分とする 2 成分の列ベクトルで，2 個の積分定数に相当します．$\boldsymbol{X}_0 = \begin{pmatrix} x_0 \\ v_0 \end{pmatrix}$ と書き表すことにすると，x_0, v_0 には，それぞれ初期位置と初速度という物理的な意味があります．

　行列の指数関数 e^{Mt} は t で微分すると行列 M がかかります．具体的には．先に説明した指数関数のマクローリン展開を拡張して，

$$e^{Mt} = \sum_{n=0}^{\infty} \frac{(Mt)^n}{n!} = I + tM + \frac{t^2}{2!}M^2 + \frac{t^3}{3!}M^3 + \frac{t^4}{4!}M^4 + \frac{t^5}{5!}M^5 + \cdots$$

$$(9.22)$$

のように定義します．この式の右辺の無限級数を t で微分すると，元の式に M を掛けたものになっていることが分かるでしょう．行列 M が対角化可

能なときは，2 個の固有ベクトルを並べた行列を作り，この行列とその逆行列を左右から掛けることにより，行列 M を対角化できます．対角行列の n 乗は簡単に計算できますから，M^n を計算することができ，その結果を用いて e^{Mt} を具体的に求めることができます．既に固有値・固有ベクトルを学んでいる人は，ここに述べた手順で e^{Mt} を計算してみましょう．

実は，この行列 M の 2 乗は，$M^2 = -\omega^2 I$ となります．このことに気付けば，e^{Mt} の具体的な形を，行列の指数関数の定義式 (9.22) から直接計算することができます．

☞ 行列 M が対角化不可能な場合でも，固有ベクトルを拡張した考え方を用いて e^{Mt} を計算することが可能です．

☞ $M^3 = -\omega^2 M$, $M^4 = \omega^4 I$, $M^5 = \omega^4 M \cdots$

$$e^{Mt} = I + tM + \frac{t^2}{2!}(-\omega^2 I) + \frac{t^3}{3!}(-\omega^2 M) + \frac{t^4}{4!}(\omega^4 I) + \frac{t^5}{5!}(\omega^4 M) + \cdots$$

$$= \left(1 - \frac{(\omega t)^2}{2!} + \frac{(\omega t)^4}{4!} + \cdots\right) I + \left(t - \frac{\omega^2 t^3}{3!} + \frac{\omega^4 t^5}{5!} + \cdots\right) M$$

$$= \cos\omega t\, I + \frac{\sin\omega t}{\omega} M = \begin{pmatrix} \cos\omega t & \dfrac{\sin\omega t}{\omega} \\ -\omega\sin\omega t & \cos\omega t \end{pmatrix} \tag{9.23}$$

この式から，一般解として

$$x = x_0 \cos\omega t + \frac{v_0}{\omega}\sin\omega t, \quad v = -x_0\omega\sin\omega t + v_0\cos\omega t \tag{9.24}$$

が得られます．

問 9.5 $J = \begin{pmatrix} 0 & 1 \\ -1 & 0 \end{pmatrix}$ として e^{Jt} を求めよ．

解 $J^2 = -I$ より，$e^{Jt} = \begin{pmatrix} \cos t & \sin t \\ -\sin t & \cos t \end{pmatrix} = \cos t\, I + \sin t\, J$

$i^2 = -1$, $e^{it} = \cos t + i\sin t$ と比較してみよ．

10

減衰振動と強制振動

学習のねらい

　ばねの力のみを受けている場合の運動である単振動に，速度に比例した抵抗力が加わった減衰振動について詳しく学び，更に外力による強制振動が加わった運動について考察します．

10.1　速度に比例した抵抗力を受けている場合−減衰振動

例題 10.1　減衰振動

質点 m がなめらかで水平な直線上をばねの力と速度に比例する抵抗力を受けて運動している．ばねを自然の長さから x_0 伸びた状態とし，静かに離した．ばね定数を k として，この質点の運動を考察せよ．ただし，重力は無視する．

step 1：問題の略図を描く

step 2：質点にはたらくすべての力を略図に描き込む

step 3：座標系を設定して，略図に描き込む

を踏まえて略図を描くと図 10.1 のようになります．

　摩擦のない水平面上で，ばねの一端を壁に固定し，他端に物体をとり付けます．ばねが自然長のときの質点 m の位置を原点 O として右向きに x 軸を定めましょう．ばねによる弾性力（復元力）F は，向きも考えて，$F = -kx$ と書けます．さらに，速度 $v = \dfrac{dx}{dt}$ に比例する抵抗力が物体にはたらいて

☞ 物体の速さが大きくなるにつれて，抵抗力の大きさは大きくなり，物体の加速を抑えます．

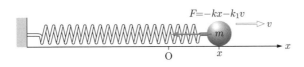

図 10.1　ばねの力の下で，速度に比例する抵抗力を受けた物体の運動

いるとし，その比例定数を k_1 とします.

step 4：運動方程式を成分で書き表す　このとき，物体に対する運動方程式は

$$m\frac{\mathrm{d}^2x}{\mathrm{d}t^2} = -kx - k_1\frac{\mathrm{d}x}{\mathrm{d}t} \tag{10.1}$$

となります．両辺を m で割って整理すると，次のようになります.

☞ この微分方程式は，単振動の式とは異なり，$\dfrac{\mathrm{d}x}{\mathrm{d}t}$ に比例する項を含んでいます．そのため，単振動のときのように，sin 関数，cos 関数だけで解を表現することはできません．これを満たす関数としては指数関数があります.

$$\frac{\mathrm{d}^2x}{\mathrm{d}t^2} = -\omega^2 x - 2\gamma\frac{\mathrm{d}x}{\mathrm{d}t} \tag{10.2}$$

ただし，

$$\omega = \sqrt{\frac{k}{m}}, \qquad 2\gamma = \frac{k_1}{m}$$

としました.

step 5：運動方程式を積分して，一般解を求める　式 (10.2) の解として，

$$x = e^{\lambda t} \tag{10.3}$$

とおいてみましょう．この式を式 (10.2) に代入して整理すると，

$$\left(\lambda^2 + 2\gamma\lambda + \omega^2\right)e^{\lambda t} = 0 \tag{10.4}$$

となり，任意の t に対して成り立つためには，

$$\lambda^2 + 2\gamma\lambda + \omega^2 = 0 \tag{10.5}$$

であればよいことになります（特性方程式）．λ についての 2 次方程式を解くと，

$$\lambda = -\gamma \pm \sqrt{\gamma^2 - \omega^2} \tag{10.6}$$

の 2 つの解が得られます．すなわち，式 (10.2) の解は，$x = e^{\left(-\gamma+\sqrt{\gamma^2-\omega^2}\right)t}$ と $x = e^{\left(-\gamma-\sqrt{\gamma^2-\omega^2}\right)t}$ と求められます．単振動の場合と同様に，これらの解の重ね合わせ（1 次結合）が一般解で，以下のように表すことができます.

$$x(t) = e^{-\gamma t}\left(Ce^{\sqrt{\gamma^2-\omega^2}\,t} + De^{-\sqrt{\gamma^2-\omega^2}\,t}\right) \tag{10.7}$$

ただし，C, D は定数です.

step 6：初期条件から一般解に含まれる積分定数を決定する　式 (10.7) は形式的な解で，ルートの中身の符号（γ と ω の大小関係）によって，

☞ γ, ω は，それぞれ抵抗力とばねの力の運動への寄与の大小を示す指標と考えられます.

$$\text{(i)}\ \gamma < \omega, \quad \text{(ii)}\ \gamma = \omega, \quad \text{(iii)}\ \gamma > \omega$$

の 3 つの場合に分けられます．以下，それぞれの場合について詳しく見ていきましょう.

(i) 減衰振動　$\gamma < \omega$　　抵抗力がばねの弾性力（復元力）に比べて弱い場合にあたります．ここで，

$$\Omega = \sqrt{\omega^2 - \gamma^2} \tag{10.8}$$

とおきます．$e^{\sqrt{\gamma^2 - \omega^2}\, t} = e^{i\sqrt{\omega^2 - \gamma^2}\, t} = e^{i\Omega t}$ であることから，　　　　☞ $\Omega < \omega$

$$x(t) = e^{-\gamma t}\left(Ce^{i\Omega t} + De^{-i\Omega t}\right) \tag{10.9}$$

となります．更に，オイラーの公式

$$e^{\pm i\Omega t} = \cos\Omega t \pm i\sin\Omega t \tag{10.10}$$

を用いると，

$$x(t) = e^{-\gamma t}\left(A\cos\Omega t + B\sin\Omega t\right) \tag{10.11}$$

☞　　$A = C + D$
　　　$B = i(C - D)$

が得られます．ただし，A, B は定数です．

　$x(t)$ は $e^{-\gamma t}$ と $A\cos\Omega t + B\sin\Omega t$ の積となっていますね．前者の $e^{-\gamma t}$ は時間とともに急速に減少していく関数です．一方，後者の $A\cos\Omega t + B\sin\Omega t$ は，これまで見てきたように，角振動数が Ω で，その周期が $T_d = 2\pi/\Omega$ の単振動を表しています．このときの周期は抵抗力がはたらかない場合の振動の周期と比べると，長くなっていることが分かります．直感的には，抵抗が振動を妨げるからだと考えることができます．また，式 (10.11) を微分することで，速度 $v(t)$ が求められます．

☞ $e^{-\gamma t}$ は $t \to \infty$ で 0 になります．

$$v(t) = e^{-\gamma t}\left\{(-\gamma A + \Omega B)\cos\Omega t + (-\Omega A - \gamma B)\sin\Omega t\right\} \tag{10.12}$$

> 問 10.1　式 (10.7) から式 (10.11) に至る計算過程を，自ら整理してみよ．
> **解**　［省略．考えよう］

> 問 10.2　$T_d > T$ となることを示せ．
> **解**　$T_d = \dfrac{2\pi}{\sqrt{\omega^2 - \gamma^2}} > \dfrac{2\pi}{\omega} = T$

> 問 10.3　$e^{-\gamma t}$ について，$\gamma = 0.1\,\mathrm{s}^{-1}$ として，$t = 0\,\mathrm{s}$ から $t = 20\,\mathrm{s}$ までの範囲でグラフを描け．e の値として，$e = 2.72$ を用いよ．
> **解**　［省略．考えよう］

　まとめると，式 (10.11) は，振動しながら振幅が小さくなり，ついには止まってしまう運動を表しています．このような運動を 減衰振動 (damped oscillation) といいます．ここで定義した γ を 減衰定数 (attenation constant)，その逆数 $\tau_d = 1/\gamma$ を 時定数 (damping time constant)，周期と時定数の比 T_d/τ_d を 対数減衰率 (logarithmic decrement) と呼びます．

☞ 振幅は 1 周期 T_d ごとに $\exp\left(-\dfrac{T_d}{\tau_d}\right)$ 倍になります．

　さて，初期条件を一般解 (10.11)，(10.12) にあてはめると，

$$x(0) = A = x_0$$

$$v(0) = -\gamma A + \Omega B = 0$$

となり，定数 A, B が以下のように決まります．

$$A = x_0, \qquad B = \frac{\gamma}{\Omega} x_0$$

従って，

$$x(t) = x_0 e^{-\gamma t} \left(\cos \Omega t + \frac{\gamma}{\Omega} \sin \Omega t \right) \tag{10.13}$$

が求める答えとなります．運動の様子をより分かり易くするため，2 つの三角関数を合成して 1 つにまとめると，

$$x(t) = x_0 e^{-\gamma t} \sqrt{1 + \left(\frac{\gamma}{\Omega} \right)^2} \cos(\Omega t - \delta) \tag{10.14}$$

ただし，δ は，

$$\tan \delta = \frac{\gamma}{\Omega}$$

をみたす角です．これをグラフに表すと，図 10.2 となります．

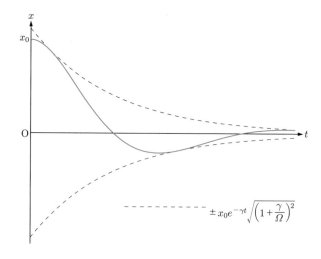

図 10.2　減衰振動のグラフ

(ii) 臨界減衰 $\gamma = \omega$　　このとき，式 (10.6) より $\lambda = -\gamma$（重解）となるので，解はひとつしか求まっていません．このままでは，$x(t) = Ce^{-\gamma t}$ としかできず，積分定数が 1 つとなって，初期条件の関係とつじつまが合わなくなります．

☞ 微分方程式の解法のテクニックで，定数変化法といいます．

そこで C を時間の関数として $C(t)$ とおき，

$$x(t) = e^{-\gamma t} \times C(t) \tag{10.15}$$

と仮定し直して運動方程式 (10.2) に代入してみましょう．このとき，$C(t)$

☞ $\gamma = \omega$ に注意．

が満たすべき条件を求めると，

$$\frac{\mathrm{d}^2 C(t)}{\mathrm{d}t^2} = 0 \tag{10.16}$$

となります. よって, 2つの定数 C_1, C_2 を用いて,

$$C(t) = C_1 t + C_2 \tag{10.17}$$

と表すことができます. これにより一般解は,

$$x(t) = e^{-\gamma t}(C_1 t + C_2) \tag{10.18}$$

となることが分かります. 式 (10.18) で表される運動を 臨界減衰 (critical damping) といいます. 振動することなく $t \to \infty$ で $x \to 0$ となっています. このとき速度は,

$$v(t) = e^{-\gamma t}\{(1 - \gamma t)C_1 - \gamma C_2\}$$

となります.

初期条件をあてはめると,

$$x(0) = C_2 = x_0$$

$$v(0) = C_1 - \gamma C_2 = 0$$

これを解いて,

$$x(t) = x_0 e^{-\gamma t}(1 + \gamma t) \tag{10.19}$$

$$v(t) = -x_0 e^{-\gamma t} \cdot \gamma^2 t \tag{10.20}$$

となることが分かります.

(iii) 過減衰 $\gamma > \omega$　抵抗力がばねの復元力に比べて強い場合にあたります. この場合は先に求めた形式的な一般解 (10.7) をそのまま用いることができます. 以下の記述を見やすくするため,

$$\Omega_\mathrm{o} = \sqrt{\gamma^2 - \omega^2}$$

とおくことにします. このとき一般解は, A, B を定数として,

$$x(t) = e^{-\gamma t}\left(A e^{\Omega_\mathrm{o} t} + B e^{-\Omega_\mathrm{o} t}\right) \tag{10.21}$$

となります.

$$-\gamma - \Omega_\mathrm{o} < -\gamma + \Omega_\mathrm{o} < 0$$

ですから, 式 (10.21) に含まれる 2つの指数関数はどちらも時間とともに減少します. 第2項の方が速く減っていきますから, 質点 m は第1項に従って単調に静止に近づいていきます. このような振動を 過減衰 (overdamping) といいます. 式 (10.21) を微分すれば, 速度が求められます.

$$v(t) = -e^{-\gamma t}\left\{(\gamma - \Omega_\mathrm{o})A e^{\Omega_\mathrm{o} t} + (\gamma + \Omega_\mathrm{o})B e^{-\Omega_\mathrm{o} t}\right\} \tag{10.22}$$

初期条件より,

$$x(0) = A + B = x_0$$

$$v(0) = -\{(\gamma - \Omega_\circ)A + (\gamma + \Omega_\circ)B\} = 0$$

これを解いて,

$$x(t) = x_0 e^{-\gamma t}\left(\frac{\gamma + \Omega_\circ}{2\Omega_\circ}e^{\Omega_\circ t} - \frac{\gamma - \Omega_\circ}{2\Omega_\circ}e^{-\Omega_\circ t}\right) \tag{10.23}$$

$$v(t) = -\frac{\omega^2}{2\Omega_\circ}x_0 e^{-\gamma t}\left(e^{\Omega_\circ t} - e^{-\Omega_\circ t}\right) \tag{10.24}$$

となります.

step 7：問題で要求されている解を求める 具体的な問題は設定していませんから，ここで得られた解の性質について調べておきます．$\tau\,(=\gamma/\omega)$ の値が変化するのに対応して，振動がどのように変わるかを図 10.3 に示しました．τ が大きい（過減衰）ほど，$x(t)$ が 0 に近づくまでの時間が長くなります．逆に τ が小さい（減衰振動）と，振動を起こしてしまい，やはりなかなか 0 に近づきません．$\tau=1$ の臨界減衰のときに，振動を起こさず最も速く物体を静止の状態に近付けることができるのです．

☞ τ が大きいということは，ばねの力より抵抗力が大きくこの運動を支配しているということです．τ が小さければ，逆にばねの力がこの運動を特徴付けています．

　この性質は，たとえば電流計などのメータの指針の動きに応用されています．指針がじわじわといつまでも動いていては困りますし，いつまでも振動していても使い物になりません．サッと動いてピタッと止まってくれるよう，つまり臨界減衰が実現されるよう，調整されているのです．

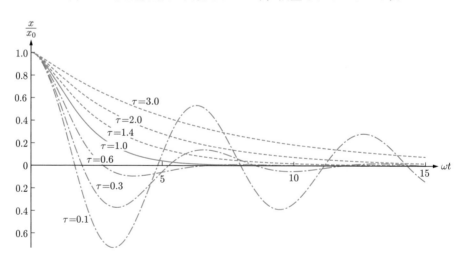

図 10.3　減衰振動，臨界減衰と過減衰の比較

10.2 減衰振動と線形代数学

前の章で調べたように，$\boldsymbol{X} = \begin{pmatrix} x \\ v \end{pmatrix}$ を用いて減衰振動の運動方程式を

書き直すと，

$$\frac{\mathrm{d}\boldsymbol{X}}{\mathrm{d}t} = \begin{pmatrix} \dfrac{\mathrm{d}x}{\mathrm{d}t} \\ \dfrac{\mathrm{d}v}{\mathrm{d}t} \end{pmatrix} = \begin{pmatrix} v \\ -\omega^2 x - 2\gamma v \end{pmatrix} = \begin{pmatrix} 0 & 1 \\ -\omega^2 & -2\gamma \end{pmatrix} \boldsymbol{X} = M\boldsymbol{X}$$

(10.25)

となります．この行列 M の固有値方程式が，特性方程式になります．

$$\det(\lambda I - M) = \begin{vmatrix} \lambda & -1 \\ \omega^2 & \lambda + 2\gamma \end{vmatrix} = \lambda^2 + 2\gamma\lambda + \omega^2 = 0$$

列ベクトル $\begin{pmatrix} 1 \\ \lambda \end{pmatrix}$ は固有値 λ の固有ベクトルです．2つの固有値を

λ_1, λ_2 として $R = \begin{pmatrix} 1 & 1 \\ \lambda_1 & \lambda_2 \end{pmatrix}$ ととれば，$R^{-1}MR = \begin{pmatrix} \lambda_1 & 0 \\ 0 & \lambda_2 \end{pmatrix}$ と

M が対角化されます．これから $M^n = R \begin{pmatrix} \lambda_1{}^n & 0 \\ 0 & \lambda_2{}^n \end{pmatrix} R^{-1}$ となり，

$e^{Mt} = R \begin{pmatrix} e^{\lambda_1 t} & 0 \\ 0 & e^{\lambda_2 t} \end{pmatrix} R^{-1}$ と求められます．固有値を用いて具体的に

書き表すと，

$$e^{Mt} = \frac{1}{\lambda_1 - \lambda_2} \begin{pmatrix} -\lambda_2 e^{\lambda_1 t} + \lambda_1 e^{\lambda_2 t} & e^{\lambda_1 t} - e^{\lambda_2 t} \\ -\lambda_1 \lambda_2 \left(e^{\lambda_1 t} - e^{\lambda_2 t} \right) & \lambda_1 e^{\lambda_1 t} - \lambda_2 e^{\lambda_2 t} \end{pmatrix}$$

(10.26)

となります．一般解は，$\boldsymbol{X} = e^{Mt} \begin{pmatrix} x_0 \\ v_0 \end{pmatrix}$ と表されます．

　$\omega = \gamma$ の臨界減衰の場合，固有値は重解となり $\lambda_1 = \lambda_2 = -\gamma$ です．この場合は，上記の行列 M は対角化不可能となります．しかしこのときでも，式 (10.26) において，λ_1 を λ_2 に近付ける極限を計算することで，e^{Mt} を求めることができます．以下に結果を示します．

$$e^{Mt} = \begin{pmatrix} e^{-\gamma t}(1 + \gamma t) & e^{-\gamma t} t \\ -e^{-\gamma t} \gamma^2 t & e^{-\gamma t}(1 - \gamma t) \end{pmatrix}$$

(10.27)

☞ $M \begin{pmatrix} 1 \\ \lambda \end{pmatrix} = \lambda \begin{pmatrix} 1 \\ \lambda \end{pmatrix}$

☞ $R^{-1} =$
$\dfrac{1}{\lambda_2 - \lambda_1} \begin{pmatrix} \lambda_2 & -1 \\ -\lambda_1 & 1 \end{pmatrix}$

☞ $(R^{-1}MR)^n$
$= R^{-1}M^n R$
$= \begin{pmatrix} \lambda_1{}^n & 0 \\ 0 & \lambda_2{}^n \end{pmatrix}$

☞ $\displaystyle \lim_{x \to a} \frac{f(x) - f(a)}{x - a} = f'(a)$ となることを使えば，微分計算で求められます．λ_1 を変数とみてロピタルの定理を用いて計算することもできます．

問 10.4　$v_0 = 0$ としたとき，式 (10.26) または，式 (10.27) を用いて計算した x, v が，前の章で計算した減衰振動，臨界減衰，過減衰の式と一致することを確かめよ．

[解]　[省略．考えよう]

10.3 減衰振動に振動する外力を加える場合−強制振動

> **例題 10.2 強制振動**
>
> 質点 m が水平な直線上をばねの力と速度に比例する抵抗力, 更に外部から強制的に振動させる力を加え続けられながら運動している. 初期条件は, ばねを自然の長さから x_0 伸びた状態として静かに離すとする. ばね定数を k として, この質点の運動を考察せよ. ただし, 重力は無視する.

step 1：問題の略図を描く

step 2：質点にはたらくすべての力を略図に描き込む

step 3：座標系を設定して, 略図に描き込む

step 4：運動方程式を成分で書き表す

このときの略図は, 図 10.1 に外力を加えたものとなります. 振動させる外力を $F \cos \omega_0 t$ とすると, 運動方程式は,

$$m\frac{\mathrm{d}^2 x}{\mathrm{d}t^2} = -kx - k_1 \frac{\mathrm{d}x}{\mathrm{d}t} + F \cos \omega_0 t \tag{10.28}$$

となります. これまでと同様に, $\omega = \sqrt{k/m}$, $2\gamma = k_1/m$ とし, 更に $F/m = \omega^2 a_0$ とおくと,

☞ a_0 は, 振動する外力の強さを表すパラメータです. 右辺にこの系に固有の物理量である ω^2 を付けたのは, a_0 が長さの次元をもつようにするためです.

$$\frac{\mathrm{d}^2 x}{\mathrm{d}t^2} + 2\gamma \frac{\mathrm{d}x}{\mathrm{d}t} + \omega^2 x = \omega^2 a_0 \cos \omega_0 t \tag{10.29}$$

となります. この式について, 右辺 $= 0$ としたときの一般解は, 第 10.1 節で得られた解 (10.7) と同じです. これを x_H と書くことにします. また, 方程式 (10.29) を満たす解 (一般解でなくて良い) が一つ見つかったとして, これを x_P と書きます. このとき, 式 (10.29) の一般解 x は

☞ x_P のことを 特解 (particular solution) といいます.

$$x = x_\mathrm{H} + x_\mathrm{P} \tag{10.30}$$

となります. 実際, これが方程式 (10.29) を満たすことは, 直接代入すればすぐ分かります. また, x_H の中に 2 つの定数を含んでいます. 以下ではこの定数を C, D とします. 具体的には, 以下のように書けます.

$$x_\mathrm{H} = \begin{cases} e^{-\gamma t}\left(Ce^{\sqrt{\gamma^2 - \omega^2}\,t} + De^{-\sqrt{\gamma^2 - \omega^2}\,t}\right) & \omega \neq \gamma \\ e^{-\gamma t}(Ct + D)e^{-\gamma t} & \omega = \gamma \end{cases} \tag{10.31}$$

式 (10.29) のように, x と無関係な項 (右辺) を含む線形微分方程式 (x やその微分について 1 次の項だけを含む) は, 非斉次線形微分方程式 (inhomogeneous linear differential equation) といいます. また, 式 (10.29) で右辺 $= 0$ とし, x と無関係な項を含まない線形微分方程式を 斉次線形微分方程式 (homogeneous linear differentioal equation) と呼びます.

step 5：運動方程式を積分して，一般解を求める　　非斉次の微分方程式
の一般解 x は，斉次化した微分方程式の一般解 x_H に特解 x_P を加えればよ
いのです．x_H は，式 (10.31) となることが分っていますから，特解 x_P を
何とかして見つければよいことになります．一般解ではなく，とにかくど
んな特殊なものでも良いから，ひとつ解を見つけてこいということなので，
どのような運動になるかを考えて予想してみましょう．

　$F\cos\omega_0 t$ で振動する外力に引きずられるのですから，質点 m は最終的
に外力と同じ角振動数 ω_0 で振動すると予想できるでしょう．ただし，質点
は自分自身の運動状況を保とうとする慣性を持ちますから，外力が振動す
るのに少し遅れた振動となると考えられます．つまり，振動を表す位相に遅
れが生ずるということです．そこで，この遅れを ϕ として，特解は次の形
になると予想されます．

$$x_P(t) = A\cos(\omega_0 t - \phi) \tag{10.32}$$

ただし，A，ϕ は未知の定数で，これが微分方程式 (10.29) を満たすように
決めます．ϕ は位相のずれ (phase sift) と呼ばれています．

　式 (10.32) を微分方程式 (10.29) の左辺に代入して整理すると，

$$\left(\omega^2 - \omega_0{}^2\right) A\cos(\omega_0 t - \phi) - 2\gamma\omega_0 A\sin(\omega_0 t - \phi) = \omega^2 a_0\cos\omega_0 t \tag{10.33}$$

となります．ここで，

$$\tan\varphi = \frac{2\gamma\omega_0}{\omega^2 - \omega_0{}^2} \tag{10.34}$$

で定義される φ を用いて式 (10.33) の左辺を合成して $\cos$ で表すと，

$$\sqrt{(\omega^2 - \omega_0{}^2)^2 + (2\gamma\omega_0)^2}\, A\cos(\omega_0 t - \phi + \varphi) = \omega^2 a_0\cos\omega_0 t \tag{10.35}$$

という関係式が得られます．この式が任意の時刻に成り立つ事から

$$A = \frac{\omega^2 a_0}{\sqrt{(\omega^2 - \omega_0{}^2)^2 + (2\gamma\omega_0)^2}} \tag{10.36}$$

$$\tan\phi = \frac{2\gamma\omega_0}{\omega^2 - \omega_0{}^2}, \qquad (\phi = \varphi) \tag{10.37}$$

となります．したがって，式 (10.29) の一般解は次のように表せます．

$$x(t) = x_H + A\cos(\omega_0 t - \phi) \tag{10.38}$$

step 6：初期条件から一般解に含まれる積分定数を決定する　　一般解
(10.38) の第 1 項は外力とは無関係な振動（外力によらないとして 固有振
動 (characteristic vibration) と呼ぶ）を表し，第 2 項が 強制振動 (forced
oscillation) と呼ばれる振動を表します．外力を加え始めた最初のうちは，
系の固有振動と強制振動の和です．時間が経過するにつれて，系の固有振動
は減衰していくため，式 (10.38) の第 2 項（式 (10.32) と同じ，つまり特解
x_P）で振動するようになることがわかります．この振動は，初期条件に依り

☞ 特解には色々なものがあ
るはずだから，どんな解を特
解として採用するかで，一般
解の形が変わってしまうと心
配する必要はありません．な
ぜなら，異なる特解を用いて
も，その違いは，x_H に含ま
れる定数を調節することで同
じものにできるのです．

☞
$$\cos\varphi = \frac{a}{\sqrt{a^2 + b^2}}$$
$$\sin\varphi = \frac{b}{\sqrt{a^2 + b^2}}$$

となるように，与えられた a,
b から φ を決めると，$\cos$ の
加法定理により

$a\cos\alpha - b\sin\alpha$
$= \sqrt{a^2 + b^2}\cos(\alpha + \varphi)$

このとき，$\tan\varphi = \dfrac{b}{a}$

ません. つまり, どんな状態から運動が始まったとしても, 十分時間が経過
した後には, 外力によって決まる同じ運動になるのです. そこで, 今回は定
数 C, D の決定を省略します.

☞ 各自で計算練習として, 求
めてみるのもよいでしょう.

step 7：問題で要求されている解を求める　　次に, ここで求めた特解
(10.32) の性質について考察してみよう. 振幅 A, 位相のずれ ϕ は外力の角
振動数 ω_0 によって変化します. ここからは, ω_0 を変数として, 固有振動数
ω は定数であると考えます.

☞ 外力の角振動数 ω_0 を変え
ることで, 振動の様子がどの
ように変わるかを調べようと
いうことです.

いま考察している系には, 外力以外にばねの力と抵抗力がはたらいてい
ます. この 2 つの力のどちらが支配的かを示すパラメータとして, 次元を
もたない無次元量 (dimensionless quantity) の Q を

$$Q = \frac{\omega}{2\gamma} \tag{10.39}$$

で定義します. これを Q 値 (Q-value) といいいます. Q が大きいほど, ば
ねの力の効果がより重要になると考えます.

☞ ω_0 が変数であることを強
調して $A(\omega_0)$ と書きました.

この Q を使って γ を消去し, 特解の振幅 (10.36) を書き換えると,

$$A(\omega_0) = \frac{\omega^2 a_0}{\sqrt{(\omega^2 - \omega_0{}^2)^2 + \left(\dfrac{\omega\omega_0}{Q}\right)^2}} \tag{10.40}$$

となります. 分母のルート内を $\omega_0{}^2$ の 2 次式であるとみて平方完成すると,

$$(\omega^2 - \omega_0{}^2)^2 + \left(\frac{\omega\omega_0}{Q}\right)^2 = \left\{\omega_0{}^2 - \left(1 - \frac{1}{2Q^2}\right)\omega^2\right\}^2 + \frac{\omega^4}{Q^2}\left(1 - \frac{1}{4Q^2}\right)$$

となります. この式の値は

$$\omega_0{}^2 - \left(1 - \frac{1}{2Q^2}\right)\omega^2 = 0 \tag{10.41}$$

のときに最小となります. しかし, $\omega_0{}^2$ は正の値しかとりませんから,

$$1 - \frac{1}{2Q^2} < 0 \quad \Leftrightarrow \quad 0 < Q < \frac{1}{\sqrt{2}} \tag{10.42}$$

のときには式 (10.41) をみたす ω_0 は存在しません. このとき, 式 (10.40)
の分母のルート内は $\omega_0{}^2$ の増加関数となるので, 振幅 $A(\omega_0)$ は, $\omega_0 = 0$ の
ときに最大で a_0 となり, ω_0 が増加するにつれて単調に減少します.

一方,

$$\frac{1}{\sqrt{2}} < Q \tag{10.43}$$

のときは, 式 (10.41) より,

$$\omega_0 = \omega\sqrt{1 - \frac{1}{2Q^2}} \tag{10.44}$$

☞ Q の値が大きくなると,
$A_{\max} \fallingdotseq Qa_0$

のとき振幅 $A(\omega_0)$ は最大となって,

$$A_{\max} = \frac{Qa_0}{\sqrt{1 - \frac{1}{4Q^2}}} \tag{10.45}$$

となります. このように, 外力の角振動数が式 (10.44) を満たすとき, 振幅が最大となる現象を共振, あるいは, 共鳴 (resonance) と呼びます. 式 (10.44) より, Q の値が大きくなる, つまり, 抵抗力が相対的に小さくなるにつれて, $A(\omega_0)$ を最大にする ω_0 の値は固有振動の角振動数 ω に近づき, $A_{\max}$ は Q に比例して大きくなります.

横軸に ω_0/ω, 縦軸に振幅 $A(\omega_0)/a_0$ をとって, 図 10.4 のにグラフに示します. ここでは, 下から順に, $Q = 1/\sqrt{3}, 1, 2, 10, 30$ のように変化させた場合の振幅の変化を示しました. これらの曲線を共鳴曲線 (resonance curve) といいます.

Q の増加とともに, 振幅を表すグラフのピークが鋭くなることがわかります. Q 値は, 振動系が外部から得るエネルギーを吸収するときの感度を示す無次元量です. たとえば, ラジオの同調回路では Q の値は $10^2 \sim 10^3$ 程度になります.

☞ 座標軸を無次元化することで, 種々の状況下におけるグラフを統一的に扱い比較することができます.

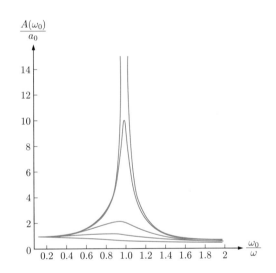

図 **10.4**　共振（共鳴）曲線：下から順に, $Q = 1/\sqrt{3}, 1, 2, 10, 30$

10.4　強制振動と LCR 直列回路

同調回路という単語が出てきたので, ここでチョット寄り道してコイル, キャパシタ（コンデンサ）, 抵抗を直列に交流電源につないだ, LCR 直列回路 (series circuit) に流れる電流について, 考えてみましょう.

> **例題 10.3　LCR 直列回路**
>
> インダクタンス L のコイル, 電気容量 C のキャパシタ（コンデンサ）, 抵抗値 R の抵抗を, 起電力 $V = V_0 \cos \omega_0 t$ の交流電源と直列につないだとき, 回路に流れる電流を求めよ.

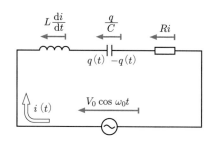

図 10.5　LCR 直列回路

解　詳しい説明は電磁気学等の講義に譲るとして，ここでは以下の計算に必要な結果を引用して計算を進めることにします．求めるのは，図 10.5 に示した電流 $i(t)$ です．

　色々な素子に電流が流れると，その両端に電位差が発生します．回路に流れる電流を $i(t)$ として，図 10.5 に具体的に発生する電位差を示しました．

☞ 青の矢印で，各素子の右端を基準としたときの左端の電位を示しています．

　コイル (coil) には電流の変化を妨げる作用があり，図 10.5 の電流が増えると，青の矢印で示した向き電流を流す電位差が発生します．その大きさは，時間変化の割合（変化率）に比例します．ところで，時間変化の割合は時刻 t に関する微分で表されます．そこで，このときに発生する電位差を $L\dfrac{di}{dt}$ と記述し，比例定数 L をインダクタンス (inductance) と呼びます．

☞ 電流は普通は i と書きますが，特に時刻 t の関数である事を強調したいときに $i(t)$ と書きます．

　キャパシタ (capacitor)（コンデンサ (condenser)）は，電荷を蓄える装置です．図 10.5 で左側の極板に向かって電流が流れ込み，時刻 t に電荷 $q(t)$ が蓄えられているとしましょう．このとき右側の極板の電荷は $-q(t)$ で，2 つの極板間に電場（電界）が発生します．電場の強さは $q(t)$ に比例するので，極板間の電位差も $q(t)$ に比例します．そこで，このときに発生する電位差を $\dfrac{q}{C}$ と記述し，定数 C を電気容量 (electric capacity) と呼びます．

☞ 電位差が同じ時，q と C は比例します．ですから，電気容量 C が大きいほど，電荷を蓄える能力（容量）が大きいことになります．

　最後になりましたが，抵抗に電流が流れると電位が Ri だけ下がります．オームの法則 (Ohm's law) ですね．

　図 10.5 の直流回路では，各素子に発生する電位差の総和が電源の電圧に等しくなりますから，

$$L\frac{di}{dt} + \frac{q}{C} + Ri = V_0 \cos\omega_0 t \tag{10.46}$$

が成り立ちます．

　ここで，電流 i と電荷 q の関係を見ておきましょう．微小時間 Δt の間は電流が一定とみなすと，この間に蓄えられている電荷の増加量 Δq は，

$$\Delta q = i\Delta t \tag{10.47}$$

となります．この式から Δt を 0 とする極限で，

$$i = \frac{\Delta q}{\Delta t} \quad \rightarrow \quad i = \frac{dq}{dt} \tag{10.48}$$

となることがわかるでしょう．これを式 (10.46) に代入し左辺の第一項を残

して残りを右辺に移項すると,

$$L\frac{\mathrm{d}^2 q}{\mathrm{d}t^2} = -\frac{1}{C}q - R\frac{\mathrm{d}q}{\mathrm{d}t} + V_0 \cos\omega_0 t \tag{10.49}$$

という式が得られます. これは, 86 ページの式 (10.28) と同じ形です. このことから, 強制振動と交流回路は, 同じ方程式で記述される事, すなわち数学的には全く同じ物であることがわかります. その間の対応を, 表 10.1 にまとめました. この対応により, 式 (10.49) の一般解は, 87 ページの式 (10.38) から, 表 10.1 に従って文字の置き換えをすることで得られます.

表 10.1 強制振動と交流回路の対応

強制振動	m	k	k_1	F
交流回路	L	$\dfrac{1}{C}$	R	V_0

このように, 全く異なる現象が実は同じ方程式で理解できる事があります. ですから, 電磁気を学ぶのに力学はいらないというような, 狭い了見に捕らわれてはいけません. 公式を覚えて使い方を学ぶような学習をしていては, このような深い理解に達することはできません. このことを忘れずに物理学の考え方を身につけることを意識して学習を進めましょう.

さて, 具体的に解を書き下しておきます. 一般解 (10.38) の第 1 項は十分時間が経てば 0 となるので, 第 2 項 (特解) の方に着目しましょう. 表 10.1 の置き換えで,

$$\omega = \sqrt{\frac{k}{m}} \to \frac{1}{\sqrt{LC}}, \quad 2\gamma = \frac{k_1}{m} \to \frac{R}{L}, \quad \frac{F}{m} = \omega^2 a_0 \to \frac{V_0}{L} \tag{10.50}$$

となるので, 87 ページの式 (10.36), 式 (10.37) より

$$A \to \frac{\frac{V_0}{L}}{\sqrt{\left(\frac{1}{LC} - \omega_0{}^2\right)^2 + \left(\frac{R}{L}\omega_0\right)^2}} = \frac{\frac{V_0}{\omega_0}}{\sqrt{\left(\frac{1}{C\omega_0} - L\omega_0\right)^2 + R^2}} \tag{10.51}$$

$$\tan\phi \to \frac{\frac{R}{L}\omega_0}{\frac{1}{LC} - \omega_0^2} = \frac{R}{\frac{1}{C\omega_0} - L\omega_0} \tag{10.52}$$

となります. この A と ϕ を用いて

$$q(t) = A\cos(\omega_0 t - \phi) \tag{10.53}$$

が得られ, 式 (10.48) より, この式を t で微分して電流が求まります.

$$i(t) = -\omega_0 A\sin(\omega_0 t - \phi) \tag{10.54}$$

このままでは, 電源電圧の式と比較しにくいので, sin を cos に書き換えましょう.

$$\sin(\omega_0 t - \phi) = \sin\left(\omega_0 t - \phi + \frac{\pi}{2} - \frac{\pi}{2}\right)$$

$$= \sin\left(\omega_0 t - \phi + \frac{\pi}{2}\right)\cos\frac{\pi}{2} - \cos\left(\omega_0 t - \phi + \frac{\pi}{2}\right)\sin\frac{\pi}{2}$$

$$= -\cos\left\{\omega_0 t - \left(\phi - \frac{\pi}{2}\right)\right\} \tag{10.55}$$

この式を用いて,

$$i(t) = \frac{V_0}{\sqrt{\left(\frac{1}{C\omega_0} - L\omega_0\right)^2 + R^2}}\cos\left\{\omega_0 t - \left(\phi - \frac{\pi}{2}\right)\right\} \tag{10.56}$$

電源電圧 $V_0\cos\omega_0 t$ と比べると, 電流の位相が $\phi - \dfrac{\pi}{2}$ 遅れています. 普通, 位相の遅れは $\tan$ で表し, 式 (10.52) より

$$\tan\left(\phi - \frac{\pi}{2}\right) = -\frac{1}{\tan\phi} = \frac{L\omega_0 - \frac{1}{C\omega_0}}{R} \tag{10.57}$$

☞ 数学ではないので計算したら終わりではありません. 得られた式が表す内容を読み解くのが物理学です.

ここで得られた電流について見ておきましょう. 交流電源の角振動数 ω_0 を変化させたとき, 共振が起きるのは,

$$\frac{1}{C\omega_0} - L\omega_0 = 0 \ \rightarrow\ \omega_0 = \frac{1}{\sqrt{LC}} \tag{10.58}$$

☞ $\omega_0 = \omega$, 即ち, 外力に相当する電源の角振動数がこの系の固有角振動数に一致したときです.

のときです. この値を $\omega_0{}^{(r)}$ とします. このとき電流の振幅は $\dfrac{V_0}{R}$ です. ω_0 を変化させると振幅は減少しますが, 振幅が $\dfrac{1}{\sqrt{2}}\dfrac{V_0}{R}$ となるときの ω_0 の値を $\omega_0{}^{(1)}$, $\omega_0{}^{(2)}(> \omega_0{}^{(1)})$ としましょう. このとき, 式 (10.56) より

$$\left(\frac{1}{C\omega_0} - L\omega_0\right)^2 = R^2$$

☞ 強制振動で振幅を最大とする ω_0 の値は, 88 ページの式 (10.44) となっていて, 系の固有角振動数 ω からはずれています. その理由は, 電流 i は強制振動の速度 $\dfrac{dx}{dt}$ と対応しているからです. 時刻 t で微分すると ω_0 が振幅にかかるので, 振幅のピークを与える ω_0 の値がずれるのです. 但し, Q が大きくなると, ほぼ同じです.

を満たすので, 正の解を求めて

$$\omega_0{}^{(1)} = \frac{\sqrt{R^2 + \frac{4L}{C}} - R}{2L}, \quad \omega_0{}^{(2)} = \frac{\sqrt{R^2 + \frac{4L}{C}} + R}{2L} \tag{10.59}$$

となります.

　$\Delta\omega = \omega_0{}^{(2)} - \omega_0{}^{(1)}$ を半値幅 (half width) といい, 共鳴曲線の幅の目安です. この値は $\dfrac{R}{L}$ ですが, 強制振動との対応 (10.50) では 2γ にあたります. 従って, 88 ページの式 (10.39) で導入した Q 値がこの LCR 回路では

$$Q = \frac{\omega}{2\gamma} \ \rightarrow\ \frac{\omega_0{}^{(r)}}{\Delta\omega} = \frac{\omega_0{}^{(r)}L}{R} = \sqrt{\frac{L}{C}}\frac{1}{R}$$

となることが分かります. Q が大きいということは, $\Delta\omega$ が $\omega_0{}^{(r)}$ と比べて小さいということですから, $\omega_0{}^{(r)}$ から少し離れるだけで振幅が小さくなることを意味します. つまり, 幅の狭いピークになります. このように, Q 値は, 共鳴曲線の鋭さを示すパラメータであると見なすことができます. 89 ページの図 10.4 を参照してください.

11 仕事と運動エネルギー

学習のねらい
- 運動エネルギーの変化が仕事に等しくなることを導出できる (エネルギー積分).
- 力と位置の関係のグラフから仕事を計算することができる.
- 重力などがはたらいている系で, 質点になされた仕事を計算することができる.

エネルギーという言葉から何を連想しますか. 地球上の限られた資源という意味で, エネルギーを連想することもあるでしょうし, 福島第一原子力発電所の事故を契機に問題となっている, 電力問題を思い出すこともあるでしょう。エネルギーにはいろいろな形態があり, 発電所が作り出す電気エネルギーを日常生活の中で私たちは利用しています. また, エンジンなどの熱機関は熱エネルギーを利用して動力に変えています。この章では, まずエネルギーの 1 つの形態である「運動エネルギー」と, それに関連した「仕事」の概念を理解するこが目標です. そして,「運動エネルギー」の変化から運動の様子を読み解く手法を学びます.

11.1 エネルギー積分

質点に力を加えるとどのような運動をするのかは, 第 4 章の 32 ページで説明したニュートンの運動方程式 (4.3) を解くことで分かります. しかしながら, 運動方程式 (4.3) を完全に解かなくても, 質点にどのような力学的効果が生じるかを知ることができます. その方法を説明しましょう.

運動方程式 (4.3) の両辺と速度 $\boldsymbol{v}$ の内積を取ります.

$$m\frac{\mathrm{d}\boldsymbol{v}}{\mathrm{d}t} \cdot \boldsymbol{v} = \boldsymbol{F} \cdot \boldsymbol{v} \tag{11.1}$$

☞ 加速度を速度の時間微分で表した.

左辺を 3 次元デカルト座標系を用いて成分で表すと,

$$m\frac{\mathrm{d}\boldsymbol{v}}{\mathrm{d}t} \cdot \boldsymbol{v} = m\left(\frac{\mathrm{d}v_x}{\mathrm{d}t}v_x + \frac{\mathrm{d}v_y}{\mathrm{d}t}v_y + \frac{\mathrm{d}v_z}{\mathrm{d}t}v_z\right) \tag{11.2}$$

☞
$$v^2 = \boldsymbol{v} \cdot \boldsymbol{v} = v_x{}^2 + v_y{}^2 + v_z{}^2$$

です. 更に

$$v_x = \frac{\mathrm{d}}{\mathrm{d}v_x}\left(\frac{v_x{}^2}{2}\right) \tag{11.3}$$

と書き換え，合成関数の微分のルールを適用して，

$$\frac{\mathrm{d}v_x}{\mathrm{d}t}v_x = \frac{\mathrm{d}v_x}{\mathrm{d}t}\left\{\frac{\mathrm{d}}{\mathrm{d}v_x}\left(\frac{v_x{}^2}{2}\right)\right\} = \frac{\mathrm{d}}{\mathrm{d}t}\left(\frac{v_x{}^2}{2}\right) \tag{11.4}$$

と変形できます．この関係を用いて式 (11.2) の右辺を書き直すと，

$$m\frac{\mathrm{d}\boldsymbol{v}}{\mathrm{d}t}\cdot\boldsymbol{v} = m\frac{\mathrm{d}}{\mathrm{d}t}\left(\frac{v_x{}^2+v_y{}^2+v_z{}^2}{2}\right) = \frac{\mathrm{d}}{\mathrm{d}t}\left(\frac{m}{2}v^2\right) \tag{11.5}$$

となります．ここで，

$$K = \frac{m}{2}v^2 \tag{11.6}$$

と書いて運動エネルギー (kinetic energy) と呼ぶことにします．これを用いると式 (11.1) は

$$\frac{\mathrm{d}K}{\mathrm{d}t} = \boldsymbol{F}\cdot\boldsymbol{v} \tag{11.7}$$

と変形できます．

さて，式 (11.7) の両辺を時刻 t について t_0 から t まで積分しましょう．

$$\int_{t_0}^{t}\frac{\mathrm{d}}{\mathrm{d}t}\left(\frac{m}{2}v^2\right)\mathrm{d}t = \int_{t_0}^{t}\boldsymbol{F}\cdot\frac{\mathrm{d}\boldsymbol{r}}{\mathrm{d}t}\mathrm{d}t \tag{11.8}$$

となりますが，右辺で積分の変数を時刻 t から位置ベクトル $\boldsymbol{r}$ に変えると

$$\frac{m}{2}v^2 - \frac{m}{2}v_0{}^2 = \int_{\boldsymbol{r}_0}^{\boldsymbol{r}}\boldsymbol{F}\cdot\mathrm{d}\boldsymbol{r} \tag{11.9}$$

が得られます．ただし，時刻 t_0 および t での速度をそれぞれ $\boldsymbol{v}_0$, $\boldsymbol{v}$ とし，位置をそれぞれ $\boldsymbol{r}_0$, $\boldsymbol{r}$ としました．右辺の積分で表された物理量を，仕事 (work) と呼びます．

時刻 t で微分するということは，時刻の変化に対してどのように変化するかを調べることです．このことを強調するため，物理量を時刻 t で微分したものを「〇〇率」と呼ぶことがあります．式 (11.7) の右辺も，これに習って仕事率 (power) と呼ぶことにします．

ここで，式 (11.9) の左辺に現れる運動エネルギーは，速さ v, 質量 m で表される質点の運動に関わる物理量で，力 $\boldsymbol{F}$ を知らなくてもそれと無関係に測定できます．逆にいえば，時刻 t_0 と t のそれぞれの運動エネルギーを測定して，その差からその間に質点に対して力が行った効果 (空間内の線積分) を知ることができるということを，式 (11.9) は示しているのです．

式 (11.9) は形式的にはニュートンの運動方程式を 1 回積分したものなので，エネルギー積分 (energy integral) といわれています．この関係式から，運動の様子を調べることができます．詳細はこれから説明しますが，その内容を物理法則として文章で表現しておきましょう．

> 質点の運動エネルギーの変化は，質点に働く力のした仕事に等しい．

☞

$v^2 = \boldsymbol{v}\cdot\boldsymbol{v} = v_x{}^2+v_y{}^2+v_z{}^2$

より $\dfrac{\mathrm{d}v^2}{\mathrm{d}t} = \dfrac{\mathrm{d}}{\mathrm{d}t}(\boldsymbol{v}\cdot\boldsymbol{v}) = \dfrac{\mathrm{d}\boldsymbol{v}}{\mathrm{d}t}\cdot\boldsymbol{v}+\boldsymbol{v}\cdot\dfrac{\mathrm{d}\boldsymbol{v}}{\mathrm{d}t} = 2\dfrac{\mathrm{d}\boldsymbol{v}}{\mathrm{d}t}\cdot\boldsymbol{v}$ と考えてもよい．

☞ (運動) エネルギーの単位は，熱力学第 1 法則の発見者のジュールにちなんで，$\mathrm{kg\cdot m^2/s^2} = \mathrm{J}$ (ジュール) とされています．

☞ 右辺の積分は $\boldsymbol{r}_0$ から $\boldsymbol{r}$ まで，物体の軌道に沿った積分です．このような積分を，数学では線積分 (line integral) といいます．

☞ $\dfrac{\mathrm{d}K}{\mathrm{d}t} = \lim_{t\to 0}\dfrac{\varDelta K}{\varDelta t}$ なので，$\varDelta t$ に対して $\varDelta K$ が何倍かを調べているとみなせます．

☞ 仕事率の単位は，原動機としての蒸気機関（エンジン）を完成したワットにちなんで，$\mathrm{J/s} = \mathrm{W}$ (ワット) とされています．

☞ 式 (11.9) はスカラー式になっていることに留意しておきましょう

ジュール：James Prescott Joule 1818.12.24〜1889.10.11

　イギリス，マンチェスターのソールフォードに生まれた．家業（酒造業）を継ぐことなく物理の実験研究のみの生涯を送った．1840 年に電磁気学におけるジュールの法則を発見した．そして，羽根車を水中で回転させる実験によって，熱の仕事当量の値（1 カロリー ＝ 4.18 ジュール）を確定し，熱力学第 1 法則の発見者の一人となった（1847 年）．

ワット：James Watt 1736.1.19〜1819.8.25

　イギリス，スコットランドのグリーンノックに生まれた．グラスゴー大学でブラックと知り合い，彼の論理的指導を得ながら真の蒸気機関と名付けられたものを完成した（1765 年）．この蒸気機関は産業革命の発展に重要な役割を果たした．馬力の単位はワットが導入したとされている（1782 年）．

11.2　仕事

　エネルギー積分 (11.9) の右辺に表れる仕事について調べてみます．この積分（線積分）を計算するため，積分路（質点の軌道）を細かく分割します．それぞれの分割点で質点に作用する力を $\boldsymbol{F}$，この分割点からその次の分割点への変位を示す微小なベクトルを $d\boldsymbol{r}$ とします．全ての分割点でこれらの内積を計算し，足し合わせたものが仕事です．

　先ず，力 $\boldsymbol{F}$ が一定の場合を考えてみましょう．この場合，$\boldsymbol{F}$ は積分の外に出すことができますから，仕事 W は，

$$W = \int_{\mathrm{P}_0}^{\mathrm{P}} \boldsymbol{F} \cdot d\boldsymbol{r} = \boldsymbol{F} \cdot \int_{\mathrm{P}_0}^{\mathrm{P}} d\boldsymbol{r} \tag{11.10}$$

と書き直すことができます．この最後の積分は，微小な変位 $d\boldsymbol{r}$ を始点 P_0 と終点 P まで足すということですから，点 P_0 から点 P へ向かうベクトル $\overrightarrow{\mathrm{P}_0\mathrm{P}}$ を表します．つまり，

$$W = \boldsymbol{F} \cdot \overrightarrow{\mathrm{P}_0\mathrm{P}} \tag{11.11}$$

となります．このとき仕事 W は始点 P_0 と終点 P の位置だけで決まり，その間がどのような軌道で結ばれているのかにはよりません．

　力 $\boldsymbol{F}$ が場所によって変化する一般の場合を考察するにあたって，$\boldsymbol{F}$ と微小な変位を表すベクトルを $d\boldsymbol{r}$ との内積を δW と書いて，微小な仕事と呼ぶことにします．

☞ 微小な仕事を表すのに d ではなく δ を用いた理由は，説明を進めていくなかで明らかになります．

$$\delta W = \boldsymbol{F} \cdot d\boldsymbol{r} \tag{11.12}$$

です．この微小な仕事を足し合わせたものが仕事です．ここでは，仕事を $W(\widehat{\mathrm{P}_0\mathrm{P}})$ と書くことにします．即ち，

☞ 積分は，微小な量を足し合わせたものです．

$$W(\widehat{\mathrm{P}_0\mathrm{P}}) = \int_{\mathrm{P}_0}^{\mathrm{P}} \boldsymbol{F} \cdot d\boldsymbol{r} = \int_{\mathrm{P}_0}^{\mathrm{P}} \delta W \tag{11.13}$$

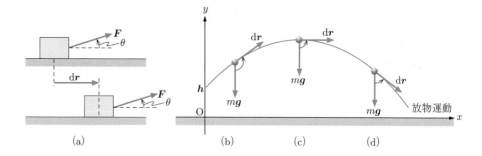

図 11.1　仕事とその積分計算

☞ ここで $\widehat{\mathrm{P_0P}}$ と書いたのは,
仕事が始点 $\mathrm{P_0}$ と終点 P だけ
でなく,それらを結ぶ軌道に
も依存することを示すため
です.

となります.

　δW は,位置 r にある質量 m の質点に力 F が作用したとき,質点を運動
方向,すなわち軌道の接線方向に微小距離 $\mathrm{d}r$ 動かした力の効果を表します
(図 11.1 (a) を参照).図 11.1 (b)〜(d) に示すように,この効果は質点の
運動エネルギーの増減を引き起こし,速度を変化させます.図 11.1 (b) で
は力 F と変位 $\mathrm{d}r$ のなす角が垂直より大きく,δW は負です.そのため運動
エネルギーが減少し,質点は遅くなります.

　また,図 11.1 (c) では,力 F と変位 $\mathrm{d}r$ が垂直,すなわち $\theta = \pi/2$ です
から,$\delta W = 0$ です.このとき力 F は質点に仕事をせず,質点の運動エネ
ルギーは変化しません.

11.2.1　1 次元の運動

　質点が x 軸上を力 $F(x)$ を受けながら運動しているとしましょう.質点が
この力を受けて x_0 から x まで移動したとき,$F(x)$ がした仕事は,

$$W(\widehat{x_0 x}) = \int_{x_0}^{x} F(x)\mathrm{d}x \tag{11.14}$$

を計算すれば求まります.たとえば,図 11.2 の $F(x) > 0$ の領域ではグラ
フの面積が質点になされた正の仕事です.この区間で質点は加速されます.
逆に $F(x) < 0$ の領域では,質点は負の仕事をされ,減速します.

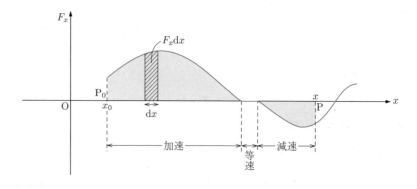

図 11.2　式 (11.14) の計算

ここで，仕事を表す積分 (11.13) について 1 つ注意しておきましょう．この積分（線積分）は，物体が実際に動いた経路に沿って計算されるものです．そのため，**一般には始点 $\mathrm{P_0}$ と終点 P を決めたとしても，両者を結ぶ経路を変えると，積分の値，つまり仕事も変化します．**

このことは，上の一次元での式 (11.14) でも同様です．ここではあたかも $F(x)$ の定積分のように書いていますが，位置によって力が決まり，質点の運動状況に依らないことが前提です．例えば，摩擦力等の抵抗力は，質点の運動を妨げる向きに働くので，同じ点でも質点が右向きに動いているか，左向きに動いているかで向きが逆になります．そのため，抵抗力が働くとき，一度点 P を通り過ぎてから戻ってくる経路を選ぶと，より多くの運動エネルギーを失って，最初に P を通ったときより遅くなってしまいます．

☞ 式 (11.13) では，$W(\mathrm{P_0}, \mathrm{P})$ とは書かずに，$W(\widehat{\mathrm{P_0P}})$ と書いたのはそのためです．

☞ このことを反映し，式 (11.12) では，微小変化で d の代わりに δ を使いました．

例題 11.1　$F - x$ グラフから仕事を計算する

質量 10 kg の質点に，図のような力を作用させる．初速度 0 m/s で $x = 0$ m の点を出発した質点の，　(a) $x = 25$ m および (b) $x = 50$ m における速度はそれぞれいくらか．

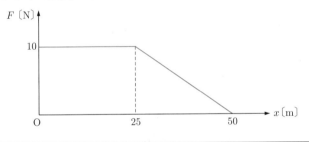

📝 仕事の積分は，グラフの面積から求められる．

(a) $W = \displaystyle\int_0^{25} F(x)\,\mathrm{d}x = 10 \times 25 = 250$ J

$\dfrac{1}{2} \cdot 10 \cdot v^2 = 250 \quad \therefore v = \sqrt{50} \fallingdotseq 7.1$ m/s

(b) $W = \displaystyle\int_0^{50} F(x)\mathrm{d}x = 250 + \dfrac{1}{2} \times 10 \times 25 = 375$ J

$\dfrac{1}{2} \cdot 10 \cdot v^2 = 375 \quad \therefore v = \sqrt{75} \fallingdotseq 8.7$ m/s

> **例題 11.2　質点が斜面に沿って運動する場合**
>
> 質量 m の質点を図の斜面の上端，$x = \ell$ の位置に置き，静かに支えを外して斜面の最下点 O まで滑らせた．運動方程式を解いて点 O での質点の運動エネルギー求め，この間に重力が質点にした仕事と一致することを確かめよ．
>
>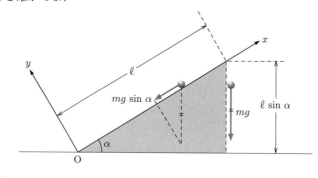

☞ 垂直抗力は仕事をしないことに注意しておこう．

解　重力がした仕事は，96 ページの式 (11.14) より

$$W = \int_{\ell}^{0} (-mg \sin \alpha)\mathrm{d}x = mg\ell \sin \alpha \tag{11.15}$$

です．一方，運動方程式

$$m\frac{\mathrm{d}^2 x}{\mathrm{d}t^2} = -mg \sin \alpha$$

を $t = 0$ のときに $x = \ell$，$v = 0$ という初期条件の下で解くと，

$$v = -gt \sin \alpha, \quad x = -\frac{1}{2}gt^2 \sin \alpha + \ell$$

が得られます．この式から最下点 O に来る時刻とその時の速度を求めると，

$$t = \sqrt{\frac{2\ell}{g \sin \alpha}}, \quad \rightarrow \quad v = -\sqrt{2g\ell \sin \alpha}$$

となります．したがって，斜面の最下点 O での質点の運動エネルギーは

$$K = \frac{1}{2}mv^2 = mg\ell \sin \alpha$$

と求めることができ，$K = W$ となって 94 ページの式 (11.9) が成り立っていることを確認できます．

　ところで，式 (11.15) は

$$W = mg \sin \alpha \times \ell = (\text{重力の斜面に平行な成分}) \times (\text{斜面上の移動距離})$$

という計算で得られたものですが，これを

$$W = mg \times \ell \sin \alpha = (\text{重力}) \times (\text{鉛直方向の移動距離})$$

と読み替えることができます．これは，質点が重力 mg を受けて高さ $\ell \sin \alpha$ の位置から落下したときに，重力がした仕事と見直すこともできます．

11.2.2　2次元の運動

次に，2次元面内を質点が運動するときの仕事について考察してみます.

例題 11.3　$F-x$ グラフから仕事を計算する

質点に作用する力が，k_1 と k_2 異なる正の定数として，次のように与えられるとする.

$$F_x = k_1 y, \quad F_y = k_2 x$$

質点は，下の図のように，原点 O から出発して終点 (a,a) まで. 2通りの経路 (i) $y=x$ の直線上を移動する経路と (ii) O$\to (a,0) \to (a,a)$ と移動する経路をとる. それぞれの経路における仕事を求めよ.

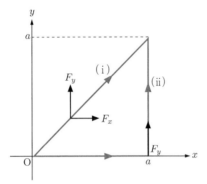

解　微小な仕事は，

$$\delta W = \boldsymbol{F} \cdot \mathrm{d}\boldsymbol{r} = F_x \mathrm{d}x + F_y \mathrm{d}y = k_1 y \mathrm{d}x + k_2 x \mathrm{d}y$$

となり，これをそれぞれの経路に沿って積分します.

経路 (i) $y=x$ ですから，$\delta W = (k_1 + k_2)x \mathrm{d}x$ となり，

$$W = \int_0^a (k_1 + k_2)x \mathrm{d}x = \frac{1}{2}(k_1 + k_2)\,a^2 \tag{11.16}$$

経路 (ii) 積分を，O$\to (a,0)$ と $(a,0) \to (a,a)$ の2つに分けて計算します.

O$\to (a,0)$ の経路の場合：

このとき，$y=0$ です. また y は変化しませんから，$\mathrm{d}y=0$ です. したがって，$\delta W = 0$ となり，仕事は 0 です.

$(a,0) \to (a,a)$ の経路の場合：

このときには，$x=a$, $\mathrm{d}x=0$ ですから，$\delta W = k_2 a \mathrm{d}y$ となります. この時の仕事は，

$$W = \int_0^a k_2 a \mathrm{d}y = k_2\,a^2 \tag{11.17}$$

これが，経路 (ii) のときの仕事となります.

式 (11.16), (11.17) より，始点と終点が同じでも，経路が異なると仕事も変わることが分かります.

┌─ 例題 11.4　放物運動の場合 ─────────────

質量 m の質点を，地面からの高さ h の位置から，速さ v_0 で投げた場合の仕事と運動エネルギーについて考えてみる。図のように，水平方向を x 軸，鉛直方向を y 軸とし，質点は初期位置 $(0,\ h)$ から投げ出され，位置 $\mathrm{P}(x_\mathrm{p},\ y_\mathrm{p})$ 通過したとする。空気の抵抗力は無視して，質点が点 P を通過するときの速さ v を求めよ．

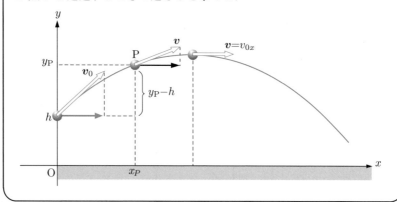

解　重力は質点の運動状況に依らず常に一定で，デカルト座標系で

$$\boldsymbol{F} = -mg\boldsymbol{j}$$

です．従って，エネルギー積分の式 (11.9) の右辺の仕事として式 (11.11) を用いて，

$$\frac{1}{2}mv^2 - \frac{1}{2}mv_0{}^2 = -mg\boldsymbol{j} \cdot \overrightarrow{\mathrm{P_0P}} = -mg(y_\mathrm{p} - h) \tag{11.18}$$

が得られます．ここで，投げ出す点を $\mathrm{P_0}$ としました．これを解いて，

$$v = \sqrt{v_0{}^2 - 2g(y_\mathrm{p} - h)} \tag{11.19}$$

　運動方程式に基づく議論をするならば，点 P を通過するように投げ出す角度を決めることから始めなければならなず，計算は面倒です．ところが，エネルギー積分を用いて考えれば，そのような手続は不要で，このような簡単な計算で解答を得ることがでます．

　式 (11.18) は，次のように書き換えられます．

$$\frac{1}{2}mv^2 + mgy_\mathrm{p} = \frac{1}{2}mv_0{}^2 + mgh \tag{11.20}$$

この式の右辺は，初期条件で値が決まっている物理量 (エネルギー) です．一方，左辺は任意の時刻におけるエネルギーです．従って，

┌──────────────────────────────┐
│　　　(運動エネルギー) ＋ (重力×鉛直方向の高さ)　　　│
└──────────────────────────────┘

☞ ある物理量の値が時間的に変化しないとき，その物理量は保存するといいます．

という量は，保存することが分かります．

12 保存力とポテンシャルエネルギー

学習のねらい

・保存力とはどのような性質をもった力か説明できる.
・ポテンシャルエネルギーと力の関係を説明できる.
・力学的エネルギー保存の法則に基づいて，運動を解析できる.

12.1 保存力

第 11 章の例題 11.4 では，重力のする仕事が始点と終点の高さのみで決まり，途中の経路に依らないことを確かめました．これは大変便利な性質です．なぜなら，仕事の積分はもともと軌道に沿って計算する線積分ですから，予め軌道が分かっている，即ち，運動方程式が解けていないと計算できません．ところが重力の場合は，運動方程式を解かなくても仕事の計算ができるのです．

そこで，95 ページの式 (11.13) で表される仕事が積分路によらないで，始点 P_0 と終点 P の位置のみで求められるとき，この力 $\boldsymbol{F}^c$ を保存力 (conservative force) と呼ぶことにします．保存力のする仕事を

$$W(P_0, P) = \int_{P_0}^{P} \boldsymbol{F}^c \cdot d\boldsymbol{r} \tag{12.1}$$

と表すことにします.

☞ 途中の経路には依らないので，$W(\widehat{P_0 P})$ ではなく $W(P_0, P)$ と書きます.

以下で，式 (12.1) の右辺を書き換えていきます．先ず，基準となる点 Q を決めます．仕事の積分は経路に依らないので，点 Q を通るように積分路を変更します．そうすると，式 (12.1) は，

$$\int_{P_0}^{P} \boldsymbol{F}^c \cdot d\boldsymbol{r} = \int_{P_0}^{Q} \boldsymbol{F}^c \cdot d\boldsymbol{r} + \int_{Q}^{P} \boldsymbol{F}^c \cdot d\boldsymbol{r}$$

$$= -\int_{Q}^{P_0} \boldsymbol{F}^c \cdot d\boldsymbol{r} + \int_{Q}^{P} \boldsymbol{F}^c \cdot d\boldsymbol{r} \tag{12.2}$$

となります.

☞ 積分の上限と下限を入れ替えると積分の経路をたどる向きが変わるので負号がつきます．$(d\boldsymbol{r} \to -d\boldsymbol{r})$

ここで，スカラー関数 $U_Q(r)$ を次のように定義します．

☞ 右辺にマイナスを付ける
理由は後で明らかになります．

$$U_Q(r) = -\int_Q^P F^c \cdot dr \tag{12.3}$$

但し，r は点 P の位置ベクトルです．積分は経路に依りませんから，$U_Q(r)$ は点 P と点 Q の位置によって決まりますが，点 Q は基準点として固定しているので，点 P の位置ベクトル r の関数として表記しました．

12.2 ポテンシャルエネルギーと力学的エネルギー保存の法則

この $U_Q(r)$ を用いて式 (12.2) の右辺を，

$$\int_{P_0}^P F^c \cdot dr = U_Q(r_0) - U_Q(r) \tag{12.4}$$

と書き換えます（r_0 は点 P_0 の位置ベクトル）．この式を用いると，エネルギー積分の式 (11.9) は，

$$K(t) - K(t_0) = U_Q(r_0) - U_Q(r) \tag{12.5}$$

となります．マイナスのついた項を移行して，次の式が得られます．

$$K(t) + U_Q(r) = K(t_0) + U_Q(r_0) \tag{12.6}$$

式 (12.6) の右辺の値は，時刻 t_0 における位置と速度，即ち，初期条件で決まります．左辺の時刻 t はいつでもよいので，結局この値は一定で，変化しないことになります．このように，運動が経過するなかで変化しない物理量は，その運動を特徴付けるもので，運動を理解する上でとても重要な手がかりとなります．K を運動エネルギーと呼んだことから，式 (12.3) で定義した $U_Q(r)$ を ポテンシャルエネルギー (potential energy)，式 (12.6) の値を 力学的エネルギー (mechanical energy) と呼び，E と書きます．E の値は，質点が運動している間，常に一定の定数です．

☞ ポテンシャルは「潜在能力」，「可能性」と訳されます．運動エネルギーに転化し，仕事をする能力を秘めているという意味で使われいる物理用語です．

こうして，とても重要かつ便利な物理法則を得ることができました．これを文章で表現すると，

> 力が保存力 F^c であるとき，力学的エネルギーは保存する．

☞ 力学的エネルギーが保存する力という意味で，F^c を保存力と名付けたわけです．

となります．この物理法則を 力学的エネルギー保存の法則 (law of conservation of mechanical energy) といいます．

この法則の使い方は，以下の節で詳しく説明しますが，ここでその概略をまとめておきましょう．初期条件により，力学的エネルギー E の値が決まります．質点が位置 r に来たとき，

$$\frac{1}{2}mv^2 + U_Q(r) = E$$

が成っているので，そこでの速さ v は，

$$v = \sqrt{\frac{2\left(E - U_{\mathrm{Q}}(r)\right)}{m}} \tag{12.7}$$

と求まります．ルートのなかは負になれませんから，$U_{\mathrm{Q}}(r)$ が E より大きいところへは行けないことが分かります．

　尚，ポテンシャルエネルギー $U_{\mathrm{Q}}(r)$ は，位置ベクトル r で表される位置の関数ですから 位置エネルギー (potential energy) とも呼ばれます．以下では，特に基準点 Q を明示する必要がある場合を除き，添え字の Q を省略して $U(r)$ と書きます．

☞ ポテンシャルエネルギーは点 Q を基準とするので，ここよりポテンシャルエネルギーが低いところでは負の値となることに注意.

12.3　ポテンシャルエネルギーと保存力の関係

　式 (12.3) では，保存力 $\boldsymbol{F}^{\mathrm{c}}$ を積分してポテンシャルエネルギー $U(r)$ を定義しました．線積分の性質を用いると，逆に $U(r)$ から $\boldsymbol{F}^{\mathrm{c}}$ を求める式を導くことができます．それを導いてみましょう．

　点 P の位置ベクトルを r とし，そこから微小なベクトル $\varDelta r$ 離れた点を P′ とします．これら 2 地点でのポテンシャルエネルギーの差は，

$$U(r + \varDelta r) - U(r) = -\int_{\mathrm{Q}}^{\mathrm{P}'} \boldsymbol{F}^{\mathrm{c}} \cdot \mathrm{d}r + \int_{\mathrm{Q}}^{\mathrm{P}} \boldsymbol{F}^{\mathrm{c}} \cdot \mathrm{d}r = -\int_{\mathrm{P}}^{\mathrm{P}'} \boldsymbol{F}^{\mathrm{c}} \cdot \mathrm{d}r$$

となりますが，2 点 P，P′ を結ぶ線分を積分路に取れば，この線分上で $\boldsymbol{F}^{\mathrm{c}}$ は一定と見なすことができ，上式の最右辺の積分は $-\boldsymbol{F}^{\mathrm{c}} \cdot \varDelta r$ で近似できます．従って，

$$U(r + \varDelta r) - U(r) = -\boldsymbol{F}^{\mathrm{c}} \cdot \varDelta r = -F_x^{\mathrm{c}} \varDelta x - F_y^{\mathrm{c}} \varDelta y - F_z^{\mathrm{c}} \varDelta z$$

となります．

　一方，デカルト座標系で

$$U(r) = U(x, y, z), \quad \varDelta r = \varDelta x \boldsymbol{i} + \varDelta y \boldsymbol{j} + \varDelta z \boldsymbol{k}$$

と表すと，ポテンシャルエネルギーの差は，

$$\begin{aligned}
U(r + \varDelta r) - U(r) &= U(x + \varDelta x, y + \varDelta y, z + \varDelta z) - U(x, y, z) \\
&= U(x + \varDelta x, y + \varDelta y, z + \varDelta z) - U(x, y + \varDelta y, z + \varDelta z) \\
&\quad + U(x, y + \varDelta y, z + \varDelta z) - U(x, y, z + \varDelta z) \\
&\quad + U(x, y, z + \varDelta z) - U(x, y, z) \\
&= \frac{U(x + \varDelta x, y + \varDelta y, z + \varDelta z) - U(x, y + \varDelta y, z + \varDelta z)}{\varDelta x} \varDelta x \\
&\quad + \frac{U(x, y + \varDelta y, z + \varDelta z) - U(x, y, z + \varDelta z)}{\varDelta y} \varDelta y \\
&\quad + \frac{U(x, y, z + \varDelta z) - U(x, y, z)}{\varDelta x} \varDelta z
\end{aligned}$$

と書き直すことができます．ここで $\varDelta r$ を 0 に近づける極限を取ると，

☞ $\varDelta x, \varDelta y, \varDelta z$ を 0 に近づけるということです.

$$U(\boldsymbol{r} + \Delta\boldsymbol{r}) - U(\boldsymbol{r}) = \frac{\partial U}{\partial x}\Delta x + \frac{\partial U}{\partial y}\Delta y + \frac{\partial U}{\partial z}\Delta z$$

となります．この式が $-\boldsymbol{F}^{\mathrm{c}} \cdot \Delta\boldsymbol{r}$ と等しくなるので，

$$F_x^{\mathrm{c}} = -\frac{\partial U}{\partial x}, \quad F_y^{\mathrm{c}} = -\frac{\partial U}{\partial y}, \quad F_z^{\mathrm{c}} = -\frac{\partial U}{\partial z} \tag{12.8}$$

このようにして，スカラー関数であるポテンシャルエネルギー $U(\boldsymbol{r})$ から，偏微分を用いてベクトル関数である保存力 $\boldsymbol{F}^{\mathrm{c}}$ の成分を計算することができるのです．式 (12.8) から，

> 力はポテンシャルエネルギーが減少する向きにはたらく．

ということが読み取れます．

尚，式 (12.8) の 3 つの式をまとめて

$$\boldsymbol{F}^{\mathrm{c}} = -\mathrm{grad}\,U \tag{12.9}$$

☞ grad はデカルト座標系で
$$\frac{\partial}{\partial x}\boldsymbol{i} + \frac{\partial}{\partial y}\boldsymbol{j} + \frac{\partial}{\partial z}\boldsymbol{z}$$
$$= \left(\frac{\partial}{\partial x}, \frac{\partial}{\partial y}, \frac{\partial}{\partial z} \right)$$
と書き表され，座標に依存したスカラー関数からベクトルを作る，ベクトル型微分演算子と呼ばれます．∇ とも表記されます．

と表記します．grad は gradient の略で，「勾配」と訳します．

運動方程式に基づく解析では，ベクトル関数を扱います．一方，エネルギー積分に基づく解析では，ポテンシャルエネルギーのようなスカラー関数が主役となります．「大きさと向き」があるベクトルより「大きさ」だけのスカラーのほうがやさしいということは，容易に想像できるでしょう．さらに，保存力の場合は，力学的エネルギーという保存量が存在し，非常に扱いやすい理論となります．

ところで，保存力は扱いやすいとしても，実際に世の中に存在する力が保存力になっているのかと疑問に思うかもしれませんね．実は驚くべき事に，我々が知っている基本的な力はほとんどが保存力なのです．

更に，力学におけるエネルギー保存則の認識は，物理学の他の分野のみならず，自然界において成り立つ普遍的で第一義的な法則であるという考え方を生み，各分野におけるエネルギーの具体的な表現・定義を発見してきたのです．それをまとめると，

☞ エネルギーに着目して，ニュートンの力学を数学的・解析的に発展させたものが解析力学 (analytical mechanics) とよばれている分野です．

> エネルギーの特徴は，その発現形態を変えるが，その総量は一定不変で生成も消滅もしないことである．逆に，このような特徴をもった物理量を抽象的にエネルギーとよんでいる．

となります．少し補足しますと，ここで述べた力学的エネルギーは，保存力ではない力が働くときには保存しません．しかし，熱の概念を導入することで新たな保存するエネルギーの概念に到達します．熱力学第 1 法則ですね．そこでは，（力学的な）仕事によるエネルギーに熱のエネルギーを加え

て内部エネルギーを考えると，保存すると考えます．後にアインシュタインは質量のエネルギーまで広げて原子核レベルのミクロな世界におけるエネルギー保存則を構築しています．

　最後に，力 $\boldsymbol{F}$ が保存力となるための必要十分条件を述べておきます．既に説明したように，仕事の積分が始点と終点のみで決まり，その間をどのような経路で結んでも同じ値になることです．

　数学的にこの条件を表現するためには，言い方を少し変えて，「任意の閉曲線に沿った仕事の積分が常に 0 である」という表現に改めます．ここから先の具体的な計算は，ここに紹介するには長くなりすぎるので，結果のみ示します．

$$\mathrm{rot}\boldsymbol{F} = \left(\frac{\partial F_z}{\partial y} - \frac{\partial F_y}{\partial z}, \frac{\partial F_x}{\partial z} - \frac{\partial F_z}{\partial x}, \frac{\partial F_y}{\partial x} - \frac{\partial F_x}{\partial y} \right) = 0$$

ここで，左辺の記号は rotation の略で，「回転」と訳します．

☞ 点 A から点 B まで，任意の二つの経路で積分したものが一致するとき，片方の積分を点 B から点 A に変えて加えると，相殺してゼロになります．このときの積分路は，点 A→B→A となる閉じた経路，すなわち閉曲線になります．

☞ $\boldsymbol{\nabla} \times \boldsymbol{F}$ とも書きます．

12.4　ポテンシャルエネルギーの具体例

12.4.1　重力のポテンシャルエネルギー

　鉛直上方に y 軸をとり，水平な地面上に x をとります．デカルト座標系で重力 $\boldsymbol{F}$ は，

$$\boldsymbol{F} = -mg\boldsymbol{j}$$

となるので，基準点 Q の座標を $(x_{\mathrm{Q}}, y_{\mathrm{Q}})$ として，

$$U(\boldsymbol{r}) = -\int_{\mathrm{Q}}^{\mathrm{P}} \boldsymbol{F} \cdot \mathrm{d}\boldsymbol{r} = -\int_{y_{\mathrm{Q}}}^{y} (-mg)\mathrm{d}y = mg(y - y_{\mathrm{Q}}) \tag{12.10}$$

です．第 11 章の例題 11.4 でも見たように，$U(\boldsymbol{r})$ は x には依らないので $U_g(y)$ と書き，表式が簡単になるように $y_{\mathrm{Q}} = 0$ とします．その結果，重力のポテンシャルエネルギーは

$$U_g(y) = mgy \tag{12.11}$$

で与えられます．

☞ 重力のポテンシャルエネルギーであることを強調するため，添え字 g を付けました．

12.4.2　ばねの力のポテンシャルエネルギー

　ばねが伸びる向きを x 軸の正の向きとし，ばねが自然長のときの質点の位置を原点とします．基準点 Q の座標を x_{Q} として，

$$U_k(x) = -\int_{x_{\mathrm{Q}}}^{x} F\mathrm{d}x = -\int_{x_{\mathrm{Q}}}^{x} (-kx)\mathrm{d}x = \frac{1}{2}k(x^2 - x_{\mathrm{Q}}^2) \tag{12.12}$$

$x_{\mathrm{Q}} = 0$ ととれば，

$$U_k(x) = \frac{1}{2}kx^2 \tag{12.13}$$

で与えられます.

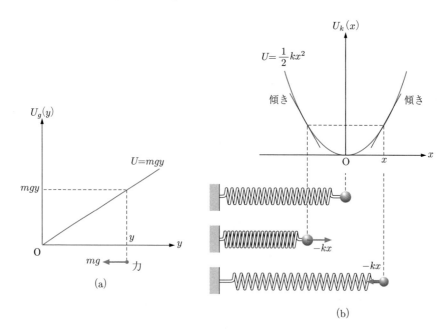

図 12.1 ポテンシャルエネルギーの例（a）重力のポテンシャルエネルギー. 直線の傾きが重力の大きさを表す.（b）ばねの力のポテンシャルエネルギー. 放物線の接線の傾きがばねの力を表す.

12.4.3 万有引力のポテンシャルエネルギー

第 5 章の 41 ページで, 万有引力の説明をしました. 質点 m_1 が質点 m_2 から受ける万有引力 $\boldsymbol{F}_{12}$ は

$$\boldsymbol{F}_{12} = -G\frac{m_1 m_2}{|\boldsymbol{r}_1 - \boldsymbol{r}_2|^2}\hat{\boldsymbol{r}}_{12}$$

と書き表されるのでした. ここで, $\boldsymbol{r}_1$ と $\boldsymbol{r}_2$ はそれぞれ質点 m_1 と質点 m_2 の位置ベクトルを, $\hat{\boldsymbol{r}}_{12}$ は質点 m_2 から質点 m_1 へ向く単位ベクトルを表します. したがって, $|\hat{\boldsymbol{r}}_{12}| = 1$ です. また, 質点間の距離は $|\boldsymbol{r}_1 - \boldsymbol{r}_2|$ です.

☞ $\hat{\boldsymbol{r}}_{12} = \dfrac{\boldsymbol{r}_1 - \boldsymbol{r}_2}{|\boldsymbol{r}_1 - \boldsymbol{r}_2|}$

☞ $\boldsymbol{r}_2 = 0$ とするということです.

質点 m_2 の位置を原点とする座標系をとり,

$$\boldsymbol{r}_1 = \boldsymbol{r}, \quad |\boldsymbol{r}| = r, \quad \hat{\boldsymbol{r}}_{12} = \hat{\boldsymbol{r}}, \quad m_1 = m, \quad m_2 = M$$

と書き換えると, 質点 m が存在する場所の万有引力のポテンシャルエネルギーは,

$$U_G(\boldsymbol{r}) = -\int_{\mathrm{Q}}^{\mathrm{P}} \boldsymbol{F}_{12} \cdot \mathrm{d}\boldsymbol{r} = -\int_{\mathrm{Q}}^{\mathrm{P}} \left(-G\frac{mM}{r^2}\right)\hat{\boldsymbol{r}} \cdot \mathrm{d}\boldsymbol{r}$$

となります. 図 12.2 に示すように,

☞ $\mathrm{d}r$ は, 原点からの距離の変化を表しており, 変位の大きさ $|\mathrm{d}\boldsymbol{r}|$ ではないことに注意

$$\hat{\boldsymbol{r}} \cdot \mathrm{d}\boldsymbol{r} = |\mathrm{d}\boldsymbol{r}|\cos\theta = \mathrm{d}r \tag{12.14}$$

です.

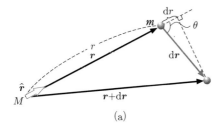

図 12.2 万有引力のポテンシャルエネルギー 式 (12.14) 導出のための説明図.

このことから $U_G(\boldsymbol{r})$ が $|\boldsymbol{r}| = r$ の関数であることが分かり，原点から基準点 Q までの距離を $|\boldsymbol{r}_{\mathrm{Q}}| = r_{\mathrm{Q}}$ として，

$$U_G(r) = -\int_{r_{\mathrm{Q}}}^{r} \left(-G\frac{mM}{r^2} \right) \mathrm{d}r = -GmM \left(\frac{1}{r} - \frac{1}{r_{\mathrm{Q}}} \right) \quad (12.15)$$

点 Q を無限遠点に取れば，次のようになります.

$$U_G(r) = -\frac{GmM}{r} \quad (12.16)$$

ここで，万有引力のポテンシャルエネルギー $U_G(r)$ と重力のポテンシャルエネルギー $U_g(y)$ の関係を調べてみましょう．地表の高さ y の地点は，地

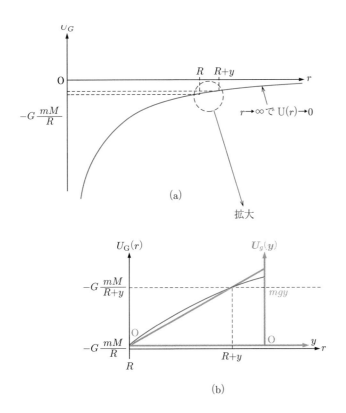

図 12.3 万有引力のポテンシャルエネルギー （a）$U_G(r)$ のグラフ． （b）$U_G(r)$ の拡大図．薄いグレーの直線は，比較のために描いた $U_g(y)$ のグラフである．

球の中心からは $R+y$ 離れた点です．ただし R は地球の半径です．$y \ll R$ として近似計算すると，

$$U_G(R+y) = -\frac{GmM}{R+y} = -\frac{GmM}{R\left(1+\frac{y}{R}\right)} = -\frac{GmM}{R}\left(1+\frac{y}{R}\right)^{-1}$$

$$\approx -\frac{GmM}{R}\left(1-\frac{y}{R}\right) = U_G(R) + m\frac{GM}{R^2}y \qquad (12.17)$$

となります．

☞ 球対称とは，中心から見たとき全ての方向が同一で，区別がつかないということです．

ところで，地上の質点にはたらく重力は，地球による万有引力です．地球は質点ではありませんが，ほぼ球対称であるとみなせます．球対称物体から質点にはたらく万有引力は，球対称物体の質量と同じ質量の質点をその中心に置いたときに働く万有引力と同じになることが証明できます．このことから，

$$mg = G\frac{mM}{R^2} \quad \Leftrightarrow \quad g = \frac{GM}{R^2}$$

という関係式が成り立ちます．この関係式を用いると，式 (12.17) は，次のように書き換えられます．

$$U_g(y) \approx U_G(R+y) - U_G(R) \qquad (12.18)$$

☞ 図 12.3 (a)，(b) を参照.

☞ $U_g(0) = 0$ です．

この関係式から，重力のポテンシャルエネルギー $U_g(y)$ は，万有引力のポテンシャルエネルギー $U_G(r)$ で，基準点を地球表面にずらしたものである事が分かります．

12.5 力学的エネルギー保存則による運動の解析

エネルギーの概念を用いて運動をどのように解析するかを具体的に説明します．

12.5.1 エネルギー図を用いる方法 (1 次元)

質量 m の質点が x 軸上を運動しています．この質点には，図 12.4 で与えられるポテンシャルエネルギー $U(x)$ をもつ保存力がはたらいており，初期条件で決まる質点の力学的エネルギーが E であるとします．

先ず，運動エネルギー $K = \frac{1}{2}mv^2$ は，負にならないことに注意しましょう．そのため，力学的エネルギー保存則より，次のような不等式が導き出されます．

$$K = E - U(x) = \frac{1}{2}mv^2 \geqq 0 \qquad (12.19)$$

☞ 図 12.4 の中に，今の場合に存在可能な二つの範囲を示しておきました．

この不等式は，座標 x に対する条件です．つまり，質点が存在しうる場所が制限されるのです．更に，この式から位置 x での質点の速さ $v(x)$ が

$$v(x) = \sqrt{\frac{2(E-U(x))}{m}} \qquad (12.20)$$

となることが分かります．この値は図 12.4 から読み取ることができます．

また，質点にはたらく力 F は，104 ページの式 (12.8) で説明したように，

$$F = -\frac{dU}{dx}$$

ですが，これはグラフの接線の傾きにあたります．傾きが 0 のところで $F = 0$ ですから，そのような（x 軸上の）点に質点を静止させることができます．図 12.4 のグラフでは，点 A, B, C ですね.

☞ 変数が一つなので，偏微分ではなく常微分で書きます.
☞ 図 12.4 のグラフ下部に太い矢印で力の向きを示しておきました.

それでは，これらの点 A, B, C 付近で，質点はどのような運動をするでしょうか．点 A の近くでは，力は常に点 A の向きにはたらきます．従って，何らかの外的要因で点 A から位置が少しずれても，振動して点 A の近くに留まります．そのため，質点は点 A では 安定平衡 (stable equilibrium) の状態にあるといいます．逆に点 B の近くでは，力は常に点 B から遠ざかる向きにはたらきます．ここでは，質点は 不安定平衡 (unstable equilibrium) 状態にあるといいます．少しでも点 B から離れると，加速しながらどんどん点 B から離れていってしまいます．点 C では，x 軸の負の向きには安定ですが，正の向きには不安定で，中立平衡 (neutral equilibrium) の状態であるといいます.

このように，ポテンシャルエネルギーのグラフには運動を決める情報が凝縮されて表示されています．力学的エネルギー E が図 12.4 に示された値である時，質点は以下の 2 通りのどちらかの運動をします．但し，$x \to \infty$ で，$U(x)$ は一定の値に近づくとします.

1. x_1 と x_2 の間で周期的な往復運動を行う.
2. 最終的に x 軸の正の無限の方へ一定の速さで遠ざかる.

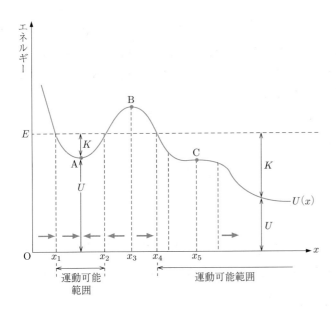

図 12.4 ポテンシャルエネルギーと運動領域（1 次元）．太い矢印は力の向きを示す.

☞ 量子力学では，たとえば $x_1 \leqq x \leqq x_2$ の領域に束縛されていた電子が，$x_4 \leqq x$ の領域へ，ある確率で抜け出ることが可能です．これをトンネル効果といいます．古典力学では絶対に起こらない現象です．

1. のとき，質点は束縛 (bound) されているといいます．どちらの運動になるかは，初期条件で決まります．

　ポテンシャルエネルギー $U(x)$ が具体的に数式として与えられていれば，定量的な議論もできます．例えば，1. の運動の周期 T を計算してみましょう．x 軸の正の向きに x から $x + dx$ まで，微小な距離 dx 進むのに要する時間は，速さが $v(x)$ で一定と考えて

$$\frac{dx}{v(x)}$$

です．これを x_1 から x_2 まで足し合わせる（積分する）と，x_1 から x_2 までの時間が計算できます．この 2 倍が周期であることは明かでしょう．従って，質点の速さを与える式 (12.20) を用いて，

$$T = 2 \int_{x_1}^{x_2} \frac{dx}{v(x)} \tag{12.21}$$

として求められます．

12.5.2　力学的エネルギー保存則 (12.6) を積分する方法

☞ $t = 0$ のとき，$x = x_0$，$v = 0$ です．

　水平な軽いばねにつながれた質点の運動を例に説明します．初期条件として，ばねを x_0 伸ばして静かに放したとします．ばねの力のポテンシャルエネルギーは 105 ページの式 (12.13) ですから，力学的エネルギー保存の法則より，

$$\frac{1}{2}mv^2 + \frac{1}{2}kx^2 = 0 + \frac{1}{2}kx_0{}^2 \tag{12.22}$$

☞ ここでは v は符号を持った速度（1 次元のベクトル）であると考えています．速さではありません．

が成り立ちます．これを解いて，速度が，

$$v = \frac{dx}{dt} = \pm\omega\sqrt{x_0{}^2 - x^2}, \quad \omega = \sqrt{\frac{k}{m}} \tag{12.23}$$

のように求められます．この式から x の範囲が $-x_0 \leqq x \leqq x_0$ に制限されることが分かります．右辺の $\pm$ は，位置 x を右向きに通過する場合と左向きに通過する場合の区別を表します．

　式 (12.23) は x に関する変数分離型の微分方程式で，以下のように書き換えて解きます．

$$\frac{dx}{\sqrt{x_0{}^2 - x^2}} = \pm\omega dt \tag{12.24}$$

ここで $\dfrac{x}{x_0} = \theta$ とおくと，

$$\int \frac{dx}{\sqrt{x_0{}^2 - x^2}} = \int \frac{d\theta}{\sqrt{1 - \theta^2}} = \sin^{-1}\theta \tag{12.25}$$

となります．よって，式 (12.24) を積分すると，積分定数を δ として，

$$\sin^{-1}\left(\frac{x}{x_0}\right) = \pm\omega t + \delta \quad \Rightarrow \quad x = x_0\sin(\pm\omega t + \delta) \tag{12.26}$$

これが一般解です．初期条件より $t = 0$ の時に $x = x_0$ ですから，$\delta = \dfrac{\pi}{2}$ と決まります．従って，

$$x = x_0 \sin\left(\pm\omega t + \frac{\pi}{2}\right) = x_0 \cos\omega t \qquad (12.27)$$

が得られます．

式 (12.24) から，周期 T を計算できます．質点が，時刻 t_0 〔s〕に，原点を右向きに通過したとします．単振動ですから，減速しながら右向きに運動し，時刻 $t = t_0 + \dfrac{T}{4}$ に $x = x_0$ に達するでしょう．このことから，式 (12.24) を定積分のかたちに書くことができます．

$$\int_0^{x_0} \frac{\mathrm{d}x}{\sqrt{x_0{}^2 - x^2}} = \int_{t_0}^{t_0 + \frac{T}{4}} \omega \mathrm{d}t = \frac{T}{4}\omega \qquad (12.28)$$

左辺の積分は，式 (12.25) のように変数を変えると

$$\int_0^{x_0} \frac{\mathrm{d}x}{\sqrt{x_0{}^2 - x^2}} = \sin^{-1}(1) - \sin^{-1}(0) = \frac{\pi}{2}$$

ですから，

$$T = \frac{2\pi}{\omega} \qquad (12.29)$$

となります．

12.6 エネルギーの散逸

保存力と非保存力が混在する場合，力学的エネルギーがどのように変化するかを，第 10 章で取り扱いました．減衰振動を例にしてもう少し調べて見ましょう．80 ページの運動方程式 (10.1) の両辺に $v = \dfrac{\mathrm{d}x}{\mathrm{d}t}$ を掛けた式を整理すると，

$$\frac{\mathrm{d}}{\mathrm{d}t}\left(\frac{1}{2}mv^2 + \frac{1}{2}kx^2\right) = -k_1 v^2 \qquad (12.30)$$

という式が得られます．時刻で微分することは，時間変化の割合を見ることでしたから，この式は，力学的エネルギーが v^2 に比例して失われていくことを示しています．このことを指して，エネルギーの散逸 (dissipation) といいます．

式 (12.30) の右辺は速度に比例した抵抗力からきています．一般に，非保存力が働くと，力学的エネルギーは散逸して減少していきます．失われた力学的エネルギーは，熱や音のエネルギーに変化して，まわりの空間へと拡散していきます．

現在の物理学では，エネルギーには種々の形態があり，互いに変換し合うとされています．そして，全ての形態のエネルギーを足し合わせたものは保存すると考えます．たとえば，熱力学第 1 法則とよばれる法則がありますが，これは，力学的エネルギー（仕事）と熱エネルギーを加えたものが保存するという主張です．また，アインシュタインの特殊相対性理論では，

質量 m もエネルギーの一つの形態で，mc^2 のエネルギーに相当することが示されています（c は真空中の光の速さです）.

　ところで，式 (12.30) をみると，k_1 が大きい方が散逸が速く進むように思えますが，v の大きさにも依存しますので，例えば，計器の指針を素早くその示す位置に止めるためには，単純に k_1 を大きくすればよいわけではありません.

　減衰振動の説明をした第 10 章の 84 ページに掲げた図 10.3 を見てみましょう. この図には，$\tau = \dfrac{\gamma}{\omega} = \dfrac{k_1}{2\sqrt{km}}$ の値により，振動の様子が変化することが示されています. $\tau = 0$ $(k_1 = 0)$ は単振動を表し，τ が大きくなるにつて，振動は小さくなっていきますから，散逸の割合が大きくなっていることが分かります. ところが $\tau = 1$ を超えると，振動はしませんが，釣り合いの位置に到達するためには，余計に時間がかかることが分かります. 抵抗が強い（k_1 が大きい）ために v が大きくなれず，（k_1 が大きくなっても）$k_1 v^2$ は逆に小さくなってしまうからです. 結局，$\tau = 1$ の臨界減衰のときにいちばんエネルギーの散逸が大きく，最も速くつり合いの位置に止まるのです.

13 抗力を受けている質点の運動

学習のねらい
・抗力を受けた質点の解析方法を説明できる.
・斜面上の物体の運動を解析できる.
・糸につながれた物体の運動を解析できる.

第 7 章から 10 章では質点に作用する力がすべてわかっているとして,質点の軌道や速度を求める問題を取り扱いました. たとえば,重力では $F = -mg$,ばねの運動では $F = -kx$ などです. しかし現実には,質点の運動があらかじめ観測されてわかっている,あるいは運動が線上や面上などに幾何学的に制限されている場合が多々あります. ニュートン力学の立場では,運動を引き起こす原因は力ですから,あらかじめ軌道などがわかっている運動に対しても,そのように動くように何らかの力がはたらいています. ただし,その力の大きさや向きは測定したり計算したりする前はわかりません. この未知の力を 抗力 (reaction) あるいは 束縛力 (constraining force) といいます. 束縛力を受けている運動を 束縛運動 (constrained motion),運動を制限する関係式を 束縛条件または 拘束条件 (constraint) と呼びます.

質点の運動を知って,質点に作用する抗力を求める方法を 帰納法 (inductivemethod) といいます. 現実の研究ではこの方法で力の性質を調べることがよくあります. この場合は,第 7 章で述べた解法の手順のうち

☞ ニュートンは,この方法で,既に知られていたケプラーの 3 法則から万有引力を発見しました.

step 4 　この座標系において,運動方程式を成分で書き表す.

step 5 　運動方程式を積分して,一般解を求める. 数学のテクニックが必要になる.

としていた部分を,次のように変更します.

step 4′　この座標系において，運動方程式と束縛条件を成分で書き
　　　　　表す．このとき抗力を未知数として扱う．

step 5′　運動方程式と束縛条件を連立して解き，一般解を求める．
　　　　　数学のテクニックが必要になる．

13.1　面からの抗力を受けている場合

　図 13.1 に示した，水平な床面上にある物体（質点）の運動を観察してみ
ましょう．この物体の運動は床面上に制限されていて，面から飛び上がった
り，面に食い込んだりはしません．この物体には重力 mg が鉛直下向きには
たらいていますが，床面上に留まると言うことは，重力を打ち消す抗力が
床面から作用しているためと考えます．この力を 垂直抗力 (normal force)
とよび，N と書きます．

☞ ここで normal は，「垂直」とか「直角」を意味する数学の用語です．

　この物体を床面上で滑らせると，やがて物体は静止します．これは，物体
と床面との接触によって，床面（接触面）に平行に抵抗力が作用している
からだと考えます．この抵抗力を 摩擦力 (frictional force) とよび，その大
きさを f とします．

☞ 物理では，摩擦がないとみなせる面を滑らか (smooth)，摩擦がある面を粗い (rough) と表現します．

　経験によると，物体が床面上を運動しているときは

$$f = \mu N \quad (\mu > 0) \tag{13.1}$$

が成立します．このときの摩擦力を 動摩擦力 (kinetic friction) といいます．
比例係数 μ は，物体と床面の材質や表面の状態，温度や湿度などによって
決まる定数で，動摩擦係数 (coefficient of kinetic friction) といいます．し
かし，これらの条件が同じならば，物体の質量，接触面積，接触面との相対
速度にはほとんどよらず一定となります．この経験則を アモントンの法則
(Amonton's law)，または クーロンの法則 (Coulomb's friction law) とよ
びます．

☞ ここで接触面積によらないというのは，例えば直方体の物体を，どの面を下にして立てても同じであるという意味です．

　一方，物体が静止しているときの摩擦力を 静止摩擦力 (static friction) と

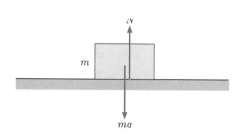

図 13.1　面の抗力を受けている物体

いい，動摩擦力と区別するときには f_s と書きます．物体を静止させる力で　☞ 添え字の s は static（静止）の s です．
すから，他の力とつり合うように決まります．しかしながら，大きさには当
然限度があります．これも経験から，

$$f_s \leqq \mu_0 N \tag{13.2}$$

が成立する事が知られています．比例係数 μ_0 は，物体と床面の材質や表面
の状態，温度や湿度などによって決まる定数で，静止摩擦係数 (coefficient
of static friction) といいます．

　一般に，

$$\mu < \mu_0$$

が成り立つので，式 (13.2) に現れる $\mu_0 N$ を，最大摩擦力 (maximum fric-
tional force) といいます．摩擦係数の測定値の例を表 13.1 に示します．

表 13.1　摩擦係数の例

乾燥した清浄な接触面での測定．値は，接触面の状態によって変わる．

接触物質		静止摩擦係数 μ_0	動摩擦係数 μ
銅	- 銅	0.75	0.57
ガラス	- ガラス	0.94	0.4
ガラス	- 金属	0.7	0.5
木材	- 木材	0.6	0.4
ゴム	- 固体	0.9	0.7
テフロン	- テフロン	0.04	0.04
スキー板	- 雪	0.04	0.04

例題 13.1　斜面上の物体の運動

図のように，物体が水平面と傾角 α の粗い斜面の最大傾斜線に沿って
降下する．動摩擦係数を μ として，この物体の運動を考察せよ．

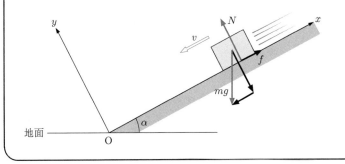

解　物体に作用する力は，重力 mg および斜面から受ける垂直抗力 N と動摩擦力 f です．重力 mg は確定してますが，抗力である垂直抗力 N と動摩擦力 f は未知数として扱います．座標系は原点 O を斜面の最下点とし，斜面の最大傾斜線に沿って上向きに x 軸，これに垂直に y 軸をとりましょう．動摩擦力は速度によらない一定の抵抗力で，その向きは速度と逆なので，物体が上昇するときと下降するときとで向きが逆になります．そのため，運動方程式の形も変わります．

物体が斜面を滑り落ちているときの運動方程式は，

$$m\frac{\mathrm{d}^2 x}{\mathrm{d}t^2} = -mg\sin\alpha + f \tag{13.3}$$

$$m\frac{\mathrm{d}^2 y}{\mathrm{d}t^2} = -mg\cos\alpha + N \tag{13.4}$$

です．物体が常に斜面上を運動していることを保証する束縛条件は，

$$y = 0 \tag{13.5}$$

であり，更に動摩擦力に関する関係式 (13.1)

$$f = \mu N \tag{13.6}$$

が成り立っています．

以上の 4 つの式を解いて，x を求めることができます．実際，束縛条件から y に関する運動方程式の右辺は 0 N です．このことから垂直抗力が $N = mg\cos\alpha$ と決まり，動摩擦力が $f = \mu mg\cos\alpha$ と決まります．従って，x に関する運動方程式は，

$$\frac{\mathrm{d}^2 x}{\mathrm{d}t^2} = -(\sin\alpha - \mu\cos\alpha)g \tag{13.7}$$

となります．

これは，等加速度直線運動を表しますね．滑らかな面 ($\mu = 0$) の場合と比較すると，動摩擦力の効果により，x 軸の正の向きの加速度が発生していることが分かるでしょう．動摩擦力効果があまり大きくなく，$\mu\cos\alpha < \sin\alpha$ のときには，式 (13.7) より加速度が負になります．物体は x 軸の負の向きに動いていますから，加速して速くなっていきます．逆に，動摩擦力の効果が大きく $\mu\cos\alpha > \sin\alpha$ のときには物体は減速してやがて止まります．

初期条件として物体は，時刻 $t = 0\,\mathrm{s}$ のときに $x = \ell$ のところで斜面に沿って下向きに速さ v_0 で滑っていたとすれば，

$$v = -v_0 - (\sin\alpha - \mu\cos\alpha)gt \tag{13.8}$$

$$x = \ell - v_0 t - \frac{1}{2}(\sin\alpha - \mu\cos\alpha)gt^2 \tag{13.9}$$

です．

これに習って，上昇する場合の考察は，自分で考えてみましょう．　▌

　ところで，物体を斜面上に静かに置いたとき，物体はどうなるでしょうか．傾角 α が小さいときには，静止するでしょう．そこで α 大きくしてゆくと，いずれ物体は滑り出すはずです．このときの傾角 φ を求めてみましょう．

　斜面上で静止するとき，力はつり合っていますから，先の運動方程式 (13.3) (13.4) より，

$$f_{\mathrm{s}} = mg\sin\alpha \tag{13.10}$$

$$N = mg\cos\alpha \tag{13.11}$$

と決まります．これを，静止摩擦力の上限を与える式 (13.2) に代入して，

$$mg\sin\alpha \leqq \mu_0 mg\cos\alpha \quad \Rightarrow \quad \tan\alpha \leqq \mu_0$$

つまり，

$$\tan\varphi = \mu_0 \tag{13.12}$$

となります．この角 φ を摩擦角 (angle of friction) とよびます．斜面の傾き α が μ_0 より小さいときには，物体を斜面に沿って下向きに滑らせても，減速して止まってしまいます．

13.2　糸の張力を受けている場合

13.2.1　糸の張力

　力学で用いる糸は，

> （ａ）質量無し，（ｂ）伸縮しない，（ｃ）自由に曲がる

という3条件を備えた装置であると約束します．図 13.2 のように糸に外力を加えて引っ張ると，糸の内部にはこれにつり合う応力（抗力）が発生します．したがって，糸の端点に質点を結びつけると，質点は糸から応力（抗力）を受けます．これを糸の張力 (tension) といいます．糸は自由に曲がるので，糸を引っ張ったときにのみその反作用として張力が発生します．つまり，糸が質点を引っ張る張力を T とすると，T は常に正の量で，負にはなりません．

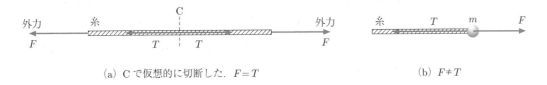

(a) Cで仮想的に切断した．$F = T$　　　　　　(b) $F \neq T$

図 13.2　糸の張力
（ａ）糸の内部に応力が発生する．糸は質量が0であるから $F = T$ である．質点は静止または等速直線運動する．
（ｂ）質点に作用する糸の張力．質点は質量をもつので $F \neq T$ である．質点は加速度運動している．

13.2.2　極座標系における速度，加速度の表し方

　二次元極座標系（4 ページの図 1.2 を参照）では，座標として $r(t)$, $\theta(t)$ を用います．更に，基本ベクトルとして，位置ベクトル $\boldsymbol{r}(t)$ と同じ向きの $\boldsymbol{e}_r$ と，これを反時計回りに 90 度回転させた $\boldsymbol{e}_\theta$ を用います．

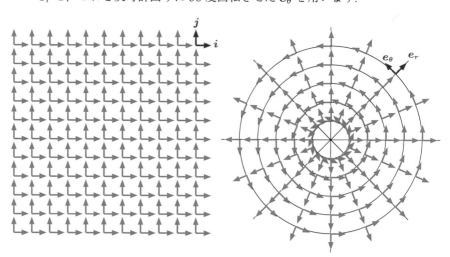

図 13.3　基本ベクトル $\boldsymbol{i}, \boldsymbol{j}$, と $\boldsymbol{e}_r, \boldsymbol{e}_\theta$

　基本ベクトルは，平面上（一般には 3 次元空間内）の各点で定められていると考えます．図 13.3 に，デカルト座標系の基本ベクトル $\boldsymbol{i}$, $\boldsymbol{j}$ と，極座標系の基本ベクトル $\boldsymbol{e}_r$, $\boldsymbol{e}_\theta$ が，平面上の各点で定義されている様子を描きました．$\boldsymbol{i}$, $\boldsymbol{j}$ は全ての点で同じですが，$\boldsymbol{e}_r$, $\boldsymbol{e}_\theta$ は，質点の運動とともに向きが変化します．

　質点の位置ベクトルは，

$$\boldsymbol{r}(t) = r(t)\,\boldsymbol{e}_r \tag{13.13}$$

と表されます．速度はこれを時刻で微分して，

$$\boldsymbol{v}(t) = \frac{\mathrm{d}\boldsymbol{r}}{\mathrm{d}t} = \frac{\mathrm{d}r}{\mathrm{d}t}\boldsymbol{e}_r + r\frac{\mathrm{d}\boldsymbol{e}_r}{\mathrm{d}t} \tag{13.14}$$

となります．

　基本ベクトル $\boldsymbol{e}_r$ の微分は，これを 2 次元デカルト座標系を導入して，計算します．基準方位線と x 軸を一致させます．すると，

$$\boldsymbol{e}_r = \cos\theta\,\boldsymbol{i} + \sin\theta\,\boldsymbol{j} \tag{13.15}$$

と書くことができます．この式から，

$$\frac{\mathrm{d}\boldsymbol{e}_r}{\mathrm{d}t} = -\sin\theta\frac{\mathrm{d}\theta}{\mathrm{d}t}\boldsymbol{i} + \cos\theta\frac{\mathrm{d}\theta}{\mathrm{d}t}\boldsymbol{j} \tag{13.16}$$

$$= \frac{\mathrm{d}\theta}{\mathrm{d}t}\left(-\sin\theta\,\boldsymbol{i} + \cos\theta\,\boldsymbol{j}\right) \tag{13.17}$$

と計算されます．ここで，

$$\boldsymbol{e}_\theta = -\sin\theta\,\boldsymbol{i} + \cos\theta\,\boldsymbol{j} \tag{13.18}$$

であることに注意しましょう. 結局,

$$\boldsymbol{v}(t) = \frac{\mathrm{d}r}{\mathrm{d}t}\boldsymbol{e}_r + r\frac{\mathrm{d}\theta}{\mathrm{d}t}\boldsymbol{e}_\theta \tag{13.19}$$

となることが分かります.

問 13.1 $\dfrac{\mathrm{d}\boldsymbol{e}_\theta}{\mathrm{d}t} = -\dfrac{\mathrm{d}\theta}{\mathrm{d}t}\boldsymbol{e}_r$ となることを示せ.

解 式 (13.18) より, $\dfrac{\mathrm{d}\boldsymbol{e}_\theta}{\mathrm{d}t} = -\cos\theta\dfrac{\mathrm{d}\theta}{\mathrm{d}t}\boldsymbol{i} - \sin\theta\dfrac{\mathrm{d}\theta}{\mathrm{d}t}\boldsymbol{j} = -\dfrac{\mathrm{d}\theta}{\mathrm{d}t}\boldsymbol{e}_r$

以上の結果を踏まえ, 加速度 $\boldsymbol{a}(t)$ は

$$\frac{\mathrm{d}\boldsymbol{v}}{\mathrm{d}t} = \left(\frac{\mathrm{d}^2 r}{\mathrm{d}t^2}\boldsymbol{e}_r + \frac{\mathrm{d}r}{\mathrm{d}t}\frac{\mathrm{d}\boldsymbol{e}_r}{\mathrm{d}t}\right) + \left(\frac{\mathrm{d}r}{\mathrm{d}t}\frac{\mathrm{d}\theta}{\mathrm{d}t}\boldsymbol{e}_\theta + r\frac{\mathrm{d}^2\theta}{\mathrm{d}t^2}\boldsymbol{e}_\theta + r\frac{\mathrm{d}\theta}{\mathrm{d}t}\frac{\mathrm{d}\boldsymbol{e}_\theta}{\mathrm{d}t}\right)$$

となります. 基本ベクトルの微分を代入, 整理して,

$$\boldsymbol{a}(t) = \left\{\frac{\mathrm{d}^2 r}{\mathrm{d}t^2} - r\left(\frac{\mathrm{d}\theta}{\mathrm{d}t}\right)^2\right\}\boldsymbol{e}_r + \left\{2\frac{\mathrm{d}r}{\mathrm{d}t}\frac{\mathrm{d}\theta}{\mathrm{d}t} + r\frac{\mathrm{d}^2\theta}{\mathrm{d}t^2}\right\}\boldsymbol{e}_\theta \tag{13.20}$$

と書き表されることが分かります. 加速度の方位角 ($\boldsymbol{e}_\theta$) 成分のうち, $2\dfrac{\mathrm{d}r}{\mathrm{d}t}\dfrac{\mathrm{d}\theta}{\mathrm{d}t}$ をコリオリの加速度と呼ぶことがあります. また, 加速度の方位角 ($\boldsymbol{e}_\theta$) 成分全体は,

$$2\frac{\mathrm{d}r}{\mathrm{d}t}\frac{\mathrm{d}\theta}{\mathrm{d}t} + r\frac{\mathrm{d}^2\theta}{\mathrm{d}t^2} = \frac{1}{r}\frac{\mathrm{d}}{\mathrm{d}t}\left(r^2\frac{\mathrm{d}\theta}{\mathrm{d}t}\right) \tag{13.21}$$

とまとめられることに注意してください.

質点の運動が $r =$ 一定 の円周上に制限されるときには, 速度は円の接線方向, つまり $\boldsymbol{e}_\theta$ 方向を向きます. ここで,

$$\boldsymbol{v}(t) = r\frac{\mathrm{d}\theta}{\mathrm{d}t}\boldsymbol{e}_\theta = v(t)\boldsymbol{e}_\theta \tag{13.22}$$

と書くことにすると,

$$\boldsymbol{a}(t) = -r\left(\frac{\mathrm{d}\theta}{\mathrm{d}t}\right)^2\boldsymbol{e}_r + r\frac{\mathrm{d}^2\theta}{\mathrm{d}t^2}\boldsymbol{e}_\theta = -\frac{v^2}{r}\boldsymbol{e}_r + \frac{\mathrm{d}v}{\mathrm{d}t}\boldsymbol{e}_\theta \tag{13.23}$$

☞ 力が $\boldsymbol{e}_\theta$ 成分を持たなければ, 加速度もこの方向の成分をもたず, $r^2\dfrac{\mathrm{d}\theta}{\mathrm{d}t}$ が保存することが分かります.

となります. 加速度の $\boldsymbol{e}_r$ 成分である $-\dfrac{v^2}{r}$ は負で $\boldsymbol{e}_r$ と逆向きですから, 速度の向きが円の中心の向きに変わっていくことを表しています. 従って, 円運動している物体に対しては, 常に円の中心の向きに力がはたらいています. 一方, 加速度の $\boldsymbol{e}_\theta$ 成分である $\dfrac{\mathrm{d}v}{\mathrm{d}t}$ は, 速さを変化させる加速度の成分です (図 13.4 参照).

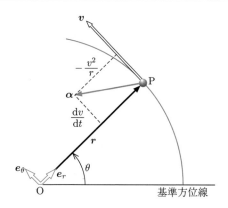

図 13.4　2 次元極座標系における円運動の加速度

一般の円運動の例. $\boldsymbol{e}_r$, $\boldsymbol{e}_\theta$ が二次元極座標系での基本ベクトルです. 加速度 $\boldsymbol{a}$ は, 中心 O を向くとは限りません.

13.2.3　単振り子

───　例題 13.2　単振り子　───

質点 m を長さ ℓ の糸に結び, 糸の他端を固定して最下点で静止させる. この状態で, 質点 m に水平右向きに大きさ v_0 の初速度を与える. v_0 が小さいとき, 質点 m は鉛直面内で振動する. これを単振り子 (simple pendulum) という. 単振り子の運動を考察せよ. 但し, 空気の抵抗は無視する.

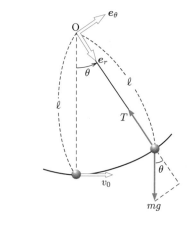

解　問題文の図のように, 糸の固定点を原点 O とし, 糸の方向を r 方向, 原点 O から鉛直下方を基準方位線とし, 反時計回りに θ とする 2 次元極座標を設定します. 質点に作用する力は重力 mg と糸の張力 T で, 張力 T は未定です.

この運動は糸の長さが一定という束縛条件があり, 具体的に書くと

$$r = \ell \quad (一定) \tag{13.24}$$

です．また，加速度は式 (13.23) において r を糸の長さ ℓ に置きかえたものです．そこで，重力を円の接線の向き（$\boldsymbol{r}_\theta$ の向き）と中心の向き（$-\boldsymbol{e}_r$ の向き）に分解して運動方程式を円の接線方向と中心方向に分けて書くと，

$$m\frac{\mathrm{d}v}{\mathrm{d}t} = -mg\sin\theta \tag{13.25}$$

$$m\frac{v^2}{\ell} = T - mg\cos\theta \tag{13.26}$$

となります．ここで

$$v = \ell\frac{\mathrm{d}\theta}{\mathrm{d}t} \tag{13.27}$$

です．但し，ここでは θ は座標である事に注意してください．θ が増加するとき，$\dfrac{\mathrm{d}\theta}{\mathrm{d}t} > 0$ ですから $v > 0$ ですが，θ が減少するとき，$\dfrac{\mathrm{d}\theta}{\mathrm{d}t} < 0$ で $v < 0$ となります．ですから，ここでは v は速さではなく，1 次元の速度です．1 次元では向きは 2 つしかなく，それを符号の正負で表すのです．

式 (13.27) の関係があることから，式 (13.25) が座標 θ を決定する方程式で，式 (13.26) が抗力である糸の張力 T を決定する方程式となっていることが分かります．具体的に書くと，

$$\ell\frac{\mathrm{d}^2\theta}{\mathrm{d}t^2} = -g\sin\theta \tag{13.28}$$

$$T = m\frac{v^2}{\ell} + mg\cos\theta \tag{13.29}$$

微分方程式 (13.28) をよく知られた関数を用いて解く事はできません．そこで，以下では微小振動の場合とそれ以外の一般の振動の場合に分けて解析しましょう．

微小振動　最下点を中心に微小振動する場合，θ の 3 次の項を無視する近似で

$$\sin\theta \approx \theta \tag{13.30}$$

☞ $\sin\theta = \theta - \dfrac{\theta^3}{3!} + \cdots$

となるので，

$$\omega = \sqrt{\frac{g}{\ell}} \tag{13.31}$$

とおけば，式 (13.28) は，次のように単振動の微分方程式となります．

$$\frac{\mathrm{d}^2\theta}{\mathrm{d}t^2} = -\omega^2\theta \tag{13.32}$$

従って，一般解は A, B を定数として，

$$\theta(t) = A\cos\omega t + B\sin\omega t \tag{13.33}$$

で，周期 τ は

$$\tau = \frac{2\pi}{\omega} = 2\pi\sqrt{\frac{\ell}{g}} \tag{13.34}$$

です．すなわち，周期は糸の長さ ℓ で決まり振幅にはよりません．このことを振り子の等時性 (isochronism) といいます．

初期条件は，式 (13.27) を考慮して，$t=0$ s のとき，

$$\theta = 0, \quad \ell\frac{\mathrm{d}\theta}{\mathrm{d}t} = v_0 \tag{13.35}$$

となります．これから，

$$A = 0, \quad B = \frac{v_0}{\ell\omega} \tag{13.36}$$

と決まります．よって，求める答えは，

$$\theta(t) = \frac{v_0}{\ell\omega}\sin\omega t = \frac{v_0}{\sqrt{g\ell}}\sin\sqrt{\frac{g}{\ell}}t \tag{13.37}$$

です．また，質点の速度は，

$$v = \ell\frac{\mathrm{d}\theta}{\mathrm{d}t} = v_0\cos\sqrt{\frac{g}{\ell}}t \tag{13.38}$$

これらの結果と，式 (13.29) から T を求めることができます．ここでも θ の 3 次の項を無視する近似で，

☞ $\cos\theta = 1 - \dfrac{\theta^2}{2!} + \cdots$
$$T \approx m\frac{v^2}{\ell} + mg\left(1 - \frac{1}{2}\theta^2\right) = mg + m\frac{v_0{}^2}{\ell}\left(1 - \frac{3}{2}\sin^2\sqrt{\frac{g}{\ell}}t\right) \tag{13.39}$$

となります．

一般の運動　運動方程式 (13.28) を 2 回積分して具体的に θ を時刻 t の関数として求めることはできませんが，第 12 章で説明した力学的エネルギー保存の法則を用いた解析ができます．

張力 T は常に速度と垂直なので仕事をしませんから，この系で力学的エネルギーに関わる力は重力だけです．従って，力学的エネルギー E が保存します．重力のポテンシャルエネルギーの基準を最下点にとり，振れ角が θ のときの速度を $v\left(=\ell\dfrac{\mathrm{d}\theta}{\mathrm{d}t}\right)$ とすれば，

☞ このとき，質点の最下点からの高さは，$\ell - \ell\cos\theta$ です．
$$E = \frac{1}{2}mv^2 + mg\ell(1 - \cos\theta) \tag{13.40}$$

です．$t = 0$ s では $E = \dfrac{1}{2}mv_0{}^2$ ですから，振れ角 θ と速度 v に次の関係があるこが分かります．

☞ 式 (13.41) は θ に関する微分方程式ですが，よく知られた関数でこの解を表すことはできません．
$$v^2 = v_0{}^2 - 2g\ell(1 - \cos\theta) \tag{13.41}$$

この結果を式 (13.29) に代入して，振れ角 θ と張力 T の関係が決定されます．

$$T = m\frac{v_0{}^2}{\ell} - 2mg\left(1 - \frac{3}{2}\cos\theta\right) \tag{13.42}$$

このようにして，振れ角 θ を指定して，そこでの v と T を計算する式が求まりました．時刻 t の関数にはなっていないので，時々刻々の運動の変化

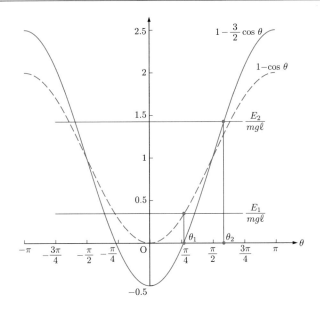

図 13.5 振れ角に対する制限

を知ることはできませんが，運動の特徴を以下のように解析することができます.

先ず，$v^2 \geqq 0, T \geqq 0$ に注意しましょう. 式 (13.41), (13.42) は，v_0 が与えられたとき，θ に対する制限となります. 実際，無次元の量 $\dfrac{v_0{}^2}{2g\ell} \left(= \dfrac{E}{mg\ell} \right)$ に対して，

$$(13.41) \quad \Rightarrow \quad \frac{E}{mg\ell} \geqq 1 - \cos\theta \qquad (13.43)$$

$$(13.42) \quad \Rightarrow \quad \frac{E}{mg\ell} \geqq 1 - \frac{3}{2}\cos\theta \qquad (13.44)$$

が成り立つ事が必要です. 図 13.5 に $1 - \cos\theta$ と $1 - \dfrac{3}{2}\cos\theta$ のグラフを示しました. 力学的エネルギー E で決まる直線は，この二つのグラフより上になければなりません.

例えば，E の値が図 13.5 の E_1 だったとしましょう. $\theta = \theta_1$ のところで式 (13.41) の右辺が 0 となります. つまり，質点は一瞬止まります. その後は重力によって引き戻され，$-\theta_1 \leqq \theta \leqq \theta_1$ の範囲で振動します.

一方，E の値が図 13.5 の E_2 だったとすると，$\theta = \theta_2$ のところで式 (13.42) の右辺が 0 となります. ここで張力 T が 0 となりますが，このとき v^2 は正ですから，質点は慣性によりその運動を維持しようとします. その後は重力だけがはたらきますから，糸がたるんで質点は円軌道から離れ，再び糸がぴんと張るまでは，放物線の軌道を描いて飛び続けます.

$\dfrac{E}{mg\ell}$ の値が $\dfrac{5}{2}$ を越えた場合はこれらの条件は常に満たされ，振れ角 θ に対する制限は与えません. このとき，質点は速さを変化させながら回転

運動を続けます.

　結局, 初速度の大きさによって, 質点の運動は次の 3 種類に分類される
ことになります.

・$\dfrac{E}{mg\ell} \leqq 1$ の場合　　　　　　振動する

・$1 < \dfrac{E}{mg\ell} < \dfrac{5}{2}$ の場合　　円軌道から離れる

・$\dfrac{5}{2} \leqq \dfrac{E}{mg\ell}$ の場合　　　回転する

　このように, 運動方程式を解いて（積分して）座標を時刻の関数として
求めることが難しい場合でも, 力学的エネルギー保存の法則等を駆使して,
運動の様子を調べることができます.

14 運動量と力積，運動量保存則

学習のねらい
- 運動量と力積がどのような性質をもった物理量なのか説明できる．
- 運動量保存則の意味を理解し，具体的な問題に適用できる．
- 1次元，2次元の衝突問題を適切に解析できる．

14.1 運動量

　第12章では，ニュートンの運動方程式から，力学的エネルギー保存の法則を導出しました．この章では，新たな保存則を導出します．それに先立ち，ここで，次の式で定義する 運動量 (momentum) という新しい物理量 $\boldsymbol{p}$ を導入します．

$$\boldsymbol{p} = m\boldsymbol{v} \tag{14.1}$$

　この運動量 $\boldsymbol{p}$ を用いると，第4章4.2節（32ページ）で説明した運動の第2法則（運動方程式）は，

$$\frac{\mathrm{d}\boldsymbol{p}}{\mathrm{d}t} = \boldsymbol{F} \tag{14.2}$$

と書けます．

　式 (14.2) の両辺を t について t_0 から t まで積分すると，

$$\boldsymbol{p} - \boldsymbol{p}_0 = \int_{t_0}^{t} \boldsymbol{F}\mathrm{d}t \tag{14.3}$$

となります．この右辺の積分を 力積 (impulse) $\boldsymbol{I} = \displaystyle\int_{t_0}^{t} \boldsymbol{F}\mathrm{d}t$ といいます．これで，新しい物理法則が得られました．

> 質点の運動量の変化は，その間に質点に働く力の力積に等しい．

14.2　運動量保存則

　ここで，2 つの物体が衝突する場面を考えてみましょう．たとえばテニスのラケットでボールを打ったとき，ラケットのガットとボールの間にはごく短い時間に大きく複雑な力 = 撃力 (impulsive force) が作用していると予想されます．この場合は，式 (14.3) の右辺の積分を実行することは事実上不可能です．

　しかし，この式の左辺は衝突前後の運動量の差で，こちらは観測による測定が可能です．そこで，2 つの物体 A, B を考え，この 2 つが衝突するとして，衝突前の時刻 t_0 でのそれぞれの運動量を $\boldsymbol{p}_{A0}, \boldsymbol{p}_{B0}$，衝突後の時刻 t でのそれぞれの運動量を $\boldsymbol{p}_A, \boldsymbol{p}_B$ としましょう．

　更に，A が B から受ける力を $\boldsymbol{F}_{AB}$，逆に B が A から受ける力を $\boldsymbol{F}_{BA}$ とします．A, B がこれ以外の外力を受けないとき，式 (14.3) が成り立ちます．

$$\boldsymbol{p}_A - \boldsymbol{p}_{A0} = \int_{t_0}^{t} \boldsymbol{F}_{AB} \mathrm{d}t \tag{14.4}$$

$$\boldsymbol{p}_B - \boldsymbol{p}_{B0} = \int_{t_0}^{t} \boldsymbol{F}_{BA} \mathrm{d}t \tag{14.5}$$

この 2 つの式を辺々足します．作用・反作用の法則により，$\boldsymbol{F}_{AB} = -\boldsymbol{F}_{BA}$ ですから，

$$(\boldsymbol{p}_A - \boldsymbol{p}_{A0}) + (\boldsymbol{p}_B - \boldsymbol{p}_{B0}) = \int_{t_0}^{t} (\boldsymbol{F}_{AB} + \boldsymbol{F}_{BA}) \, \mathrm{d}t = 0 \tag{14.6}$$

これを書き直して，

$$\boldsymbol{p}_A + \boldsymbol{p}_B = \boldsymbol{p}_{A0} + \boldsymbol{p}_{B0} \tag{14.7}$$

この式は衝突の前後で，運動量の和が変わらないこと意味します．これで，新しい保存則が得られました．即ち，

> 質点の運動量の和は保存する．

☞ ここでは外力が働かないとしましたが，A, B に働く外力の和がゼロであれば，運動量保存則は成り立ちます．

これを 運動量保存則 (momentum conservation law) といいます．

─ 例題 14.1　ロケットの加速 ─

ロケットが他から外力を受けずに直線上を運動している．単位時間あたり質量 μ のガスが，ロケットから見て後方へ速さ u で噴射される．最初 $(t = 0\,\mathrm{s})$ ロケットは静止しており，その全質量は M_0 であった．時刻 t のときロケットの質量を $M(t)$，速度を $v(t)$ とする．時間 $\mathrm{d}t$ 後に，ロケットの速度は $v + \mathrm{d}v$ に加速されるとし，図 14.1 を参考にして $M(t), v(t)$ を求めよ．

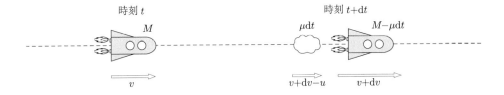

時刻 t　M　時刻 $t+\mathrm{d}t$　$\mu\mathrm{d}t$　$M-\mu\mathrm{d}t$

v　$v+\mathrm{d}v-u$　$v+\mathrm{d}v$

図 14.1　ロケットの加速

解　$\mathrm{d}t$ の間のロケットの質量変化 $\mathrm{d}M$ は，単位時間当たり μ 減ることから，

$$\mathrm{d}M = -\mu\mathrm{d}t \tag{14.8}$$

となります．これは変数分離形ですからすぐ積分できます．積分定数は $M(0) = M_0$ からきまり，

$$M(t) = M_0 - \mu t \tag{14.9}$$

☞ ロケットの質量は燃料を消費して減少していくので $\mathrm{d}M$ は負です．

一方，時刻 t にはロケットと燃料がともに速度 v で右向きに進んでいます．時刻 $t + \mathrm{d}t$ には，ロケットは噴射した燃料の質量 $\mu\mathrm{d}t$ だけ軽くなり，速度が $v + \mathrm{d}v$ に増加しています．燃料は連続的に噴射されますが，時刻 $t + \mathrm{d}t$ にまとめて噴射されたと近似しましょう．噴射されたガスは，ひとまとまりになって速度が $v + \mathrm{d}v - u$ で動いていると考えられます．

元々一つだったものが分裂するのも広い意味で衝突と見なすことができ，ロケットと燃料（ひとかたまりとみなす）の間で，運動量保存則がなり立ちます．具体的にこれを書くと，

$$Mv = (M - \mu\mathrm{d}t)(v + \mathrm{d}v) + \mu\mathrm{d}t(v + \mathrm{d}v - u) \tag{14.10}$$

整理して，式 (14.9) を代入すると，

$$M\mathrm{d}v = \mu u\mathrm{d}t \quad \Rightarrow \quad \mathrm{d}v = \frac{\mu u}{M_0 - \mu t}\mathrm{d}t \tag{14.11}$$

これも変数分離形です．積分定数を C として，

$$v(t) + C = -u\ln(M_0 - \mu t) \tag{14.12}$$

が得られます．$v(0) = 0$ より $C = -u\ln M_0$ と決まるので，

$$v(t) = u\ln\frac{M_0}{M_0 - \mu t} \tag{14.13}$$

となります．

☞ 単位時間当たり μ だけ燃料を消費しますから，t だけ時間が経過したとき質量は μt 減っているということですね．

☞ $M_0 - \mu t$ は質量の次元をもつ量ですから，その対数をとることはできません．この矛盾は，積分定数 C によって回避されます．実際，初期条件から積分定数の値を決めた結果の式 (14.13) では，対数をとる対象がが無次元 $\left(\dfrac{M_0}{M_0 - \mu t}\right)$ になっています．

問 14.1　ロケットの質量が始めの $\dfrac{1}{k}$ 倍になったときの速さはいくらか．

解　$v(t) = u\ln\dfrac{M_0}{M_0 - \mu t} = u\ln\dfrac{M_0}{M(t)}$ より，$v(t) = u\ln k$ となる．

問 14.2　$v(t)$ を積分してロケットの変位 $x(t)$ を求めよ．

解　$x(t) = \displaystyle\int_0^t v(t)\,\mathrm{d}t = \int_0^t u\ln\frac{M_0}{M_0 - \mu t}\,\mathrm{d}t.$　$\dfrac{M_0 - \mu t}{M_0} = s$ と置換して

$$x(t) = \frac{uM_0}{\mu}\int_1^{\frac{M_0 - \mu t}{M_0}}\ln s\,\mathrm{d}s = u\left(t - \frac{M_0 - \mu t}{\mu}\ln\frac{M_0}{M_0 - \mu t}\right)$$

☞ $\ln s$ の不定積分が $s\ln s - s$ となることを使いました．

　　ここで，ロケットに働く外力を考慮に入れた，一般的な運動方程式を作ってみましょう．$\mathrm{d}t$ の間の運動量の変化は式 (14.10) の右辺から左辺を引いたもので，これがこの間に働く力積 $F\mathrm{d}t$ に等しくなります．これを $\mathrm{d}t$ で割って運動方程式の形に書き換えると，

$$M\frac{\mathrm{d}v}{\mathrm{d}t} = F + \mu u = F - \frac{\mathrm{d}M}{\mathrm{d}t}u \tag{14.14}$$

となります．最後の等号で，式 (14.8) を使いました．この式から，燃料を噴射することで，μu の項が，v を増加させる効果を持つことが分かります．式 (14.14) は，次のように書き換えることもできます．

$$\frac{\mathrm{d}}{\mathrm{d}t}(Mv) = F - \frac{\mathrm{d}M}{\mathrm{d}t}(u - v) \tag{14.15}$$

　　ロケットの加速では質量が減少するとしましたが，霧の中を落下する雨粒のように質量が増加する場合にもこの式は使えます．このとき u は吸着される物質が近づく速さで，式 (14.14) の μ は $-\beta$ で置き換えます．ここで $\beta = \dfrac{\mathrm{d}M}{\mathrm{d}t}(> 0)$ は，単位時間当たり増加する質量を表します．特に，静止した物体を吸着する場合は $u = v$ ですから，式 (14.15) は次のように書けます．

$$\frac{\mathrm{d}}{\mathrm{d}t}(Mv) = F \tag{14.16}$$

── 例題 14.2　質量が時間的に変化する問題 ──

静止した霧の中を雨粒が落下する場合を考える．$t = 0\,\mathrm{s}$ のとき，雨粒の質量は m_0 で，高さ h から初速度 $0\,\mathrm{m/s}$ で落下をはじめた．雨粒は霧を付着させながら単位時間あたり βm_0 の割合で質量を増やしていくものとする．この後の雨粒の運動を求めよ．

☞ 時刻 t の関数であることを強調するため $m(t)$ のように書きます．但し計算式の中では (t) は省略します．

解　鉛直上方に y 軸をとり，時刻 t での雨粒の質量を $m(t)$，速度を $v(t)$ としましょう．運動方程式は式 (14.16) から

$$\frac{\mathrm{d}}{\mathrm{d}t}(mv) = -mg \tag{14.17}$$

です．これを 0 から t らまで積分すると，式 (14.3) より

$$m(t)v(t) - m(0)v(0) = -\int_0^t mg\,\mathrm{d}t \tag{14.18}$$

となります．

　　一方，問題文中の説明より，雨滴の質量 $m(t)$ は，

$$m(t) = m_0 + \beta m_0 t = (1 + \beta t)m_0 \tag{14.19}$$

☞ 初期条件より $v(0) = 0$

と表すことができます．従って，

$$(1 + \beta t)m_0 v(t) = -\int_0^t (1 + \beta t)m_0 g\,\mathrm{d}t = -\left(t + \frac{\beta}{2}t^2\right)m_0 g \tag{14.20}$$

この式から，$v(t)$ が求まります．

☞ 分子の次数が分母の次数以上である時は，このように割り算をして，分子の次数を分母より小さくしておきます．

$$v(t) = -\frac{t + \frac{\beta}{2}t^2}{1 + \beta t}g = -\frac{g}{2\beta}\left(1 + \beta t - \frac{1}{1 + \beta t}\right) \tag{14.21}$$

$v(t)$ の変化の様子を次の図 14.2 に示しました．

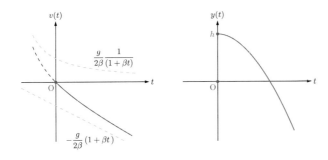

図 14.2 $v(t)$, $y(t)$ の概形

ここで $v(t)$ を積分して $y(t)$ が求められます.

$$y(t) = h - \frac{g}{2\beta}\left(t + \frac{\beta}{2}t^2 - \frac{1}{\beta}\ln(1+\beta t)\right) \tag{14.22}$$

☞ 初期条件より $y(0) = h$

問 14.3 式 (14.21), (14.22) で $\beta \to 0$ の極限値を求めよ.

解 $\dfrac{1}{1+\beta t} = 1 - \beta t + (\beta$ の 2 次以上), $\ln(1+\beta t) = \beta t - \dfrac{1}{2}(\beta t)^2 + (\beta$ の 3 次以上) より, $v(t) \to -gt$, $y(t) \to h - \dfrac{1}{2}gt^2$ これは, 高さ h のところで静止した状態からの自由落下と同じ.

☞ $\dfrac{1}{1+\beta t}$ の係数には $\dfrac{1}{\beta}$, $\ln(1+\beta t)$ の係数には $\dfrac{1}{\beta^2}$ を含みます. 係数の分母に含まれる β の次数に応じて, β の何次まで展開する必要があるかが決まります.

14.3　衝突・散乱

　歴史的には, 衝突現象の詳細な分析によって, 運動量保存則が発見されました. 原子, 原子核や素粒子などの現代物理学の研究において, 衝突・散乱実験はほとんど唯一の重要な研究手段です. 衝突 (collision) は短時間の激しい相互作用の結果ですから, 運動方程式を直接解くことは困難です. しかし, すでに説明したように, 運動量保存則はどのような衝突においても, また, ミクロな粒子の世界でも成立する物理法則です.

　尚, 2 個の接近してきた素粒子が直接接触しなくても, 相互作用によって運動状態を変える全過程も広い意味での衝突と考え, 散乱 (scattering) と呼びます. 例えば, 万有引力やクーロン力は, 無限の彼方まで相互作用する範囲が広がっており, 時刻 t について, $-\infty$ に散乱が始まり, ∞ まで散乱が継続すると考えます. 探査機を惑星の引力で加速するスイングバイ航法も散乱の一種です.

☞ ガリレイも衝突現象を論じていましたが, 正しい分析は, ワリス (非弾性衝突), レン, ホイヘンス (ともに弾性衝突) によって独立に発表されました (1668 年). ニュートンはレンのデータを用いて彼の著書「プリンキピア」で衝突問題を分析しました. 歴史的な経過はマッハが詳しく紹介しています.
〈「マッハ力学」伏見譲訳, 講談社〉

14.3.1　1 次元の衝突

　図 14.3 のように, 2 個の質点 m_1 と m_2 が, 直線上をそれぞれ速度 u_1 と u_2 で運動 (接近) しています. 2 個の質点が衝突し, 衝突後それぞれ v_1 と v_2 の速度で運動するとします. 力は, 衝突の瞬間に運動方向にのみ作用す

るとして, 衝突後の速度 v_1, v_2 を求めてみましょう. 2 個の質点に外部から作用する力はないものとします.

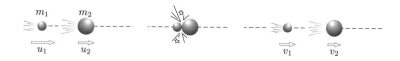

図 **14.3** 2 個の質点の衝突 (1 次元)

衝突の前後で 2 個の質点の運動量の和は保存するので,

$$m_1u_1 + m_2u_2 = m_1v_1 + m_2v_2 \tag{14.23}$$

☞ 図 14.3 では, 追突する場合を想定して速度の矢印を書き込んでいます. 正面衝突するときには $u_2 < 0$ です. どちらの衝突でも (14.23) はこのまま成り立っています.

が成り立ちます. しかし, 衝突後の速度 2 個を求めるためには, もう一つ条件式がなければなりません. ここでは, 経験的に知られている次の事実を使うことにします. それは,

> 衝突のとき, 互いに近づく速さと遠ざかる速さの比は一定である.

というものです. この比を e として, 数式では以下のように書けます.

$$\frac{v_2 - v_1}{u_1 - u_2} = e \tag{14.24}$$

☞ この式はあくまで経験的に知られた便宜上のもので, 力学的に証明されたものではありません.

e を反発係数または はね返り係数 (coefficient of restitution) といいます. 衝突は激しい現象ですから, 衝突の瞬間に関与する物体は変形したり, 熱や音を発したりするなどの複雑な現象がおこります. それらの効果のすべてを式 (14.24) の値 e で表しています. そして, $e = 1$ の場合を弾性衝突 (elastic collision), $0 < e < 1$ の場合を非弾性衝突 (inelastic collision), $e = 0$ の場合を完全非弾性衝突 (perfectly inelastic collision) とよびます. 特に, **$e = 0$ は $v_1 = v_2$ を意味するので, 衝突後 2 個の質点が合体して一体となって運動すること**を意味します.

☞ 地面や壁ではね返るときは, 質点 m_2 が固定されて動かないと考えればよい. そのため, $u_2 = v_2 = 0$ として

$$-\frac{v_1}{u_1} = e \Leftrightarrow v_1 = -eu_1$$

となります.

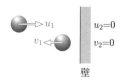

図 **14.4** 壁との衝突

> 問 **14.4** 高さ H のところからボールを落とすと, 高さ h のところまで跳ね返った. 反発係数はいくらか.
>
> **解** $mgH = \dfrac{1}{2}mu_1{}^2$, $mgh = \dfrac{1}{2}mv_1{}^2$ より, $e = \sqrt{\dfrac{h}{H}}$

式 (14.23), (14.24) をまとめて行列で表すと,

$$\begin{pmatrix} m_1 & m_2 \\ -1 & 1 \end{pmatrix} \begin{pmatrix} v_1 \\ v_2 \end{pmatrix} = \begin{pmatrix} m_1u_1 + m_2u_2 \\ e(u_1 - u_2) \end{pmatrix} \tag{14.25}$$

と書き表すことができます. これを解いて,

$$\begin{pmatrix} v_1 \\ v_2 \end{pmatrix} = \begin{pmatrix} m_1 & m_2 \\ -1 & 1 \end{pmatrix}^{-1} \begin{pmatrix} m_1u_1 + m_2u_2 \\ e(u_1 - u_2) \end{pmatrix}$$

$$= \frac{1}{m_1 + m_2} \begin{pmatrix} 1 & -m_2 \\ 1 & m_1 \end{pmatrix} \begin{pmatrix} m_1 u_1 + m_2 u_2 \\ e(u_1 - u_2) \end{pmatrix}$$

$$= \frac{1}{m_1 + m_2} \begin{pmatrix} m_1 u_1 + m_2 u_2 - em_2(u_1 - u_2) \\ m_1 u_1 + m_2 u_2 + em_1(u_1 - u_2) \end{pmatrix} \qquad (14.26)$$

となります.

問 14.5 $e = 1$ かつ $m_1 = m_2$ のとき, $v_1 = u_2$, $v_2 = u_1$ となり, 衝突の前後で m_1 と m_2 の速度が入れ替わることを示せ.

解   式 (14.26) に, $e = 1$, $m_1 = m_2$ を代入すればよい.

次に, 衝突による運動エネルギーの変化 ΔK を計算してみよう. 具体的に書くと,

$$\Delta K = \left(\frac{1}{2} m_1 v_1{}^2 + \frac{1}{2} m_2 v_2{}^2 \right) - \left(\frac{1}{2} m_1 u_1{}^2 + \frac{1}{2} m_2 u_2{}^2 \right) \qquad (14.27)$$

です. ここに式 (14.26) で求めた v_1, v_2 を代入すればよいのですが, とても煩雑で見通しがよくありません. そこで, 計算に取りかかる前に, 式 (14.26) を物理的見地から吟味してみましょう.

v_1, v_2 は 2 つの項からなっています. 一つは共通で,

$$\frac{m_1 u_1 + m_2 u_2}{m_1 + m_2} \qquad (14.28)$$

と表される部分です. ここで, 質点 m_1, m_2 の位置を x_1, x_2 と表し, 各々の質量を重みとした位置の加重平均を X_G とします. 式で表すと,

$$X_G = \frac{m_1 x_1 + m_2 x_2}{m_1 + m_2}$$

です. この X_G で表される点を重心 (center of gravity) または質量中心 (center of mass) といいます. 式 (14.28) は, 重心の速度を表します.

☞
$$\frac{\mathrm{d} X_G}{\mathrm{d} t} = \frac{m_1 u_1 + m_2 u_2}{m_1 + m_2}$$

運動量保存則により, **重心の速度は衝突の前後で変わりません**. つまり, 2 質点の運動エネルギーの和を考えるとき, 重心運動に対応する部分は衝突で変化しないのです. 従って, 各々の質点の重心に対する運動に関わるエネルギーが変化すると考えられます. 各々の質点の速度から重心の速度を引いた残りの部分は, 式 (14.26) から, $e(u_1 - u_2) = v_2 - v_1$ に比例していることが分かります. これは 2 質点の相対速度ですから, 失われるのは相対運動に関わる運動エネルギーあるといえるでしょう.

そこで, 2 質点の相対運動に対応する運動エネルギーを求めてみましょう. 各質点の持つ運動エネルギーの和から重心運動の運動エネルギーを引いて求めます. 重心運動の運動エネルギーは, 質量が $m_1 + m_2$ の質点が重心の速度で動いているとして計算すればよいでしょう.

> 問 14.6　相対運動の運動エネルギーを求めよ．
>
> **解**　$\dfrac{1}{2}m_1{u_1}^2 + \dfrac{1}{2}m_2{u_2}^2 - \dfrac{1}{2}(m_1+m_2)\left(\dfrac{m_1u_1+m_2u_2}{m_1+m_2}\right)^2$
>
> $= \dfrac{(m_1+m_2)(m_1{u_1}^2+m_2{u_2}^2)-(m_1u_1+m_2u_2)^2}{2(m_1+m_2)} = \dfrac{m_1m_2(u_1-u_2)^2}{2(m_1+m_2)}$

　結局，2 質点の運動エネルギーの和は，次のように，**重心運動のエネルギーと相対運動のエネルギー**の和に書き換えられることが分かりました．

$$\frac{1}{2}m_1{u_1}^2 + \frac{1}{2}m_2{u_2}^2 = \frac{(m_1u_1+m_2u_2)^2}{2(m_1+m_2)} + \frac{m_1m_2(u_1-u_2)^2}{2(m_1+m_2)}$$

$$(14.29)$$

式 (14.29) の右辺は，数学的な式変形の結果として得られたものですが，次のように物理的な意味付けができます．先ず，質量の次元をもつ量として μ を定義します．

$$\mu = \frac{m_1m_2}{m_1+m_2} \tag{14.30}$$

これを 換算質量 (reduced mass) といいます．全体の質量を $M\,(=m_1+m_2)$，相対速度を $u\,(=u_1-u_2)$，重心の速度を $U_{\mathrm G}\left(=\dfrac{m_1u_1+m_2u_2}{m_1+m_2}\right)$ として，

$$\frac{1}{2}m_1{u_1}^2 + \frac{1}{2}m_2{u_2}^2 = \frac{1}{2}M{U_{\mathrm G}}^2 + \frac{1}{2}\mu u^2 \tag{14.31}$$

となります．式 (14.31) の右辺は，質量 M，速度 $U_{\mathrm G}$ の粒子と，質量 μ，速度 u の粒子の運動エネルギーと解釈できます．

　式 (14.31) のように書くと，式 (14.27) で定義した衝突による運動エネルギーの変化 ΔK は，容易に計算できます．運動量保存則により，重心の速度 U は衝突の前後で変化しません．一方，反発係数の式 (14.24) は，衝突により，相対速度が $-e$ 倍になることを示しています．従って，

$$\Delta K = (e^2-1)\frac{1}{2}\mu u^2 = -\left(1-e^2\right)\times \frac{m_1m_2(u_1-u_2)^2}{2(m_1+m_2)} \tag{14.32}$$

この式から，**弾性衝突** $(e=1)$ では衝突の前後で運動エネルギーが保存 $(\Delta K=0)$ し，非弾性衝突 $(e<1)$ では衝突により運動エネルギーが減少 $(\Delta K<0)$ することが分かります．

　なお，**ボールが地面や壁で跳ね返る**場合は，130 ページの脚注に示したように，$v_1=-eu_1$ でした．この式は，式 (14.26) において，$\boldsymbol{m_2\to\infty}$，$\boldsymbol{u_2\to 0}$ として導くことができます．但し，$u_2=v_2=0$（地面や壁は動かない）ですから，$e<1$ の非弾性衝突では運動量保存則 (14.23) が成り立たないように見えます．これは，m_2 がいかに大きくても有限の値であれば，v_2 がゼロではないのに，これを無視したからです．地面との衝突とは，地球と衝突することですし，壁は地球に固定されていると考えます．つまり，

図 14.5　2 個の質点の弾性衝突（2 次元）

地球の運動量変化を考慮すれば運動量保存則は成り立つのですが，地球の質量 m_2 が非常に大きいため，地球の速度変化は極めて小さく，$v_2 = 0\,\mathrm{m/s}$ とみなすのです．このときには，式 (14.23) は問いません.

☞ 数学的には，式 (14.23) の $m_2 u_2$ は $\infty \times 0$ の不定型で，定まった値がないので考えないということです．式 (14.23) の両辺を m_2 で割った式は，$0 = 0$ で成立します.

14.3.2　2 次元の衝突

2 個の速度ベクトルは同一平面上に置くことができるので，多くの衝突現象は平面上の 2 次元運動として解析できます.

例題 14.3　2 次元弾性衝突

静止している質点 m_2 に質点 m_1 が入射速度 $\boldsymbol{u}$（大きさ u）で衝突した．衝突後，質点 m_1 は入射方向に対して角 θ_1 の方向へ散乱した（図 14.5 参照）．衝突後の質点 m_1 の速度 $\boldsymbol{v}_1$（大きさ v_1），質点 m_2 の速度 $\boldsymbol{v}_2$（大きさ v_2，入射方向に対する散乱角 θ_2）を求めよ．衝突は平面上の弾性衝突であったとする.

解　運動量保存則は，ベクトルで表して

$$m_1 \boldsymbol{v}_1 + m_2 \boldsymbol{v}_2 = m_1 \boldsymbol{u}$$

と書けます．入射方向とこれに垂直な方向に分けて表すと

$$m_1 v_1 \cos \theta_1 + m_2 v_2 \cos \theta_2 = m_1 u \tag{14.33}$$

$$m_1 v_1 \sin \theta_1 - m_2 v_2 \sin \theta_2 = 0 \tag{14.34}$$

です．更に，弾性衝突ですから運動エネルギーが保存するので

$$\frac{1}{2} m_1 v_1{}^2 + \frac{1}{2} m_2 v_2{}^2 = \frac{1}{2} m_1 u^2 \tag{14.35}$$

が成り立ちます．これら 3 つの式において，θ_1 を予め指定し，これを用いて v_1, v_2, θ_2 を表す式を作ろうということです.

式 (14.33), (14.34) から $\cos^2 \theta + \sin \theta^2 = 1$ を用いて θ_2 を消去します.

$$(m_2 v_2 \cos \theta_2)^2 + (m_2 v_2 \sin \theta_2)^2 = (m_1 u - m_1 v_1 \cos \theta_1)^2 + (m_1 v_1 \sin \theta_1)^2$$

$$= (m_1 u)^2 - 2 m_1 u \cdot m_1 v_1 \cos \theta_1 + (m_1 v_1)^2$$

$$= m_1{}^2 \left(u^2 - 2uv_1 \cos\theta_1 + v_1^2 \right)$$

この式の左辺は $(m_2 v_2)^2$ で，ここから v_2 を v_1 で表す式が得られます．

$$v_2 = \frac{m_1}{m_2} \cdot \sqrt{v_1{}^2 - 2u \cos\theta_1 \cdot v_1 + u^2} \qquad (14.36)$$

これをエネルギー保存則の式 (14.35) に代入，v_1 を決める式が得られます．

$$(m_1 + m_2)v_1{}^2 - 2m_1 u \cos\theta_1 \cdot v_1 + (m_1 - m_2)u^2 = 0 \qquad (14.37)$$

この 2 次方程式を解いて，

$$v_1 = \frac{m_1 \cos\theta_1 \pm \sqrt{(m_1 \cos\theta_1)^2 + (m_2{}^2 - m_1{}^2)}}{m_1 + m_2} u \qquad (14.38)$$

$$= \frac{m_1 \cos\theta_1 \pm \sqrt{m_2{}^2 - (m_1 \sin\theta_1)^2}}{m_1 + m_2} u \qquad (14.39)$$

2 次方程式を解いているので，一般に 2 つの解が得られます．但し，物理的要求から，制限を受ける場合があります．

　（1）軽い粒子が重い粒子に衝突する場合：$m_1 < m_2$

v_1 は正なので，式 (14.38) から，複号 ($\pm$) は ＋ の方だけが許されます．従って，v_1 は一通りに決まります．

　（2）重い粒子が軽い粒子に衝突する場合：$m_1 > m_2$

v_1 は二通りあります．但し，式 (14.39) でルートの中が負にならないことから，散乱角 θ_1 に関して制限がつきます．具体的には，$m_2 = m_1 \sin\theta_c$ で決まる θ_c より大きな角の方へ散乱されることはありません．

---

v_1 が決まると，その値を用いて v_2 は式 (14.35) より，

$$v_2 = \sqrt{\frac{m_1}{m_2} \left(u^2 - v_1{}^2 \right)}$$

と決まります．散乱角 θ_2 は，式 (14.33), (14.34) から v_2 を消去して，

$$\frac{m_2 v_2 \sin\theta_2}{m_2 v_2 \cos\theta_2} = \frac{m_1 v_1 \sin\theta_1}{m_1 u - m_1 v_1 \cos\theta_1}$$

$$\Rightarrow \quad \tan\theta_2 = \frac{v_1 \sin\theta_1}{u - v_1 \cos\theta_1}$$

☞ 電磁気現象のように，力の作用を伝える場を考えるときには，場の運動量も考慮して，運動量保存則が成り立つように法則を拡張します．

尚，運動量保存則は，2 個以上の質点が関与する現象においても，全体を 1 つの系とみなしたときに，その系内で作用する力に対して成り立っています．従って，系の外部から作用する力がないときは，その系内の個々の質点がいかに激しい運動をしていても，系全体の運動量は保存します．

参考　　重い粒子が軽い粒子に衝突する場合 ($m_1 > m_2$)，重い粒子の散乱角 θ_1 を指定したとき，その速さ v_1 として 2 つの解が存在するのはなぜなのでしょうか．散乱角を決めているのですから，その角の方へ散乱されてくる質点 m_1 の速さ v_1 は決まるはずだと考えるのが自然でしょう．また，重い粒子の散乱角が θ_c 以下に制限される理由も探ってみましょう．

　　衝突現象を調べるためには，全体の運動量がゼロになる座標系をとると便利です．そのような座標系を 重心系 (center of mass system) といいます．これに対して，図 14.5 のように，静止した標的に粒子を衝突させるという視点でみる座標系を 実験室系 (laboratory system) といいます．

　　実験室系で重心の速度を $\boldsymbol{V}_\mathrm{G}$ とします．

$$\boldsymbol{V}_\mathrm{G} = \frac{m_1 \boldsymbol{u}}{m_1 + m_2}, \quad |\boldsymbol{V}_\mathrm{G}| = \frac{m_1 u}{m_1 + m_2} \tag{14.40}$$

です．重心系で見た質点 m_1 の速度ベクトルが，衝突前に $\boldsymbol{u}^\mathrm{G}$，衝突後に $\boldsymbol{v}_1^\mathrm{G}$ であったとしましょう．実験室系での速度ベクトルと重心系での速度ベクトルの間には，

$$\boldsymbol{u} = \boldsymbol{u}^\mathrm{G} + \boldsymbol{V}_\mathrm{G} \tag{14.41}$$

$$\boldsymbol{v}_1 = \boldsymbol{v}_1^\mathrm{G} + \boldsymbol{V}_\mathrm{G} \tag{14.42}$$

の関係があります．式 (14.41) から，

$$\boldsymbol{u}^\mathrm{G} = \boldsymbol{u} - \boldsymbol{V}_\mathrm{G} = \frac{m_2 \boldsymbol{u}}{m_1 + m_2}, \quad |\boldsymbol{u}^\mathrm{G}| = \frac{m_2 u}{m_1 + m_2} \tag{14.43}$$

であることが分かります．

　　重心系で質点 m_1 の散乱角を ϕ としましょう．実験室系の図 14.5 の θ_1 にあたる角を重心系で見たものです．重心系では全運動量はゼロですから，質点 m_1 の運動量と質点 m_2 の運動量の大きさは同じで逆向きです．つまり，質点 m_1，質点 m_2 は，1 つの直線に沿って近づき，衝突後も別の直線に沿って離れていきます．運動量の大きさが等しいことから速さの比が決まります．一方，弾性衝突では運動エネルギーの和が保存しますが，一直線上の衝突でははね返り係数 $e = 1$ ですから，近づく速さと遠ざかる速さが同じになります．このことから，重心系における弾性衝突では速度の向きは変わるけれども速さは変わらないことになります．従って，式 (14.43) から，

$$|\boldsymbol{v}_1^\mathrm{G}| = |\boldsymbol{u}^\mathrm{G}| = \frac{m_2 u}{m_1 + m_2} \tag{14.44}$$

となります．

　　ここで，式 (14.42) に示した速度の関係を図 14.6 に描きました．重心系で散乱角 ϕ は 0 から π まで任意の値をとり，それに応じて，$\boldsymbol{v}_1^\mathrm{G}$ を示す矢印の先は図の破線で示した半円状を動きます．

　　(a) $m_1 < m_2$：このとき $|\boldsymbol{V}_\mathrm{G}| < |\boldsymbol{v}_1^\mathrm{G}|$ なので，$\boldsymbol{v}_1$ を示す矢印の始点は，破線の円の内側に来ます．そのため，ϕ と θ_1 は 1 対 1 に対応し，ϕ が 0 から π まで変化するとき，θ_1 も 0 から π まで変化します．

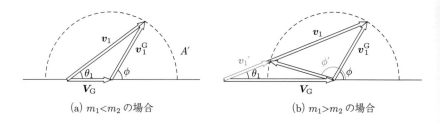

図 14.6　重心系での 2 個の質点の弾性衝突（2 次元）

　(b) $m_1 > m_2$：このとき $|V_G| > |v_1^G|$ なので，v_1 を示す矢印の始点は，破線の円の外側に来ます．そのため，図 14.6 (b) のように，重心系では異なる散乱角である ϕ と ϕ' が実験室系では同じ散乱角 θ_1 に対応するのです．そのため，v_1 として，2 つの解があるのです（v_1 と v_1'）．θ_1 に最大値がある事は，図 14.6 (b) から明かでしょう．

　これで，重い粒子が軽い粒子に衝突する場合に，v_1 として 2 つの解が存在する理由が明らかになりました．重心系で見れば 2 つの別の散乱（散乱角が ϕ と ϕ'）が，実験室系で見ると，v_1 は異なるけれども散乱角が同じ θ_1 の散乱に見えてしまったということです．ですから，散乱現象を解析するには，実験室系よりも重心系を用いる方が分かり易いのです．

15 角運動量

学習のねらい
・角運動量とはどのような性質をもった物理量なのか説明できる.
・角運動量保存則の意味を理解し,具体的な問題に適用できる.

15.1 回転運動と角運動量

位置ベクトル r と第 14 章 125 ページの式 (14.2) に示した一般的な場合のニュートンの運動方程式とのベクトル積を考えてみましょう.

$$r \times \frac{\mathrm{d}p}{\mathrm{d}t} = r \times F \tag{15.1}$$

です.ここで,v は $p = mv$ と同じ向きなので

$$v \times p = \frac{\mathrm{d}r}{\mathrm{d}t} \times p = 0$$

となります.そのため,

$$\frac{\mathrm{d}}{\mathrm{d}t}(r \times p) = \frac{\mathrm{d}r}{\mathrm{d}t} \times p + r \times \frac{\mathrm{d}p}{\mathrm{d}t} = r \times \frac{\mathrm{d}p}{\mathrm{d}t} \tag{15.2}$$

となり,式 (15.1) は

$$\frac{\mathrm{d}}{\mathrm{d}t}(r \times p) = r \times F \tag{15.3}$$

と書き直すことができます.ここに現れたベクトル

$$L = r \times p \tag{15.4}$$

を,原点 O のまわりの角運動量 (angular momentum) といいます.角運動量は,質点の位置ベクトルと運動量によって決まり,力に無関係に測定できる物理量です.もう 1 つのベクトル

$$N = r \times F \tag{15.5}$$

を,原点 O のまわりの力のモーメント (moment of force) あるいは,トルク (torque) といいます.従って,式 (15.3) は,次のように書き換えられ

ます.

$$\frac{\mathrm{d}\boldsymbol{L}}{\mathrm{d}t} = \boldsymbol{N} \tag{15.6}$$

式 (15.4), (15.5) は $\boldsymbol{r} \times \boldsymbol{A}$ の同じ形（位置ベクトルと運動量あるいは力の
ベクトル積）をしています. 一般に $\boldsymbol{r} \times \boldsymbol{A}$ を原点 O のまわりの $\boldsymbol{A}$ のモー
メントといい, $\boldsymbol{A}$ による回転の効果を表します. $|\boldsymbol{r} \times \boldsymbol{A}|$ が回転の効果の大
きさです. $\boldsymbol{r}$ から $\boldsymbol{A}$ へ右ねじを回したときにねじの進む向きが回転軸とな
り, $\boldsymbol{r} \times \boldsymbol{A}$ の向きを表しています. この言い方をすれば, 角運動量は原点
O のまわりの運動量のモーメントです. 図 15.1 を参考にしてください.

☞ $|\boldsymbol{r} \times \boldsymbol{A}| = rA\sin\theta$ で, 図
15.1(a) の青い長方形の面積
に相当します. ここで, θ は
二つのベクトル $\boldsymbol{r}$, $\boldsymbol{A}$ がなす
角で, r と A はそれぞれ $\boldsymbol{r}$ と
$\boldsymbol{A}$ の大きさです.

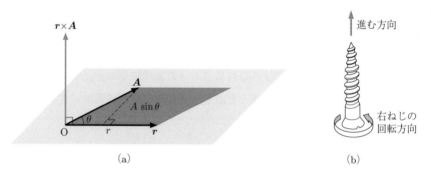

図 15.1　ベクトル積の幾何学的表現

角運動量はベクトルですから, その向き = 回転軸の向きをつねに意識し
ておかなければなりません. また, この回転軸は原点 O を「使って」いま
す. 従って, 原点をずらして O′ にした場合は「原点 O′ のまわりの」角運
動量となり, 元の角運動量の値とは異なります.

2 つの簡単な運動の場合を例にとって, 角運動量を具体的に計算して見ま
しょう.

1) 等速直線運動　　図 15.2 (a) のように, 質点 m が xy 面上の直線 $y = b$
の上を一定の速さ v で運動しています. この質点の位置ベクトル $\boldsymbol{r}$, 速度ベ
クトル $\boldsymbol{v}$ は

$$\boldsymbol{r} = x\boldsymbol{i} + b\boldsymbol{j}, \quad \boldsymbol{v} = v\boldsymbol{i}$$

と表されますから, 角運動量 $\boldsymbol{L}_1$ は

$$\boldsymbol{L}_1 = \boldsymbol{r} \times \boldsymbol{p} = (x\boldsymbol{i} + b\boldsymbol{j}) \times mv\boldsymbol{i} = -bmv\boldsymbol{k} \tag{15.7}$$

です.

直線運動ですが, 無限の彼方からやってきて, 無限の彼方へ去って行く
ことで, 原点 O の周りを「回っている」と考えます. この回転の向きと角
運動量の向きが, 右ねじの関係にあります. 進む向きが逆になると, 回転
の向きが逆になり, 角運動量の向きも逆になります. 角運動量の大きさは,

運動量の大きさ mv に原点から運動する直線までの距離 b を掛けたものになっています. b を衝突径数 (impact parameter) ということがあります.

2) 円運動　図 15.2 (b) のように, 質点 m が xy 面上で半径 R の円周上を運動しています. 位置ベクトル r は,

$$r = R\cos\theta i + R\sin\theta j$$

と書けるので,

$$v = \frac{\mathrm{d}r}{\mathrm{d}t} = R\left(-\frac{\mathrm{d}\theta}{\mathrm{d}t}\sin\theta\right)i + R\left(\frac{\mathrm{d}\theta}{\mathrm{d}t}\cos\theta\right)j$$

となります. 従って, 角運動量 L_2 は

$$L_2 = r \times p = R(\cos\theta i + \sin\theta j) \times mR\frac{\mathrm{d}\theta}{\mathrm{d}t}(-\sin\theta i + \cos\theta j)$$

$$= mR^2\frac{\mathrm{d}\theta}{\mathrm{d}t}k \tag{15.8}$$

ここで,

$$\omega = \frac{\mathrm{d}\theta}{\mathrm{d}t}k \tag{15.9}$$

を角速度ベクトル (angular momentum vector) といいます.

☞ ω と v の間には $\omega = \dfrac{r \times v}{r^2}$ の関係があります.

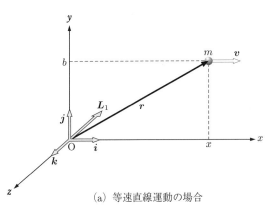

(a) 等速直線運動の場合

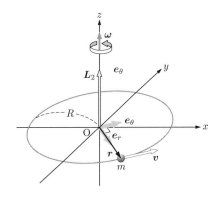

(b) 円運動の場合

図 15.2　角運動量の例

　以上 2 つの例を見ました. いずれも物体の運動は, 原点を含む平面上に制限されたものでした. 位置ベクトルと運動量 (ベクトル) は常にこの面上にありますから, 角運動量 (ベクトル) の向きは, この面に垂直で,「表から裏」または「裏から表」のどちらかです. この区別は, 右ねじの関係で, 面上の回転の向きと関係づけられます.

　そんなわけで, 面上の回転運動を考えるとき, 角運動量 (ベクトル) や力のモーメント (これもベクトルです) を, その大きさと回転の向き (反時計回りを正とし時計回りを負とする) で考えるとがしばしば行われます.

☞ 角速度も本来はベクトル量ですが, $\dfrac{\mathrm{d}\theta}{\mathrm{d}t}$ のことを角速度ということがよくあります. 符号によって回転の向きを指定するのですが, 単振動の考察などでは, 大きさを角速度ということもあります.

15.2　角運動量と面積速度

　質点の運動にともなって，質点の位置ベクトルが移動してできる図形の面積を S とします．S が変化する割合 $\dfrac{\mathrm{d}S}{\mathrm{d}t}$ を面積速度 (areal velocity) といいます．時刻 t における位置ベクトル $\boldsymbol{r}(t)$ と時刻 $t + \Delta t$ における位置ベクトル $\boldsymbol{r}(t + \Delta t)$ を 2 辺とする三角形の面積を Δt で割ったものになります．

　一般に，ベクトル積の大きさは，この 2 つのベクトルを 2 辺とする三角形の面積の 2 倍となりますから，

$$\frac{\mathrm{d}S}{\mathrm{d}t} = \lim_{\Delta t \to 0} \frac{|\boldsymbol{r}(t) \times \boldsymbol{r}(t + \Delta t)|}{2\Delta t} \tag{15.10}$$

と表されることになります．ここで，Δt が微小量であるとして，その 2 次の項を無視すると，

$$\boldsymbol{r}(t + \Delta t) \fallingdotseq \boldsymbol{r}(t) + \frac{\mathrm{d}\boldsymbol{r}}{\mathrm{d}t}\Delta t = \boldsymbol{r}(t) + \boldsymbol{v}(t)\Delta t \tag{15.11}$$

となりますから，質点の質量を m，原点周りの角運動量を $\boldsymbol{L}$ とすれば，

$$\frac{\mathrm{d}S}{\mathrm{d}t} = \frac{1}{2}|\boldsymbol{r}(t) \times \boldsymbol{v}(t)| = \frac{|\boldsymbol{L}|}{2m} \tag{15.12}$$

となります．

15.3　角運動量保存則

　式 (15.6) を t について t_0 から t まで積分すると，

$$\boldsymbol{L} - \boldsymbol{L}_0 = \int_{t_0}^{t} \boldsymbol{N}\mathrm{d}t \tag{15.13}$$

となります．この右辺の積分を 角力積 (angular impulse) といいます．このことから，新しい物理法則が得られます．

> 　質点の角運動量の変化は，質点に働く力のモーメント（トルク）の角力積に等しい．

　更に，力のモーメント（トルク）$\boldsymbol{N} = 0$ ならば，

$$\boldsymbol{L} - \boldsymbol{L}_0 = 0 \quad \Rightarrow \quad \boldsymbol{L} = \text{一定} \tag{15.14}$$

となります．これを 角運動量保存則 (law of conservation of angular momentum) といいます．

> 　質点に働く力のモーメント（トルク）がゼロのとき，角運動量は保存する．

　$\boldsymbol{N} = \boldsymbol{r} \times \boldsymbol{F} = 0$ となるのは，$\boldsymbol{F} = 0$ または，$\boldsymbol{r}$ と $\boldsymbol{F}$ が平行 の二つの場合があります．$\boldsymbol{r}$ に平行な力を 中心力 (central force) といいます．万有引力は，質点の位置を原点にとれば中心力です．

　一般に，ベクトル積 $\boldsymbol{A} \times \boldsymbol{B}$ は，$\boldsymbol{A}$, $\boldsymbol{B}$ に垂直です．角運動量保存則は，$\boldsymbol{L} = \boldsymbol{r} \times \boldsymbol{p}$ が定ベクトルであるということですから，**質点の運動する面は，初期条件で決まる $\boldsymbol{L}$ に垂直な面に限定されます**．このことは，質点が同じ平面上で運動し続けることを示しています．このことから，例えば万有引力の下での惑星の運動は，実質的には 2 次元の平面上の運動として解析できることになります．

例題 15.1　万有引力の下での運動

力学的エネルギー保存則と角運動量保存則を用いて，原点に固定された物体による万有引力の下での質点 m の運動を考察せよ．

解　中心から遠ざかる向きの速度成分は $\dfrac{\mathrm{d}r}{\mathrm{d}t}$，これと垂直な向きの成分は，第 13 章 119 ページの式 (13.19) から $r\dfrac{\mathrm{d}\theta}{\mathrm{d}t}$ となります．従って，その速さ v を 2 次元極座標系で表すと，

$$v = \sqrt{\left(\frac{\mathrm{d}r}{\mathrm{d}t}\right)^2 + \left(r\frac{\mathrm{d}\theta}{\mathrm{d}t}\right)^2} \tag{15.15}$$

です．

　万有引力の下での運動は，2 次元面上の運動で，力学的エネルギー E と，角運動量（大きさを $L = mh$ とする）が保存します．それらの値は，2 次元極座標系で具体的に書くと，

$$E = \frac{m}{2}\left\{\left(\frac{\mathrm{d}r}{\mathrm{d}t}\right)^2 + \left(r\frac{\mathrm{d}\theta}{\mathrm{d}t}\right)^2\right\} - G\frac{Mm}{r} \tag{15.16}$$

$$L = mh = mr^2\frac{\mathrm{d}\theta}{\mathrm{d}t} \tag{15.17}$$

となります．式 (15.17) は，r と $\dfrac{\mathrm{d}\theta}{\mathrm{d}t}$ とを関係付ける束縛条件と見なすことができます．力学的エネルギー E を表す式 (15.16) は θ を含まないので，この束縛条件はすぐに解けます．即ち，$\dfrac{\mathrm{d}\theta}{\mathrm{d}t}$ について解いて，式 (15.16) に代入すればよいのです．

　その結果力学的エネルギーは次のように，r だけに依存します．

$$E = \frac{m}{2}\left(\frac{\mathrm{d}r}{\mathrm{d}t}\right)^2 + \frac{mh^2}{2r^2} - G\frac{Mm}{r} \tag{15.18}$$

第一項は運動エネルギーで，残る二つの項がポテンシャルエネルギーであるような一次元の問題（r 方向のみ）に帰着されたと考えられます．このポテンシャルエネルギーを $U_{\mathrm{eff}}(r)$ と書き，有効ポテンシャル (effective potential) とよぶことにします．具体的には，

$$U_{\mathrm{eff}}(r) = \frac{mh^2}{2r^2} - G\frac{Mm}{r} \tag{15.19}$$

です．$U_{\mathrm{eff}}(r)$ のグラフを図 15.3 に示しました．

☞ ここでは太陽・地球の運動を念頭に置き，太陽が地球に比べて十分重いことから，原点に固定されるとしました．本来は作用反作用の法則により，太陽も地球の引力に引かれて運動します．

☞ 半径 r の円運動の速度が円の接線の向きに $v = r\dfrac{\mathrm{d}\theta}{\mathrm{d}t}$ でした．

☞ 以下に出てくる式を見やすくするために，定数 h を用いて $L = mh$ と書くことにします．h は面積速度の 2 倍に当たります．

☞ 角運動量は $m\boldsymbol{r} \times \boldsymbol{v}$ ですから，中心から遠ざかる向き（$\boldsymbol{r}$ と同じ向き）の速度成分は角運動量に寄与しません．そのため，円運動の角運動量 (15.8) と同じ形になります．

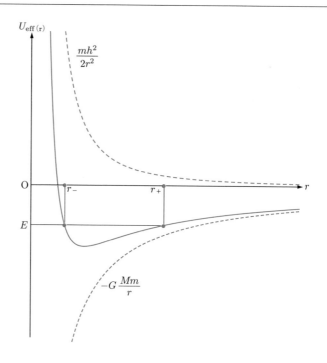

図 **15.3**   質点 m の有効ポテンシャル $U_{\mathrm{eff}}(r)$

ここから導かれる力 $F_{\mathrm{eff}}(r)$ は,

$$F_{\mathrm{eff}}(r) = -\frac{\mathrm{d}}{\mathrm{d}r}U_{\mathrm{eff}}(r) = \frac{mh^2}{r^3} - G\frac{Mm}{r^2} \tag{15.20}$$

です. 第 2 項は元々からある万有引力, 第 1 項は束縛条件 (15.17) を解いた結果現れた回転運動に起因する力で, 遠心力と呼ばれます. この力は, 万有引力とは逆に, 原点から遠ざかる向きにはたらきます.

☞ r 方向の速度成分がゼロということです. θ が変化する向きの速度成分はゼロではなく, 止まってしまうということではありません.

1 次元の問題としての運動エネルギーがゼロとなる位置を求めておきましょう.

$$\frac{m}{2}\left(\frac{\mathrm{d}r}{\mathrm{d}t}\right)^2 = E - U_{\mathrm{eff}}(r) = 0 \tag{15.21}$$

より, 力学的エネルギー E が負の場合,

$$r_\pm = \frac{GMm}{2(-E)}\left(1 \pm \sqrt{1 - \frac{2(-E)h^2}{(GM)^2 m}}\right) \quad \text{(複号同順)} \tag{15.22}$$

☞ 以下の式では, このことを意識して, $(-E)$ と書くことにします.

の 2 ヶ所で運動エネルギーがゼロとなることが分かります. 以下では, 力学的エネルギーが負であるとして議論を進めます. この値を用いると,

$$\frac{m}{2}\left(\frac{\mathrm{d}r}{\mathrm{d}t}\right)^2 = E - U_{\mathrm{eff}}(r) = \frac{(-E)}{r^2}(r_+ - r)(r - r_-) \tag{15.23}$$

と因数分解できます. 運動エネルギーは負にならないので, 図 15.3 より r の値が以下のように制限されることが分かります.

$$r_- \leqq r \leqq r_+$$

この 1 次元の問題では, r の値は r_- と r_+ の間で振動します. 点 r における速さ $v(r)$ は, 式 (15.23) より,

$$v(r) = \left|\frac{\mathrm{d}r}{\mathrm{d}t}\right| = \frac{1}{r}\sqrt{\frac{2(-E)}{m}} \cdot \sqrt{(r_+ - r)(r - r_-)} \tag{15.24}$$

です. 従って, 点 r から $r + \mathrm{d}r$ まで, 微小な距離 $\mathrm{d}r$ を移動するのにかかる時間は,

$$\frac{\mathrm{d}r}{v(r)}$$

となります. これを, 点 r_- から r_+ まで足し合わせる (積分する) と, その間の所要時間を求められます. 周期 τ はその 2 倍 (往復) となるので,

$$\tau = 2 \int_{r_-}^{r_+} \frac{\mathrm{d}r}{v(r)} = 2\sqrt{\frac{m}{2(-E)}} \times \int_{r_-}^{r_+} \frac{r\mathrm{d}r}{\sqrt{(r_+ - r)(r - r_-)}} \tag{15.25}$$

で与えられます. 次に, この積分を計算します. 数学のテクニックを要します.

積分の計算 分母のルート内を平方完成しましょう.

$$(r_+ - r)(r - r_-) = -r^2 + (r_+ + r_-)r - r_+ r_-$$
$$= -\left\{ r^2 - (r_+ + r_-)r \right\} - r_+ r_-$$
$$= -\left\{ r - \left(\frac{r_+ + r_-}{2} \right) \right\}^2 + \left(\frac{r_+ + r_-}{2} \right)^2 - r_+ r_-$$
$$= \left(\frac{r_+ - r_-}{2} \right)^2 - \left\{ r - \left(\frac{r_+ + r_-}{2} \right) \right\}^2 \tag{15.26}$$

ここで,

$$r - \left(\frac{r_+ + r_-}{2} \right) = \left(\frac{r_+ - r_-}{2} \right) \sin\phi$$

とおいて, 積分の変数を r から ϕ に変えます. r が r_- から r_+ まで変化するとき, ϕ は $-\frac{\pi}{2}$ から $\frac{\pi}{2}$ まで変化します. このとき, $\cos\phi$ は負にならないので,

$$r = \left(\frac{r_+ - r_-}{2} \right) \sin\phi + \left(\frac{r_+ + r_-}{2} \right), \quad \mathrm{d}r = \left(\frac{r_+ - r_-}{2} \right) \cos\phi\mathrm{d}\phi$$

$$\sqrt{(r_+ - r)(r - r_-)} = \left(\frac{r_+ - r_-}{2} \right) \sqrt{1 - \sin^2\phi} = \left(\frac{r_+ - r_-}{2} \right) \cos\phi$$

の関係があることがわかります. ですから, 式 (15.25) の積分は

$$\int_{r_-}^{r_+} \frac{r\mathrm{d}r}{\sqrt{(r_+ - r)(r - r_-)}} = \int_{-\frac{\pi}{2}}^{\frac{\pi}{2}} \left\{ \left(\frac{r_+ - r_-}{2} \right) \sin\phi + \left(\frac{r_+ + r_-}{2} \right) \right\} \mathrm{d}\phi$$
$$= \left[-\left(\frac{r_+ - r_-}{2} \right) \cos\phi + \left(\frac{r_+ + r_-}{2} \right) \phi \right]_{-\frac{\pi}{2}}^{\frac{\pi}{2}}$$
$$= \left(\frac{r_+ + r_-}{2} \right) \pi = \frac{GMm}{2(-E)} \pi$$

☞ 式 (15.22) で求めた $r_\pm$ を代入しました.

と計算でき, 周期は,

$$\tau = 2\sqrt{\frac{m}{2(-E)}} \times \frac{GMm}{2(-E)} \pi = \frac{2\pi}{\sqrt{GM}} \left\{ \frac{GMm}{2(-E)} \right\}^{\frac{3}{2}} = \frac{2\pi}{\sqrt{GM}} \left(\frac{r_+ + r_-}{2} \right)^{\frac{3}{2}}$$

となります. $\frac{r_+ + r_-}{2}$ は楕円の長半径 (半長軸) ですから,「公転周期の 2 乗が長半径の 3 乗に比例する」という, ケプラーの第 3 法則が証明ができたことになります.

参考: 軌道の計算 実際の運動では, r が変化すると同時に θ も変化し, 回転していきます. 以下で r と θ の関係 (軌道の方程式) を求めてみましょう. 角運動量が保存することを示す式 (15.17) を用いて,

$$\frac{\mathrm{d}r}{\mathrm{d}t} = \frac{\mathrm{d}r}{\mathrm{d}\theta} \cdot \frac{\mathrm{d}\theta}{\mathrm{d}t} = \frac{\mathrm{d}r}{\mathrm{d}\theta} \cdot \frac{h}{r^2}$$

と変形できます. 以下では, r が r_- から r_+ まで増加する場合を考えましょう. このとき, $\frac{\mathrm{d}r}{\mathrm{d}t} \geq 0$ ですから, 式 (15.24) から,

$$\frac{\mathrm{d}r}{\mathrm{d}\theta} = \frac{r^2}{h} \cdot \frac{\mathrm{d}r}{\mathrm{d}t} = \frac{r^2}{h} \times \frac{1}{r}\sqrt{\frac{2(-E)}{m}} \cdot \sqrt{(r_+ - r)(r - r_-)}$$

$$= \frac{r^2}{h} \times \sqrt{\frac{2(-E)}{m}} \cdot \sqrt{\left(\frac{r_+}{r} - 1\right)\left(1 - \frac{r_-}{r}\right)}$$

$$= r^2 \times \sqrt{\frac{2(-E)}{mh^2}r_+ r_-} \cdot \sqrt{\left(\frac{1}{r} - \frac{1}{r_+}\right)\left(\frac{1}{r_-} - \frac{1}{r}\right)}$$

$$= r^2 \times \sqrt{\left(\frac{1}{r} - \frac{1}{r_+}\right)\left(\frac{1}{r_-} - \frac{1}{r}\right)} \tag{15.27}$$

☞ 式 (15.22) より

$$r_+ r_- = \frac{mh^2}{2(-E)}$$

となります.

　上式は, r と θ について変数分離形となっていますから, この式を積分することで r と θ の関係を求めることができます. ここでは, 積分計算を行う前に, $r = \dfrac{1}{u}$ として, 変数を r から u へ変数変換しておきます. こうすることで, 計算を手際よく進めることができます. 変数を r から u に変えると,

$$\frac{\mathrm{d}r}{\mathrm{d}\theta} = \frac{\mathrm{d}}{\mathrm{d}\theta}\left(\frac{1}{u}\right) = -\frac{1}{u^2} \cdot \frac{\mathrm{d}u}{\mathrm{d}\theta} = -r^2 \cdot \frac{\mathrm{d}u}{\mathrm{d}\theta}$$

と書き変える事ができます. これを式 (15.27) に代入して整理すると,

$$\frac{\mathrm{d}u}{\mathrm{d}\theta} = -\sqrt{\left(u - \frac{1}{r_+}\right)\left(\frac{1}{r_-} - u\right)} \tag{15.28}$$

となります. これも変数分離形の微分方程式ですから,

$$\int \frac{\mathrm{d}u}{\sqrt{\left(u - \frac{1}{r_+}\right)\left(\frac{1}{r_-} - u\right)}} = -\int \mathrm{d}\theta \tag{15.29}$$

と書き換えて積分できます.

　式 (15.26) の変形で用いたのと同様の計算により, この式を u について平方完成すると,

$$\left(u - \frac{1}{r_+}\right)\left(\frac{1}{r_-} - u\right) = \left\{\frac{1}{2}\left(\frac{1}{r_-} - \frac{1}{r_+}\right)\right\}^2 - \left\{u - \frac{1}{2}\left(\frac{1}{r_+} + \frac{1}{r_-}\right)\right\}^2$$

となります. そこで, 式 (15.29) 左辺の積分で,

$$u - \frac{1}{2}\left(\frac{1}{r_+} + \frac{1}{r_-}\right) = \frac{1}{2}\left(\frac{1}{r_-} - \frac{1}{r_+}\right)\cos\phi$$

☞ r が r_- から r_+ まで増加するとき, u は $\dfrac{1}{r_-}$ から $\dfrac{1}{r_+}$ まで減少します. このとき, ϕ は 0 から π まで増加するので, $\sin\phi \geqq 0$ です.

とおいて u から ϕ へ変数変換すると,

$$\int \frac{\mathrm{d}u}{\sqrt{\left(u - \frac{1}{r_+}\right)\left(\frac{1}{r_-} - u\right)}} = \int \frac{-\frac{1}{2}\left(\frac{1}{r_-} - \frac{1}{r_+}\right)\sin\phi\,\mathrm{d}\phi}{\frac{1}{2}\left(\frac{1}{r_-} - \frac{1}{r_+}\right)\sqrt{1 - \cos^2\phi}} = -\int \mathrm{d}\phi \tag{15.30}$$

となります.

　結局, 式 (15.29), 式 (15.30) より,

$$\int \mathrm{d}\phi = \int \mathrm{d}\theta$$

が成り立ちます. これを積分すると, δ を任意の定数として, $\phi = \theta + \delta$ となります. ここで, $\phi = 0\ (r = r_-)$ の向きを基準方位線の向き $(\theta = 0)$ ととれば, $\delta = 0$ となります. 従って, 軌道の方程式は次式で与えられる事が分かりました.

$$r = \frac{1}{u} = \frac{1}{\frac{1}{2}\left(\frac{1}{r_+} + \frac{1}{r_-}\right) + \frac{1}{2}\left(\frac{1}{r_-} - \frac{1}{r_+}\right)\cos\theta} = \frac{1}{\frac{r_+ + r_-}{2r_+ r_-} + \frac{r_+ - r_-}{2r_+ r_-}\cos\theta}$$

$$= \frac{\frac{2r_+ r_-}{r_+ + r_-}}{1 + \frac{r_+ - r_-}{r_+ + r_-} \cos\theta} \tag{15.31}$$

ここで，式 (15.22) で求めた $r_\pm$ の値を代入して，

$$r = \frac{\frac{h^2}{GM}}{1 + \sqrt{1 - \frac{2(-E)h^2}{(GM)^2 m}} \cos\theta} = \frac{\ell}{1 + \varepsilon \cos\theta} \tag{15.32}$$

この最後の表式は 2 次元極座標系における 2 次曲線の一般型で，ℓ を半直弦 (semi latus rectum)，ε を離心率 (eccentricity) といいます．万有引力の下での運動の場合，

$$\ell = \frac{h^2}{GM}, \quad \varepsilon = \sqrt{1 - \frac{2(-E)h^2}{(GM)^2 m}}$$

です．

　図 15.4 に，二次曲線の 3 つのタイプである (a) 楕円，(b) 双曲線，(c) 放物線を示しておきます．楕円と双曲線は，原点 0 の周りに π 回転させると元の図形と重なります．一方，放物線にはそのような点はありません．そのため，楕円と双曲線を「有心」，放物線を「無心」と分類する場合もあります．いずれも焦点の一つを原点とする極座標で，

$$r = \frac{\ell}{1 + \varepsilon \cos\theta}$$

と表されます．どのタイプになるかは離心率 ε の値によって決まります．$0 < \varepsilon < 1$ のとき楕円，$\varepsilon = 1$ のとき放物線，$1 < \varepsilon$ のとき双曲線です．なお，双曲線は 2 本ありますが，この式で表されるのは，原点にとっている焦点に近い方の曲線です．遠

☞ $\varepsilon = 0$ のときは，$r = \ell$ で θ に無関係ですから，円を表します．

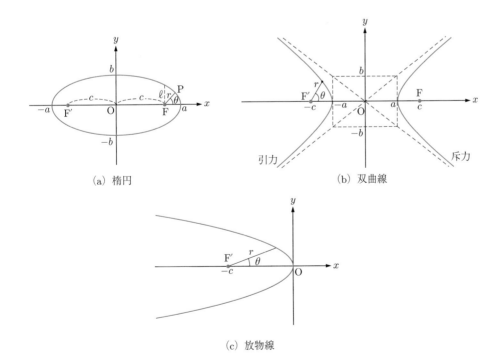

(a) 楕円

(b) 双曲線

(c) 放物線

図 15.4　二次曲線

い方は,

$$r = \frac{\ell}{-1 + \varepsilon \cos\theta}$$

と表されます. 万有引力の下での運動では, このような軌道を考える必要はありません が, 静電気力 (クーロン力) の斥力の場合は, こちらの軌道を考える必要があります.

ε と E の関係から, $E < 0$ のとき楕円軌道になります.($E = 0$ のときは放物線, $E > 0$ 正のときのときには双曲線となります.) 実際, 式 (15.32) より, $\theta = 0$ のとき, r は最小値 $\frac{\ell}{1 + \varepsilon}$ となります. θ が増加するにつれて $\cos\theta$ が減少するので r は増加し, $\theta = \pi$ のときに最大値 $\frac{\ell}{1 - \varepsilon}$ となります. その後, θ が増加するにつれて r は減少し, $\theta = 2\pi$ のときに最小値 $\frac{\ell}{1 + \varepsilon}$ に戻ります. ここで, $r = r_- \,(\theta = 0)$ となる地点を近日点 (perihelion), $r = r_+ \,(\theta = \pi)$ となる地点を遠日点 (aphelion) といいます. また,

$$E = -\frac{GMm}{r_+ + r_-}, \quad \ell = \frac{h^2}{GM} = \frac{2r_+ r_-}{r_+ + r_-}$$

となります. 下に, $r_- = R$ とし, $r_+ = R, 2R, 3R$ としたときの楕円軌道と, 更に $r_+ \to \infty$ としたときの放物線軌道の一部を図示しました. それぞれの軌道に対する離心率 ε, 半直弦 ℓ および力学的エネルギー E の値は, 左の表の通りです.

	r_+	r_-	ε	ℓ	E
実　線	R	R	0	R	$-\dfrac{GMm}{2R}$
短破線	$2R$	R	$\dfrac{1}{3}$	$\dfrac{4}{3}R$	$-\dfrac{GMm}{3R}$
長破線	$3R$	R	$\dfrac{1}{2}$	$\dfrac{3}{2}R$	$-\dfrac{GMm}{4R}$
黒	∞	R	1	$2R$	0

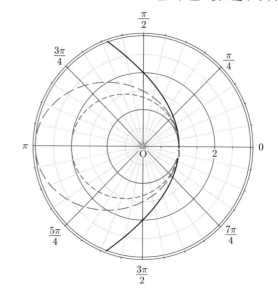

16 万有引力−惑星の運動

> 学習のねらい
> ・極座標系における速度・加速度，を理解し，運動方程式を立てることができる．
> ・万有引力の下での運動を，二次元極座標系で，運動方程式に基づいて解析できる．

　ニュートン力学のハイライトは，万有引力の発見と 惑星 (planet) の運動の説明です．そして，天王星 (Uranus) の運動の解析から 海王星 (Neptune) の存在が予言され，1846 年に計算で示された場所に発見されたことは，ニュートン力学の威力をまざまざと示したといえます．現在では，多数の人工衛星が地球を周回するのが日常的な現象となってきています．

16.1　ケプラーの法則から万有引力を見いだすこと

16.1.1　ケプラーの法則

　ケプラーは，ティコ・ブラーエの観測データをもとに，火星 (Mars) の運動の研究を手がかりとして，太陽のまわりを公転する惑星の運動を記述する ケプラーの法則 (Kepler's laws) を発見しました．

> 第 1 法則 (Kepler's first law)：
> 　　惑星は太陽を焦点の 1 つとする楕円軌道を描いて運行する．
> 第 2 法則 (Kepler's second law)：
> 　　惑星と太陽を結ぶ動径が単位時間に描く面積は一定である．これを 面積速度 (**areal velocity**) が一定であるという．
> 第 3 法則 (Kepler's third law)：
> 　　惑星の公転周期の 2 乗は，その惑星の楕円軌道の長半径の 3 乗に比例する．その比例係数はすべての惑星について共通の定数である．

☞ 第 1 法則と第 2 法則は 1609 年に「新天文学」で，第 3 法則は 1619 年に「世界の調和」で公表されました．これらの 3 法則が惑星の運動を完全に記述していること，およびその重要性をはっきりと理解したのがニュートンでした．ケプラー以前の人々は，惑星の軌道は円でなければならないと信じ込んでいました．円から楕円への一歩に 2000 年を要したのです．〈「ヨハネス・ケプラー」アーサー・ケストラー著，小尾信弥他訳，河出書房新社〉

これらの 3 つの法則により，惑星の運動は決まります．運動方程式の解が決まっていることになりますから，どのような力が惑星に働いているのかを運動方程式から求めることができます．このようにして，万有引力を導いたのがニュートンです．その証明は，彼の著書「プリンキピア」で幾何学的に行われました．これを 順ニュートン問題 (direct Newton problem) といいます．ここで，ケプラーの法則を数式で表現し，万有引力の法則を導出しましょう．

☞ 帰納法 (inductive method) ともいわれます．

第 1 法則   ケプラーの第 1 法則の 楕円 (ellipse) を，その焦点を原点とする極座標で表すと，第 15 章 145 ページの式 (15.32) に示した

$$r = \frac{\ell}{1 + \varepsilon \cos \theta}, \quad 0 < \ell, \quad 0 < \varepsilon < 1 \tag{16.1}$$

になります．これを，楕円の中心を原点とするデカルト座標系で表すと，

$$\frac{x^2}{a^2} + \frac{y^2}{b^2} = 1, \quad 0 < b < a \tag{16.2}$$

となります．それぞれ二つのパラメータを含みますが，両者のあいだには，

$$\begin{cases} \ell = \dfrac{b^2}{a} \\ \varepsilon = \sqrt{1 - \left(\dfrac{b}{a}\right)^2} \end{cases} , \quad \begin{cases} a = \dfrac{\ell}{1 - \varepsilon^2} \\ b = \dfrac{\ell}{\sqrt{1 - \varepsilon^2}} \end{cases} \tag{16.3}$$

の関係があります．

☞ 「2 点からの距離の和が一定である点の集まりが楕円である」として楕円を定義することもあります．

楕円上の点は，2 点からの距離の和が一定になっているという特徴があります．この 2 点を 焦点 (focus) といいます．デカルト座標系では，x 軸上の $x = \pm \varepsilon a$ の 2 点で，2 点からの距離の和は $2a$ となります．このことから，離心率 (eccentricity) ε は，焦点が楕円の中心からどれくらい離れているかを表す量であることが分かります．極座標系では，原点が焦点の一つです．

式 (16.1) の (r, θ) と式 (16.2) の (x, y) の関係は次の式で与えられます．

$$x = \varepsilon a + r \cos \theta, \quad y = r \sin \theta \tag{16.4}$$

この関係式を式 (16.2) に代入し，$1 - \varepsilon^2 = b^2/a^2$ を用いて変形すると，

$$\left((1 + \varepsilon \cos \theta) r - \frac{b^2}{a}\right)\left((1 - \varepsilon \cos \theta) r + \frac{b^2}{a}\right) = 0 \tag{16.5}$$

となりますが，この積のうち第 2 項は常に正の値であることから，式 (16.1) 及び $\ell = b^2/a$ が得られます．

問 16.1   式 (15.32) と (16.3) を比較して，楕円運動する場合の力学的エネルギーが $E = -G\dfrac{Mm}{2a}$ となることを示せ．

解   両式の ε を比較して，$\dfrac{2(-E)h^2}{(GM)^2 m} = \left(\dfrac{b}{a}\right)^2$ となる．ここで，$\dfrac{GM}{h^2} = \dfrac{1}{\ell} = \dfrac{a}{b^2}$ となるので，$E = -\dfrac{(GM)^2 m}{2h^2} \cdot \left(\dfrac{b}{a}\right)^2 = -G\dfrac{Mm}{2a}$ となる．

第 2 法則　　ケプラーの第 2 法則の面積速度は次のように定義されます.
図 16.1 で質点が, 楕円上の点 P から点 P′ まで, 時間 dt で移動したとしま
しょう. 動径 FP が覆う面積は, △FPP′ で近似して,

$$\frac{1}{2}\overline{\mathrm{FP'}}\times\overline{\mathrm{PH}}\fallingdotseq\frac{1}{2}(r+dr)\cdot r\sin(d\theta)\fallingdotseq\frac{1}{2}r^2 d\theta \tag{16.6}$$

☞ $d\theta$ は微小な角ですから,
$\sin d\theta \fallingdotseq d\theta$

となります. ここで, 2 次の微少量は無視して 1 次の微少量のみ残しまし
た. 面積速度は単位時間あたりに動径 FP が覆う面積ですから, 式 (16.6)
を時間 dt で割り, $dt \to 0$ の極限をとって,

$$面積速度 = \frac{1}{2}r^2\frac{d\theta}{dt} \tag{16.7}$$

となります. したがって, ケプラーの第 2 法則は, h を定数として次のよう
に表すことができます.

$$r^2\frac{d\theta}{dt} = h \quad (一定) \tag{16.8}$$

☞ h は面積速度の 2 倍です.

　この法則により, 楕円上を運動するとき, 速さが場所により変化する様
子が決まります. 例えば, 太陽に一番近い近日点での速さが決まると, そこ
から遠ざかるにつれてどのように遅くなるかを計算で求めることができま
す. 但し, 面積速度の大きさは任意で, ケプラーの第 2 法則から近日点の
速さを決めることはできません.

第 3 法則　　ケプラーの第 3 法則は, 惑星の公転周期を τ と書くと, A を
定数として,

$$\frac{\tau^2}{a^3} = A \quad (太陽の周りを回る全ての惑星について共通) \tag{16.9}$$

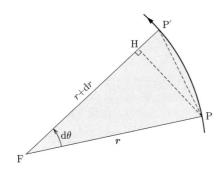

図 16.1　動径 FP の覆う面積

点 H は, 点 P から FP′ に下ろした垂線の足です. 原点 O は焦点の一つなので F と
記述しました.

と表現できます. 面積速度が一定の値 $\dfrac{h}{2}$ で, 楕円の面積は πab で与えられますから,

$$\tau = \frac{\pi ab}{\frac{h}{2}} = \frac{2\pi ab}{h} \tag{16.10}$$

となります. 式 (16.9) に代入して,

$$A = \frac{4\pi^2 b^2}{h^2 a} = \frac{4\pi^2 \ell}{h^2} \tag{16.11}$$

☞ 式 (16.3) に示した $\ell = \dfrac{b^2}{a}$ を使いました.

この法則で, 楕円の形状を決めるパラメータの一つである半直弦 ℓ の値から, 面積速度 $\dfrac{h}{2}$ が決まります.

☞ およそ 45 億年前に太陽系が誕生したときの「初期条件」によって, その後の惑星の運動は決まっているというのが古典力学の考え方です. ラプラスは, この初期条件を「神の一撃」と表現しています.

結局, 定数 A の値が決定されると, 惑星の運動は, 初期条件を指定することで, ケプラーの 3 つの法則より決定される事になります.

16.1.2 万有引力の法則の導出

極座標系で運動方程式を成分で書いてみましょう. 万有引力を

$$\boldsymbol{F} = F_r \boldsymbol{e}_r + F_\theta \boldsymbol{e}_\theta \tag{16.12}$$

と分解し, 惑星の質量を m とすると, 極座標系における加速度の式 (13.20), (13.21) を用いて,

$$m \left\{ \frac{\mathrm{d}^2 r}{\mathrm{d}t^2} - r \left(\frac{\mathrm{d}\theta}{\mathrm{d}t} \right)^2 \right\} = F_r \tag{16.13}$$

$$m \frac{1}{r} \frac{\mathrm{d}}{\mathrm{d}t} \left(r^2 \frac{\mathrm{d}\theta}{\mathrm{d}t} \right) = F_\theta \tag{16.14}$$

となります. ケプラーの第 2 法則 (16.8) より, $r^2 \dfrac{\mathrm{d}\theta}{\mathrm{d}t} = h$ ですから, 式 (16.14) より

$$F_\theta = 0$$

が得られます. このことから, 万有引力が中心力である事が分かります. これは, 角運動量が

☞ $h = r^2 \dfrac{\mathrm{d}\theta}{\mathrm{d}t} = |\boldsymbol{r} \times \boldsymbol{v}|$

$$\boldsymbol{r} \times m\boldsymbol{v} = mr^2 \frac{\mathrm{d}\theta}{\mathrm{d}t} \boldsymbol{e}_r \times \boldsymbol{e}_\theta \tag{16.15}$$

と書けることから明かです. つまり, 面積速度が一定であるということは, 角運動量が保存しているという意味なのです.

次に, ケプラーの第 1 法則 (16.1) から, $\dfrac{\mathrm{d}r}{\mathrm{d}t}$ を求めてみましょう.

$$\frac{\mathrm{d}r}{\mathrm{d}t} = \frac{\mathrm{d}r}{\mathrm{d}\theta} \cdot \frac{\mathrm{d}\theta}{\mathrm{d}t} = \frac{\ell \varepsilon \sin\theta}{(1 + \varepsilon \cos\theta)^2} \cdot \frac{\mathrm{d}\theta}{\mathrm{d}t} = \frac{r^2 \varepsilon \sin\theta}{\ell} \cdot \frac{h}{r^2} = \frac{h}{\ell} \varepsilon \sin\theta \tag{16.16}$$

もう一度微分して,

$$\frac{\mathrm{d}^2 r}{\mathrm{d}t^2} = \frac{\mathrm{d}}{\mathrm{d}\theta} \left(\frac{\mathrm{d}r}{\mathrm{d}t} \right) \cdot \frac{\mathrm{d}\theta}{\mathrm{d}t} = \frac{h}{\ell} \varepsilon \cos\theta \cdot \frac{h}{r^2} = \frac{h^2}{r^3} - \frac{h^2}{\ell r^2}$$

となります. これを式 (16.13) に代入すると,

$$F_r = m\left\{\frac{h^2}{r^3} - \frac{h^2}{\ell r^2} - r\left(\frac{h}{r^2}\right)^2\right\} = -m\frac{h^2}{\ell r^2} \tag{16.17}$$

☞ 式 (16.1)を書き直して, $\varepsilon\cos\theta = \dfrac{\ell}{r} - 1$ となります.

となります. 更に, ケプラーの第 3 法則 (16.11) を用いて,

$$F_r = -\frac{4\pi^2 m}{A r^2} \tag{16.18}$$

と書き換えると事ができます. この式の右辺には楕円の形状を示すパラメータである ℓ や ε, 更に運動の様子を示す面積速度の 2 倍である h は現れていません. つまり, 全ての惑星について, その運動状況とは無関係で, 距離だけによって決まり, 更に距離の 2 乗に反比例する引力がはたらいていることを示しています.

さて, この力はどこからはたらいているかというと太陽からですね. 作用・反作用の法則から, 同じ大きさの力が惑星から太陽に働いています. 式 (16.18) は, 惑星の質量 m に比例していますが, 太陽の質量 M にも比例するはずです. そこで, 式 (16.18) の定数部分を GM とおいて,

$$\boldsymbol{F} = F_r \boldsymbol{e}_r = -G\frac{Mm}{r^2}\boldsymbol{e}_r \tag{16.19}$$

と書き直し, G を万有引力定数 (gravitational constant) とよびます. この力は, 太陽と惑星の間に作用するのみならず, 質量をもつすべての物体に作用するとニュートンは考えました. これが万有引力とよばれる所以です. 質量に対してかかる普遍的性質を付与したことは, ニュートンの論理的思考の一大飛躍であるといえるでしょう.

16.2　万有引力からケプラーの法則を見いだすこと

万有引力から, 惑星の運動を決定することを逆ニュートン問題 (inverse Newton Problem) といいます. ケプラーの法則を万有引力から導くといってもよいですが, 楕円以外に, 放物線や双曲線の軌道を描く運動もある事が分かります.

☞ 演繹法 (deductive method) ともいわれます.

万有引力の下で運動する惑星の運動方程式を極座標で書くと,

$$m\left\{\frac{\mathrm{d}^2 r}{\mathrm{d}t^2} - r\left(\frac{\mathrm{d}\theta}{\mathrm{d}t}\right)^2\right\} = -G\frac{Mm}{r^2} \tag{16.20}$$

$$m\frac{1}{r}\frac{\mathrm{d}}{\mathrm{d}t}\left(r^2\frac{\mathrm{d}\theta}{\mathrm{d}t}\right) = 0 \tag{16.21}$$

です. 式 (16.21) は, 万有引力が中心力であるので, 角運動量が保存することを意味します. そこで,

☞ 第 15 章 140 ページの式 (15.14) を参照.

$$r^2\frac{\mathrm{d}\theta}{\mathrm{d}t} = h\,(\text{定数}) \tag{16.22}$$

と置きましょう. これで, ケプラーの第 2 法則が得られました.

　この式を

$$\frac{\mathrm{d}\theta}{\mathrm{d}t} = \frac{h}{r^2}$$

と変形して，式 (16.20) に代入・整理すると

$$\frac{\mathrm{d}^2 r}{\mathrm{d}t^2} - \frac{h^2}{r^3} + G\frac{M}{r^2} = 0 \tag{16.23}$$

という，r に関する 2 階の微分方程式が得られます．これを積分して r を求めるわけですが，エネルギー積分を求めた要領で，両辺に $m\dfrac{\mathrm{d}r}{\mathrm{d}t}$ を掛けて変形すると，

$$\frac{\mathrm{d}}{\mathrm{d}t}\left\{ \frac{m}{2}\left(\frac{\mathrm{d}r}{\mathrm{d}t}\right)^2 + \frac{mh^2}{2r^2} - G\frac{Mm}{r} \right\} = 0 \tag{16.24}$$

となります．これを積分したものは，積分定数を E と書くと，第 15 章 141 ページの式 (15.18) と同じ式になります．そこでは，この式から出発して軌道を表す式を求める計算を詳しく説明しました．

　ここでは，少し工夫すると，もっと簡単に軌道の方程式が求められることを説明しましょう．第 15 章では，$\dfrac{\mathrm{d}r}{\mathrm{d}\theta}$ を求め，

$$r = \frac{1}{u}$$

と変数変換して，u についての積分を求めました．そこで，始めにこの変数変換を行い，u の満たす微分方程式を作ってみましょう．

$$\frac{\mathrm{d}r}{\mathrm{d}t} = \frac{\mathrm{d}r}{\mathrm{d}\theta}\cdot\frac{\mathrm{d}\theta}{\mathrm{d}t} = \frac{\mathrm{d}}{\mathrm{d}\theta}\left(\frac{1}{u}\right)\cdot\frac{h}{r^2} = -\frac{1}{u^2}\frac{\mathrm{d}u}{\mathrm{d}\theta}\cdot hu^2 = -h\frac{\mathrm{d}u}{\mathrm{d}\theta} \tag{16.25}$$

$$\frac{\mathrm{d}^2 r}{\mathrm{d}t^2} = \frac{\mathrm{d}}{\mathrm{d}t}\frac{\mathrm{d}r}{\mathrm{d}t} = \frac{\mathrm{d}}{\mathrm{d}\theta}\left(-h\frac{\mathrm{d}u}{\mathrm{d}\theta}\right)\cdot\frac{\mathrm{d}\theta}{\mathrm{d}t} = -h\frac{\mathrm{d}^2 u}{\mathrm{d}\theta^2}\cdot\frac{h}{r^2} = -h^2 u^2 \frac{\mathrm{d}^2 u}{\mathrm{d}\theta^2} \tag{16.26}$$

と書き換えられます．これを式 (16.23) に代入して整理すると，

$$\frac{\mathrm{d}^2 u}{\mathrm{d}\theta^2} = -u + \frac{GM}{h^2} = -\left(u - \frac{GM}{h^2}\right) \tag{16.27}$$

が得られます．

　この方程式は，$\bar{u} = u - \dfrac{GM}{h^2}$ と置けば $\bar{u}$ について単振動形の微分方程式ですから，ただちに一般解が求められます．後の議論がしやすいように，三角関数を合成して，振幅 u_0 と初期位相 δ を積分定数にとると，一般解は，

$$\bar{u} = u_0 \cos(\theta + \delta) \quad\Rightarrow\quad u = u_0 \cos(\theta + \delta) + \frac{GM}{h^2} \tag{16.28}$$

です．ここで，2 次元極座標の基準方位線の向きを，$-\delta$ 回転させます．すると，δ を消すことができ，

☞ 座標 θ を取り直して，$\theta + \delta$ を改めて θ と置くと云うことです．

$$r = \frac{1}{u_0 \cos\theta + \frac{GM}{h^2}} = \frac{\frac{h^2}{GM}}{1 + \frac{h^2}{GM}u_0 \cos\theta} \tag{16.29}$$

これで，ケプラーの第 1 法則が得られました．但し，式 (16.29) は一般の 2 次曲線ですから，楕円になるのは離心率にあたる $\dfrac{h^2}{GM}u_0$ が 1 より小さい場合，つまり初期条件で決まる u_0 が，$u_0 < \dfrac{GM}{h^2}$ を満たすときです．

問 16.2　楕円運動する場合の力学的エネルギーが $E = -G\dfrac{Mm}{2a}$ となることを，ケプラーの法則を用いて示せ．

[解]　力学的エネルギー E は，式 (16.24) を積分して，

$$E = \frac{m}{2}\left(\frac{dr}{dt}\right)^2 + \frac{mh^2}{2r^2} - G\frac{Mm}{r}$$

となる．式 (16.16) より $\dfrac{dr}{dt} = \dfrac{h}{\ell}\varepsilon\sin\theta$ となる．また，$r = \dfrac{\ell}{1+\varepsilon\cos\theta}$ を上式の第二項に代入すると

$$E = \frac{m}{2}\left(\frac{h}{\ell}\varepsilon\sin\theta\right)^2 + \frac{mh^2}{2\ell^2}(1+\varepsilon\cos\theta)^2 - G\frac{Mm}{r}$$

$$= \frac{mh^2}{2\ell^2}(\varepsilon^2\sin^2\theta + 1 + 2\varepsilon\cos\theta + \varepsilon^2\cos^2\theta) - G\frac{Mm}{r}$$

$$= \frac{mh^2}{2\ell^2}\{(2+2\varepsilon\cos\theta)-(1-\varepsilon^2)\} - G\frac{Mm}{r}$$

$$= \frac{mh^2}{r\ell} - \frac{mh^2}{2\ell^2}(1-\varepsilon^2) - G\frac{Mm}{r}$$

となる．$\ell = \dfrac{h^2}{GM}$ より，$\dfrac{mh^2}{r\ell} - G\dfrac{Mm}{r} = 0$ である．また，式 (16.3) より $a = \dfrac{\ell}{1-\varepsilon^2}$ なので，$E = -G\dfrac{Mm}{2a}$ となる．

楕円軌道を描く場合の周期は，式 (16.10) で与えられます．式 (16.29) より，

$$\ell = \frac{h^2}{GM} \quad\Rightarrow\quad h^2 = GM\ell \tag{16.30}$$

となることを用いると，

$$\tau^2 = \left(\frac{2\pi ab}{h}\right)^2 = \frac{4\pi^2 a^2 b^2}{GM\ell} = \frac{4\pi^2}{GM}a^3 \tag{16.31}$$

☞ 式 (16.3) より，$\ell = \dfrac{b^2}{a}$ です．

比例係数は明らかにすべての惑星に対して共通で，かつ一定です．ケプラーの第 3 法則を導くことができました．

16.3　若干のコメント

16.3.1　地球上の放物運動について

第 7 章で，地球上で重力を受けた質点の軌道は放物線となることを見ました．球対称物体（中心から見たとき全ての方向が同じで区別がない物体）からはたらく万有引力は，その物体と同じ質量をもった質点を中心においたときにはたらく万有引力と同じであることが示されます．地球は球対称

であると仮定しましょう. このとき, 地球上の質点の運動を, 地球と質点
との間に万有引力が作用しているという立場から考えると, その軌道は図
16.2 のように, 地球の中心を焦点の 1 つとするきわめて細長い楕円である
と考えられます. このとき離心率 ε は, ほぼ 1 ですから, 十分よい近似で
遠日点付近は放物線で置き換えることができます.

☞ 放物線は, $\varepsilon = 1$ の 2 次
曲線曲線です.

第 7 章で調べた結果, 水平な地面に対して角 θ の向きに速さ v_0 で投げ出さ
れた質点 m が最高点に達したときの高さ h_0 は, m には無関係で $\dfrac{v_0{}^2 \sin^2 \theta}{2g}$
となりました. 図 16.2 では, 楕円軌道でこの h_0 は, 下の焦点 (地球の中
心 O) から楕円の上端までの距離から地球の半径 R を引いたものである事
が読み取れます. 楕円の長半径を a としたとき, 楕円の中心から焦点まで
の距離は εa ですから, $h_0 = a + \varepsilon a - R$ となります.

式 (16.3) より,

☞ 細長い楕円と考えている
ので, $b \ll a$ です.

$$\varepsilon = \sqrt{1 - \left(\frac{b}{a}\right)^2} \fallingdotseq 1 - \frac{b^2}{2a^2}$$

ですから,

$$h_0 = (1 + \varepsilon)a - R \fallingdotseq \left(2 - \frac{b^2}{2a^2}\right)a - R = 2a - \frac{b^2}{2a} - R \qquad (16.32)$$

となります.

ところで, 質点 m の力学的エネルギー E は,

$$E = \frac{1}{2}mv_0{}^2 - G\frac{Mm}{R} = -G\frac{Mm}{R}\left(1 - \frac{Rv_0{}^2}{2GM}\right)$$

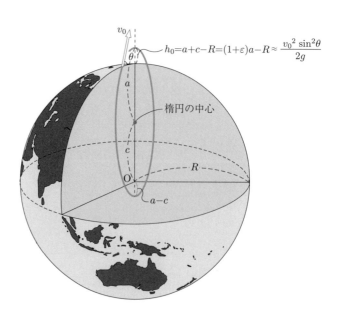

図 16.2　地表近くの放物運動
地球の中心を焦点の一つとする細長い楕円運動の遠日点付近の運動は放物運動で近
似される.

と書き表すことができます．ここで，運動エネルギーは万有引力のポテンシャルエネルギーの大きさより十分小さいとします．$E = -G\dfrac{Mm}{2a}$ でしたから，

☞ $\dfrac{Rv_0{}^2}{2GM} \ll 1$ ということです．

$$2a = \frac{GMm}{(-E)} = GMm \cdot \frac{R}{GMm}\left(1 - \frac{Rv_0{}^2}{2GM}\right)^{-1} \fallingdotseq R\left(1 + \frac{Rv_0{}^2}{2GM}\right)$$

これを式 (16.32) に代入すると，

$$h_0 = R\left(1 + \frac{Rv_0{}^2}{2GM}\right) - \frac{b^2}{2a} - R = \frac{R^2 v_0{}^2}{2GM} - \frac{h^2}{2GM}$$

☞ $\ell = \dfrac{b^2}{a} = \dfrac{h^2}{GM}$ です．

となります．式 (16.15) より $h = |\boldsymbol{r} \times \boldsymbol{v}| \fallingdotseq Rv_0 \sin\left(\theta + \dfrac{\pi}{2}\right) = Rv_0 \cos\theta$ ですから，

$$h_0 = \frac{R^2 v_0{}^2}{2GM}(1 - \cos^2\theta) = \frac{R^2 v_0{}^2 \sin^2\theta}{2GM} \tag{16.33}$$

と書き換えられます．ここで，重力は地表での万有引力ですから，重力加速度の大きさを g として，$mg = G\dfrac{Mm}{R^2}$ となります．従って，

$$g = \frac{GM}{R^2} \quad \Rightarrow \quad GM = gR^2 \tag{16.34}$$

という関係があることが分かりますから，

$$h_0 = \frac{v_0{}^2 \sin^2\theta}{2g}$$

となり，確かに以前の計算を再現することが分かります．かくして，天と地の運動，すなわち惑星と地球上の質点の運動が統一的に理解されるのです．

16.3.2 人工衛星について

人工衛星 (artificial satellite) の運動は，地球の中心を 1 つの焦点とする楕円運動です．人工衛星の最高点の地面からの高さを $h_{\max}$，最低点の地面からの高さ $h_{\min}$ とします．楕円の長軸の長さに関して，

$$2a = h_{\max} + 2R + h_{\min} \quad \Rightarrow \quad a = R + \frac{h_{\max} + h_{\min}}{2}$$

となりますから，この人工衛星の地球を周回する周期は，式 (16.31) より，

$$\tau = 2\pi\sqrt{\frac{a^3}{GM}} = 2\pi\sqrt{\frac{1}{GM}\left(R + \frac{h_{\max} + h_{\min}}{2}\right)^3} \tag{16.35}$$

で与えられます．とくに静止衛星の場合は，周期が 1 日 $= 86400$ s の円運動であることから，$h_{\max} = h_{\min} \fallingdotseq 3.56 \times 10^4$ km と求められます．また，理論上，地表に沿った円軌道を描く人工衛星の周期は，式 (16.35) において $h_{\max} = h_{\min} = 0$ を代入し，式 (16.34) の関係を使うと，

$$\tau = 2\pi\sqrt{\frac{R^3}{GM}} = 2\pi\sqrt{\frac{R}{g}} \fallingdotseq 84 \text{ 分} \tag{16.36}$$

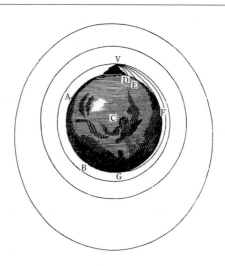

図 **16.3**　ニュートンの予言

となります．また，この人工衛星がもたなければならない速さは，

$$v = \frac{2\pi R}{\tau} = \sqrt{gR} \fallingdotseq 7.9\,\mathrm{km/s} \tag{16.37}$$

です．これを 第 1 宇宙速度 (first astronomical velocity) といいます．また，地球の引力圏から飛び出し，他の惑星へ到達するために，地表で必要となる最低の速さを 第 2 宇宙速度 (second astronomiacal velocity) といいます．無限の彼方へ飛び去ることができる必要性から，力学的エネルギーがゼロになる速さとして計算します．従って，$\frac{1}{2}mv^2 - G\frac{Mm}{r} = 0$ より，

$$v = \sqrt{2gR} \fallingdotseq 11.2\,\mathrm{km/s} \tag{16.38}$$

となります．

　ニュートンは図 16.3 を描いて，仮想的な高い山の頂上 V から右向きに打ち出された物体の運動について説明しています．重力によりその軌道は下向きに曲げられますが，初速が大きくなるにつれてより遠くまで飛んで行きます．そして，充分な大きさの初速（第一宇宙速度）が与えられると，ついには地上に落下することなく，地球の周りを一回りして出発点へ戻ってくると述べています．

　1957 年 10 月 4 日，当時のソビエト連邦共和国が世界最初の人工衛星・スプートニク 1 号を打ち上げました．そして 1961 年 4 月 12 日，同国のヴォストーク 1 号でユーリ・ガガーリンが人類初の宇宙飛行士として 108 分で地球を 1 回・1 周しました．人工衛星の可能性を今から 300 年以上も前に予言していたというのは，自然の法則を正しく把握したときの威力のすごさの典型と言えるでしょう．

☞ 彼の地球帰還の第一声「地球は青かった」は有名です．

17 非慣性系と見かけの力

学習のねらい

　これまでは，基準となる慣性系を設定してその系で物体の運動を調べました．慣性系ではない系＝非慣性系では，これまで述べてきたことは，そのままでは成り立ちません．ニュートンの運動方程式は，慣性系でのみ成り立つものだからです．この章では，非慣性系での運動を，慣性系に準拠して理解する方法について学びます．

　たとえば，われわれが電車に乗っているとき，電車が発車してスピードを上げている状態，一定速度で走っている状態，停車するためにスピードを落としている状態は，それぞれ異なった状態として感じることを日常的に経験しています．この様子は，プラットホーム（慣性系）に立って観測している人にとっては単純な加速，等速，減速運動です．それでは，電車（非慣性系）に乗っている人は，自分の運動をいかに記述すればよいのでしょうか．それを調べるには，2つの座標系の間の関係を確定する必要があります．

17.1　慣性系間の関係── ガリレイ変換とローレンツ変換

　第4章の4.3節で，慣性系 (inertial frame of reference) について説明しました．要約すると，慣性系とは，ニュートンの運動方程式

$$m\frac{\mathrm{d}^2\boldsymbol{r}}{\mathrm{d}t^2} = \boldsymbol{F} \tag{17.1}$$

が成立する座標系のことです．そして，

①　すべての慣性系において，力学の基本法則であるニュートンの運動方程式は同じ形に表される（ガリレイの相対性原理）．

②　すべての慣性系において，時間は共通で等しい（時間の絶対性）．

ということを説明しました．

　ここで，二つのデカルト座標系を考え，それぞれ S 系，S′ 系とよぶことにします．お互いの座標軸は平行で，S′ 系は S 系の x 方向へ速度 v で等速度運動しているとします．$t = 0\,\mathrm{s}$ のときに座標軸が重なって一致していた

とすると，任意の時刻 t における座標のあいだには，

$$x' = x - vt, \quad y' = y, \quad z' = z, \quad t' = t \qquad (17.2)$$

が成立します．式 (17.2) を ガリレイ変換 (Galilean transformation) といいました．逆に，式 (17.2) が成り立てば，① と ② が成立します．このことを，

> ニュートンの運動方程式はガリレイ変換に対して不変である

と表現します．

　このため，慣性系が一つ存在すると，その系に対して等速度で運動する系は全て慣性系となり，力学的には同等な系となります．そのため，力学的に，言い換えればニュートンの運動方程式を用いて，「静止」と「等速度運動」を識別することはできなのです．たとえば，電車が等速度で走っている状態で電車内の乗客が物を落としたときの落下の仕方と，プラットホームに立ってる人が物を落としたときの落下の仕方は同じです．このことを最初に理解し，明らかにしたのがガリレイでした．また，式 (17.2) を時刻で微分して得られる関係式

$$v_x' = v_x - v, \quad v_y' = v_y, \quad v_z' = v_z \qquad (17.3)$$

を ガリレイの速度加法則 (Galilean form of the law of transformation of velocities) といいます．

　歴史的には，上で述べたことはニュートン力学の基礎をなす考え方であり，日常の経験にもぴったり合うので，疑う余地のないことと考えられてきました．1860〜70 年代にはいると，マクスウェルは電磁気学を完成し，光は電磁波であることを明らかにしました．

　当時の人々は，波が伝わるためには媒質が必要だと信じ込んでいました．そこで電磁波を伝える媒質を「エーテル」と名付け，光の伝わる向きによって速さが変化するのを測定することで，ガリレイの速度加法則 (17.3) に基づいて，エーテルの中での地球の速度，即ち，慣性系の絶対速度を測定できると考えました．

マクスウェル：James Clerk Maxwell 1831.6.13〜1879.10.5

　イギリスのエジンバラ生まれ．ケンブリッジ大学に学び，トリニティー・カレッジのフェローを経て，後にキャベンディッシュ研究所の所長となる．物理学の多くの分野（光学，色彩論，弾性体，気体分子運動論など）で卓越した業績をあげる．とくに電磁気学において，ファラデーの研究を理論的に整理し，完成した（1873 年）．腹部の癌で死去．〈「マクスウェルの生涯」カルツェフ著，早川光雄他訳，東京図書〉

> マイケルソン：Albert Abraham Michelson 1852.12.19〜1931.5.9
>
> 　プロイセン王国のストシェルノ（現在はポーランド）生まれのアメリカ人．1881 年にマイケルソン干渉計を発明し，それを用いて当初の意図とは異なりエーテルの存在を否定することになる実験を行う（1887 年）．マイケルソン干渉計の発明と応用により，1907 年にノーベル物理学賞を受賞した．

　しかしながら，マイケルソンとモーリーによるきわめて精密な実験によっても，慣性系の絶対速度を知ることはできませんでした．そのため，ニュートン力学の基礎をなす考え方に疑問が生じてきました．

　これに対して 1905 年に，アインシュタインが次のように解答を与えました．

> ① すべての慣性系において，物理（力学，電磁気学）の基本法則は同じ形に表される：アインシュタインの特殊相対性原理
>
> ② すべての慣性系において，真空中の光の速さは等しい：光速度不変の原理

ということを要請します．このとき，S 系と S′ 系として，互いに x 方向に等速度で並進運動している二つのデカルト座標系を考えます．この二つの座標系の座標の間には，ガリレイ変換 (17.2) に代わって，次の関係式が成り立つ事が示されました．

$$x' = \frac{x - vt}{\sqrt{1 - \beta^2}}, \quad y' = y, \quad z' = z, \quad t' = \frac{t - \frac{\beta}{c}x}{\sqrt{1 - \beta^2}} \qquad (17.4)$$

ここで，c は真空中の光の速さ，$\beta = \dfrac{v}{c}$ です．式 (17.4) をローレンツ変換 (Lorentz transformation) といいます．これらの 2 つの原理に基づく理論がアインシュタインの特殊相対性理論 (special theory of relativity) です．

☞ ローレンツ変換に対して不変になるようにニュートンの運動方程式は修正を受けます．マクスウェル方程式はローレンツ変換に対してもともと不変です．

> 力学，電磁気学の基本法則はローレンツ変換に対して不変である

問 17.1　ローレンツ変換 (17.4) を S 系の座標について解け．これをローレンツ逆変換という．

$$x = \frac{x' + vt'}{\sqrt{1 - \beta^2}}, \quad y = y', \quad z = z', \quad t = \frac{t' + \frac{\beta}{c}x'}{\sqrt{1 - \beta^2}}$$

ローレンツ：Hendrik Antoon Lorentz 1853.7.18〜1928.2.4

　オランダのアーネム生まれ. ライデン大学で電磁場と電子の相互作用について研究. 電子の存在について, ゼーマン効果などの説明を通じて理論的な寄与をなし, これらの業績により 1902 年ノーベル物理学賞を受賞した. オランダの堤防の建設に努力したことでもよく知られている.

アインシュタイン：Albert Einstein 1879.3.14〜1955.4.18

　ドイツのウルム生まれ. アインシュタインについては説明の必要はないと思う. 本格的な伝記の 1 つは,〈「神は老獪にして…」アブラハム・パイス著, 西島和彦監訳, 産業図書〉

17.2　加速度座標系間の関係——並進運動の場合

　いま, S′ 系の原点 O′ は慣性系 S に対して加速度運動しているとします. 図 17.1 からわかるように, 質点 m の位置ベクトルについて

$$\boldsymbol{r} = \boldsymbol{r}' + \boldsymbol{r}_0 \tag{17.5}$$

の関係があります（第 4 章 4.3 節を参照）. 時刻で 2 回微分して

$$\frac{\mathrm{d}^2\boldsymbol{r}}{\mathrm{d}t^2} = \frac{\mathrm{d}^2\boldsymbol{r}'}{\mathrm{d}t^2} + \frac{\mathrm{d}^2\boldsymbol{r}_0}{\mathrm{d}t^2} = \frac{\mathrm{d}^2\boldsymbol{r}'}{\mathrm{d}t^2} + \boldsymbol{a}_0 \tag{17.6}$$

となります. ここで $\boldsymbol{a}_0$ は, 慣性系である S 系から見た加速度系である S′ 系の原点 O′ の加速度です. これを S 系で成り立つニュートンの運動方程式 (17.1) に代入すれば

$$m\frac{\mathrm{d}^2\boldsymbol{r}}{\mathrm{d}t^2} = m\frac{\mathrm{d}^2\boldsymbol{r}'}{\mathrm{d}t^2} + m\boldsymbol{a}_0 = \boldsymbol{F} \tag{17.7}$$

となります. 従って. S′ 系の座標を用いた式として,

$$m\frac{\mathrm{d}^2\boldsymbol{r}'}{\mathrm{d}t^2} = \boldsymbol{F} - m\boldsymbol{a}_0 \tag{17.8}$$

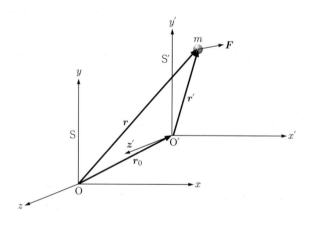

図 17.1　慣性系 S と並進運動する加速度系 S′
質量 m, 力 $\boldsymbol{F}$ は座標系に依らない.

と書き直すことができます.

　ニュートン力学では,質量 m や力 $\boldsymbol{F}$ は座標系によらない物理量であると考えます.そこで,この式を S′ 系における(質量)×(加速度)=(力)の運動方程式とみなすと,式 (17.8) の右辺の第 2 項の $-m\boldsymbol{a}_0$ も S′ 系では力と考えることになります.但し,この力は S′ 系の加速度に依存することに留意してください.これを見かけの力 (apparent force) または慣性力 (inertial force) といいます.

　S′ 系にいる観測者,たとえば加速度運動している電車の乗客は,慣性力を現実の力として体験します.この慣性力は S′ 系の加速度運動の状態に依存して現れる力であり,万有引力のような物体間の相互作用を表す力ではなく,作用・反作用の法則でいうところの反作用が存在しません.慣性力には,それを及ぼす元になる物体が存在せず,その発生原因において通常の力とは根本的に異なるものなのです.

例題 17.1　電車の床面上の質点の運動

慣性系 S に対して一定の加速度 $\boldsymbol{a}_0$ で運動する系(並進加速度系)S′ がある.S 系において時刻 $t=0$ に,S′ 系と共に動く滑らかで水平な床の上に,質点 m を $x=0$ の点に静かにおいた.この質点の運動について考察せよ.

解　図 17.2 のように S 系と S′ 系の座標軸を設定します.S 系での運動方程式は,

$$m\frac{\mathrm{d}^2 x}{\mathrm{d}t^2} = 0, \quad m\frac{\mathrm{d}^2 y}{\mathrm{d}t^2} = -mg + N \tag{17.9}$$

です.束縛条件 $y = 0\ \mathrm{m}$ より垂直抗力が $N = mg$ と決まります.x 方向の運動は,

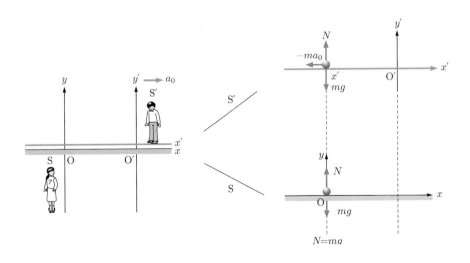

図 17.2　並進加速度系 S′ 上の質点の運動
慣性系 S では質点は原点に静止し続ける.加速度系 S′ では質点は一定の加速度(大きさ a_0)で -x' 方向へ運動する.

一般相対性理論における等価原理

　もし，乗客が電車に乗っていることを知らない（認識できない）とすると，転がり始めた空缶を見た乗客は，空缶に力が作用していると考えるでしょう．そして，この力が，自分が加速度運動している座標系にいるためにはたらく慣性力なのか，自分は慣性系にいて，何かの相互作用としての力なのかを運動から識別することはできないのです．たとえば，エレベータのワイヤが切れるとエレベータの乗客は重量を感じなくなるはずです．従って，重力を慣性力の一種と考えてもよいのではないかとアインシュタインは考えたのです．（但し，重力は局所的にのみ慣性力とみなせるだけです．）これがアインシュタインの一般相対性理論の等価原理に関する思考実験です．

初期条件が時刻 $t = 0$ s のとき $x = 0$ m，$\dfrac{\mathrm{d}x}{\mathrm{d}t} = 0$ m/s ですから，

$$x(t) = 0 \text{ m}$$

となります．質点が最初に床の上で静止していると，以後静止を続けるという当然の結論ですね．

　次に S′ 系では，運動方程式は式 (17.8) から

$$m\frac{\mathrm{d}^2 x'}{\mathrm{d}t^2} = -ma_0, \quad m\frac{\mathrm{d}^2 y'}{\mathrm{d}t^2} = -mg + N \tag{17.10}$$

です．束縛条件から垂直抗力が決まるのは S 系の時と同じです．a_0 が定数の場合

$$x'(t) = -\frac{1}{2}a_0 t^2$$

となります．すなわち，床の上の等加速度運動（S′ 系の進行方向と逆の向き）です．たとえば電車がホームから発車したとき，乗客は床の上におかれていた空缶が進行方向と反対方向に転がり始めるのを観測する理由が理解できるでしょう．

17.3　加速度座標系間の関係—— 回転運動（2 次元）の場合

　簡単のために 2 次元の運動について考えましょう．いま，慣性系 S と回転系 S′ の原点が一致し，S′ 系は S 系に対して一定の角速度 ω で回転してい

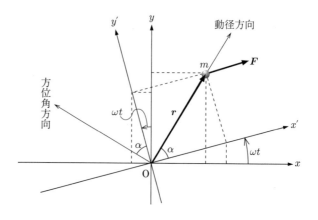

図 17.3　慣性系 S と回転系 S′ の関係
質点の座標は，S 系で (x, y)，S′ 系で (x', y') とする.

ます．回転軸は $z = z'$ 軸（紙面に垂直で裏から表の向き）とします．時刻
$t = 0$ s のとき，S 系と S′ 系の座標軸は一致していたとします．そして，質
点 m の位置は，S 系で (x, y)，S′ 系で (x', y') と表すことにします（図 17.3
を参照）．原点から質点 m までの距離を r とすれば，

$$\begin{cases} x = r\cos(\alpha + \omega t) \\ y = r\sin(\alpha + \omega t) \end{cases}, \qquad \begin{cases} x' = r\cos\alpha \\ y' = r\sin\alpha \end{cases} \qquad (17.11)$$

となります．加法定理を使って展開すれば，

$$x = r\cos\alpha\cos\omega t - r\sin\alpha\sin\omega t = x'\cos\omega t - y'\sin\omega t$$
$$y = r\sin\alpha\cos\omega t + r\cos\alpha\sin\omega t = y'\cos\omega t + x'\sin\omega t \qquad (17.12)$$

　これで S 系と S′ 系の座標の関係が得られました．S 系でニュートンの運
動方程式を書き，式 (17.12) を用いて S′ 系の座標に変換することで，S′ 系
でどのような慣性力がはたらくのかが分かります．

☞ 式 (17.12) は，図 17.3 から読み取ることができます．座標軸を回転させたときの座標の変換式です．

　先ず，式 (17.12) を時刻 t で微分し，S 系での速度を求めます．

$$\frac{dx}{dt} = \left(\frac{dx'}{dt}\cos\omega t - \omega x'\sin\omega t\right) - \left(\frac{dy'}{dt}\sin\omega t + \omega y'\cos\omega t\right)$$

$$\frac{dy}{dt} = \left(\frac{dy'}{dt}\cos\omega t - \omega y'\sin\omega t\right) + \left(\frac{dx'}{dt}\sin\omega t + \omega x'\cos\omega t\right)$$

これをもう一度微分して，S 系での加速度を求めます．
$$\frac{d^2x}{dt^2} = \left(\frac{d^2x'}{dt^2}\cos\omega t - \omega\frac{dx'}{dt}\sin\omega t\right) - \left(\omega\frac{dx'}{dt}\sin\omega t + \omega^2 x'\cos\omega t\right)$$

$$- \left(\frac{d^2y'}{dt^2}\sin\omega t + \omega\frac{dy'}{dt}\cos\omega t\right) - \left(\omega\frac{dy'}{dt}\cos\omega t - \omega^2 y'\sin\omega t\right)$$

$$= \left(\frac{d^2x'}{dt^2} - 2\omega\frac{dy'}{dt} - \omega^2 x'\right)\cos\omega t - \left(\frac{d^2y'}{dt^2} + 2\omega\frac{dx'}{dt} - \omega^2 y'\right)\sin\omega t$$

$$(17.13)$$

$$\frac{d^2y}{dt^2} = \left(\frac{d^2y'}{dt^2}\cos\omega t - \omega\frac{dy'}{dt}\sin\omega t\right) - \left(\omega\frac{dy'}{dt}\sin\omega t + \omega^2 y'\cos\omega t\right)$$

$$+ \left(\frac{d^2x'}{dt^2}\sin\omega t + \omega\frac{dx'}{dt}\cos\omega t\right) + \left(\omega\frac{dx'}{dt}\cos\omega t - \omega^2 x'\sin\omega t\right)$$

$$= \left(\frac{d^2y'}{dt^2} + 2\omega\frac{dx'}{dt} - \omega^2 y'\right)\cos\omega t + \left(\frac{d^2x'}{dt^2} - 2\omega\frac{dy'}{dt} - \omega^2 x'\right)\sin\omega t$$

$$(17.14)$$

　一方，式 (17.12) は，位置ベクトル $\boldsymbol{r}$ の S 系と S′ 系での成分の関係を表
したもので，力 $\boldsymbol{F}$ もベクトルですから，S 系での成分 (F_x, F_y) と S′ 系での
成分 $(F_{x'}, F_{y'})$ も，同じ関係を満たします．そのため

☞ 式（図 17.3 の位置ベクトル $\boldsymbol{r}$ を力のベクトル F に置きかえて考えればよい．

$$F_x = F_{x'}\cos\omega t - F_{y'}\sin\omega t$$
$$F_y = F_{y'}\cos\omega t + F_{x'}\sin\omega t \qquad (17.15)$$

が成り立ちます.

先にも述べたように, S 系では運動方程式が成り立つのですから,

$$m\frac{\mathrm{d}^2x}{\mathrm{d}t^2} = F_x, \quad m\frac{\mathrm{d}^2y}{\mathrm{d}t^2} = F_y \tag{17.16}$$

の関係があります. それぞれの式の左辺に加速度の式 (17.13) と (17.14) を代入し, 右辺の力の成分に式 (17.15) を代入します. 得られた式が任意の時刻 t で成り立つためには, $\cos\omega t$, $\sin\omega t$ の係数が左辺と右辺で一致しなければなりません. その結果, 次の二つの式が得られます.

$$m\left(\frac{\mathrm{d}^2x'}{\mathrm{d}t^2} - 2\omega\frac{\mathrm{d}y'}{\mathrm{d}t} - \omega^2x'\right) = F_{x'}, \quad m\left(\frac{\mathrm{d}^2y'}{\mathrm{d}t^2} + 2\omega\frac{\mathrm{d}x'}{\mathrm{d}t} - \omega^2y'\right) = F_{y'} \tag{17.17}$$

これを運動方程式の形式に書き表すと,

$$m\frac{\mathrm{d}^2x'}{\mathrm{d}t^2} = F_{x'} + 2m\omega\frac{\mathrm{d}y'}{\mathrm{d}t} + m\omega^2x'$$
$$m\frac{\mathrm{d}^2y'}{\mathrm{d}t^2} = F_{y'} - 2m\omega\frac{\mathrm{d}x'}{\mathrm{d}t} + m\omega^2y' \tag{17.18}$$

となります. この式から, S′ 系では, 相互作用に基づく通常の力以外に, 二つの慣性力がはたらいていることが分かります. 一つは右辺の第二項で, コリオリの力 (Coriolis force) とよばれています. もう一つは, 右辺第三項で, 遠心力 (centrifugal force) とよばれています. 慣性系と回転系の比較を図 17.4 に示しました.

コリオリの力を $\boldsymbol{f}^{\mathrm{Co}} = (f_{x'}^{\mathrm{Co}}, f_{y'}^{\mathrm{Co}})$ としましょう. さらに, S′ 系での速度ベクトルを $\boldsymbol{v}' = (v_{x'}, v_{y'})$ とすると,

$$f_{x'}^{\mathrm{Co}} = 2m\omega v_{y'}, \quad f_{y'}^{\mathrm{Co}} = -2m\omega v_{x'}$$

☞ $\boldsymbol{f}^{\mathrm{Co}} \cdot \boldsymbol{v}' = 0$

のように書くことができます. この表式から, コリオリの力は速度と直交しており, その向きは速度ベクトルを時計回りに $\dfrac{\pi}{2}$ 回転させた向きである

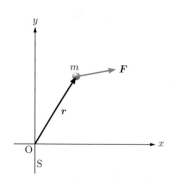
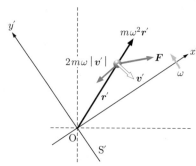

(a) 慣性系　　　　　　　　　(b) 回転系

図 17.4　コリオリの力と遠心力
(a) 慣性系：外力 $\boldsymbol{F}$ だけ. (b) 回転系：外力 $\boldsymbol{F}$ と 2 つの慣性力がはたらく

事が分かります. このため,

> コリオリの力は質点 m に仕事をせず, 運動の向きを右向きに曲げ
> る働きをしている

ことが分かります. また, その大きさは $\left|\boldsymbol{f}^{\mathrm{Co}}\right| = 2m\omega|\boldsymbol{v}'|$ で, 速さに比例
します.

一方, S′ 系での位置ベクトルを $\boldsymbol{r}' = (x', y')$ とすると遠心力を $\boldsymbol{f}^{\mathrm{cr}} = m\omega^2\boldsymbol{r}'$ と表すことができます. 極座標系における加速度は第 13 章の式
(13.20) で与えましたが, 特に円運動の場合, $r = $ 一定 ですから,

$$\boldsymbol{a} = -r\left(\frac{\mathrm{d}\theta}{\mathrm{d}t}\right)^2 \boldsymbol{e}_r + r\frac{\mathrm{d}^2\theta}{\mathrm{d}t^2}\boldsymbol{e}_\theta$$

となります. この第一項が円運動を引き起こす向心力 (centripetal force)
によって発生する, 円の中心向きの加速度を表します.

角振動数 $\dfrac{\mathrm{d}\theta}{\mathrm{d}t}$ を ω と書けば,

$$\text{向心力} = -m\omega^2\boldsymbol{r} = -\boldsymbol{f}^{\mathrm{cr}}$$

の関係があることが分かります. つまり, 遠心力は向心力と同じ大きさで逆
向きだということです. 言い換えると,

> 遠心力は, 回転系において, 円運動を引き起こしている向心力とつ
> り合う慣性力である.

ということです. これで, 回転系で静止していることが説明できます. 遠
心力はジェットコースター等で比較的身近に体感できる「力」なので, 相互
作用である一般の力と混同されることがよくありますが, 非慣性系から見
たときに現れる「見かけの力」であることに十分注意してください. くれぐ
れも, 回転している系を外から (つまり慣性系から) 見ているときに, 遠
心力がはたらいていると考えてはいけません.

☞ どのような曲線でも, ごく
短い部分に限れば, その点の
曲率半径に等しい半径をもつ
の円周の一部とみなせます.
そのため, 質点とともに動く
座標系から見ると, いつも遠
心力がはたらいているように
見えます. 但し, 一般には,
その大きさ・向きは時々刻々
変化していきます.

―― 例題 17.2　回転系から見た慣性系の等速直線運動 ――

> 慣性系 S の x 軸上を正の向きに一定の速さ v_0 で運動する質点 m があ
> る. この質点を, S 系の原点の周りに一定の角速度 ω で回転している
> 回転系 S′ から観測するとどのように見えるか考察せよ. ただし, 時刻
> $t = 0\,\mathrm{s}$ のとき, S 系と S′ 系の座標軸は一致し, 質点 m はちょうど原
> 点を通過したものとする. (図 17.5 参照)

解　式 (17.18) で導いた運動方程式を解きます. 外力 $\boldsymbol{F}$ をゼロとして,

$$m\frac{\mathrm{d}^2x'}{\mathrm{d}t^2} = 2m\omega\frac{\mathrm{d}y'}{\mathrm{d}t} + m\omega^2x' \tag{17.19}$$

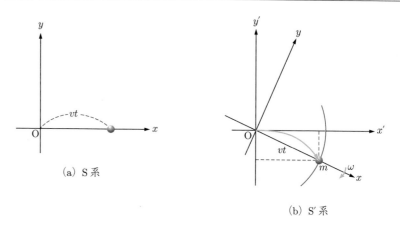

(a) S 系

(b) S′ 系

図 **17.5**　慣性系 S と回転系 S′ の関係

$$m\frac{\mathrm{d}^2y'}{\mathrm{d}t^2} = -2m\omega\frac{\mathrm{d}x'}{\mathrm{d}t} + m\omega^2 y' \tag{17.20}$$

です．この連立微分方程式を初期条件，$t = 0$ のとき，$x' = y' = 0$ m，$\dfrac{\mathrm{d}x'}{\mathrm{d}t} = v_0$，$\dfrac{\mathrm{d}y'}{\mathrm{d}t} = 0$ m/s の下で解けばよいわけです．

　以下に計算手順を示します．式 (17.19) から $\dfrac{\mathrm{d}y'}{\mathrm{d}t}$ を求め，これを t で 2 回微分して $\dfrac{\mathrm{d}^3y'}{\mathrm{d}t^3}$ を計算します．

$$\frac{\mathrm{d}y'}{\mathrm{d}t} = \frac{1}{2\omega}\frac{\mathrm{d}^2x'}{\mathrm{d}t^2} - \frac{1}{2}\omega x' \tag{17.21}$$

$$\frac{\mathrm{d}^3y'}{\mathrm{d}t^3} = \frac{1}{2\omega}\frac{\mathrm{d}^4x'}{\mathrm{d}t^4} - \frac{1}{2}\omega\frac{\mathrm{d}^2x'}{\mathrm{d}t^2} \tag{17.22}$$

次に，式 (17.20) を t で微分します．

$$m\frac{\mathrm{d}^3y'}{\mathrm{d}t^3} = -2m\omega\frac{\mathrm{d}^2x'}{\mathrm{d}t^2} + m\omega^2\frac{\mathrm{d}y'}{\mathrm{d}t} \tag{17.23}$$

$\dfrac{\mathrm{d}y'}{\mathrm{d}t}, \dfrac{\mathrm{d}^3y'}{\mathrm{d}t^3}$ を消去すると，x に関する 4 階の微分方程式が得られます．

$$\frac{\mathrm{d}^4x'}{\mathrm{d}t^4} + 2\omega^2\frac{\mathrm{d}^2x'}{\mathrm{d}t^2} + \omega^4 x' = 0$$

ここで，$x' = e^{\lambda t}$ と仮定して代入すると，λ を決定する特性方程式として

$$\left(\lambda^2 + \omega^2\right)^2 = 0$$

が得られます．重解ですから，第 10 章の臨界減衰の解法を参考にして，一般解は

$$x'(t) = (At + B)e^{i\omega t} + (Ct + D)e^{-i\omega t} \tag{17.24}$$

　一方，式 (17.20) から，

$$y' = \frac{1}{\omega^2}\frac{\mathrm{d}^2y'}{\mathrm{d}t^2} + \frac{2}{\omega}\frac{\mathrm{d}x'}{\mathrm{d}t} \tag{17.25}$$

となります．また，式 (17.19) の両辺を微分した式から

$$\frac{\mathrm{d}^2y'}{\mathrm{d}t^2} = \frac{1}{2\omega}\frac{\mathrm{d}^3x'}{\mathrm{d}t^3} - \frac{\omega}{2}\frac{\mathrm{d}x'}{\mathrm{d}t} \tag{17.26}$$

が得られるのでこれを代入し，

$$y' = \frac{1}{2\omega^3}\frac{\mathrm{d}^3 x'}{\mathrm{d}t^3} + \frac{3}{2\omega}\frac{\mathrm{d}x'}{\mathrm{d}t} \tag{17.27}$$

となります．ここに上に求めた x を代入すれば，y が決まります．具体的には，

$$y'(t) = i(At + B)e^{i\omega t} - i(Ct + D)e^{-i\omega t} \tag{17.28}$$

初期条件から任意定数を決定すると，

$$\begin{aligned} x'(t) &= v_0 t \cos\omega t \\ y'(t) &= -v_0 t \sin\omega t \end{aligned} \tag{17.29}$$

☞ $A = C = \dfrac{v_0}{2},\ B = D = 0$

　この結果は，S 系の座標 (x, y) と S′ 系の座標 (x', y') を結びつける式 (17.12) を用いて，簡単に求めることができます．S 系では x 軸に沿った速さ v_0 の等速直線運動で，時刻 $t = 0\,\mathrm{s}$ のとき原点を通過したのですから，

$$x(t) = v_0 t, \quad y(t) = 0 \tag{17.30}$$

となるのは明かでしょう．式 (17.12) を (x', y') について解いた式から，

$$\begin{pmatrix} x'(t) \\ y'(t) \end{pmatrix} = \begin{pmatrix} \cos\omega t & \sin\omega t \\ -\sin\omega t & \cos\omega t \end{pmatrix}\begin{pmatrix} x(t) \\ y(t) \end{pmatrix} = \begin{pmatrix} v_0 t \cos\omega t \\ -v_0 t \sin\omega t \end{pmatrix} \tag{17.31}$$

となることが，容易に分かります．

　S′ 系から見れば，$t > 0$ のとき，速さ v_0 で原点から離れていく運動と，半径 $v_0 t$，角速度 ω の円運動を重ね合わせた運動です．その速さは $\sqrt{v_0{}^2 + (v_o t\omega)^2}$ となります．遠心力が仕事をするため，速くなっていきます．軌道 $(x'(t), y'(t))$ を $t < 0$ のときも含めてプロットしたものを図 17.6 に示します．運動の様子をこの図から読み取ってください．

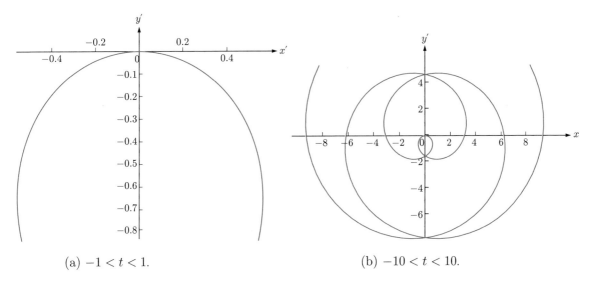

(a) $-1 < t < 1$.　　　　　　　　　　(b) $-10 < t < 10$.

図 17.6　慣性系 S で等速直線運動する質点の軌道を回転系 S′ で見た図
$v_0 = 1\,\mathrm{m/s},\ \omega = 1\,\mathrm{rad/s}$ としてプロットした．

―― 例題 17.3　　地球の自転と見かけの重力加速度 ――

地球の自転が重力加速度に及ぼす効果を調べよ.

解　地球は，南極から北極に貫く軸のまわりに一定の角速度 ω で自転していると
しましょう. 1 日に 1 回自転するので，

$$\omega = \frac{2\pi}{24 \times 60 \times 60} \fallingdotseq 7.3 \times 10^{-3} \text{ rad/s} \tag{17.32}$$

です.

　地球上の地点 P にある質点 m に作用する力を考えてみましょう. 図 17.7 より，
P から回転軸までの距離は，地球の半径を R として，$R \cos\varphi$ です. 従って，この
地点の質点 m に作用する遠心力 $\boldsymbol{f}$c は，大きさが $m\omega^2 R \cos\varphi$ で向きは自転軸に垂
直です. 他方，万有引力による重力は，大きさが mg で向きは地球の中心 O に向か
います.

　地球上に固定した（回転）座標系から見ると，質点 m に作用する力は，遠心力と
重力のベクトル和です. 従って，質点 m に作用する力は遠心力のために重力より弱
くなり，地球の中心 O から少しずれた点 O′ を向きます. これまで鉛直方向といっ
てきたのは，点 P から点 O′ へ向かう方向です.

　とくに，赤道上では，遠心力による加速度の大きさは

$$\omega^2 R \fallingdotseq (7.3 \times 10^{-3})^2 \times (6.4 \times 10^6) \fallingdotseq 3.4 \times 10^{-2} \text{ m/s}^2 \sim \frac{g}{290} \tag{17.33}$$

です. 他方，北極・南極では遠心力は 0 です. 従って，重力は北極・南極で最も強
く，緯度が下がるにつれて小さくなり，赤道で最も弱くなります. そのため，地球
自身も南北方向に引っ張られ，地球の形状は極方向が短く赤道方向が長い回転楕円
体となります. このことが実測されたことが，ニュートンの力学が広く認められて
いく理由の 1 つとなったといわれています.

☞ 赤道半径を a, 極半径を b
とし，扁平率を $\dfrac{a-b}{a}$ とする
と，その実測値は $\dfrac{1}{298.257}$
です.

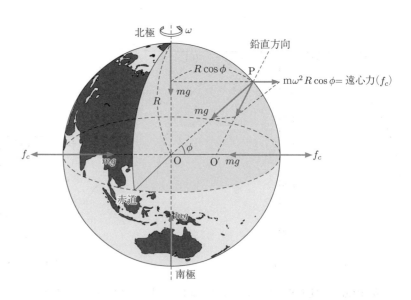

図 17.7　地球の自転による遠心力の効果
遠心力は実際よりも誇張して大きく描いてある.

18 質点系の力学

学習のねらい

　これまでは，主に1個の質点の運動を調べてきました．この章では，質点の集団＝質点系を力学的に分析する方法について学びます．この方法は，後の章で剛体の力学と運動の解析をする際に用いられることになります．

　力は物体間の相互作用ですから，力学では少なくとも，お互いに力を及ぼしあう2個の物体が存在することが前提でした．しかし，ここまでは，第14章の運動量保存則のところで，衝突・散乱の議論をした部分を除いて，1個の質点にのみ着目して説明してきました．このとき，もう一方の物体の運動について論じることを無視していました．それは，無視しても着目している質点の運動を十分正確に解析できたからです．

18.1　質点系の内力と外力

　多数の質点を取り扱うので，質点に番号をつけて区別しましょう．いま，n 個の質点があるとして，これらに1から n まで番号をつけ，質量を名前として質点 $m_1, m_2, \cdots, m_n$ と表します．まとめて m_i $(i = 1, 2, \cdots, n)$ と表すこともあります．これら n 個の質点全体を質点系 (system of particles) といいます．

　質点系の各質点に作用する力のうち，質点系内の他の質点から働く力を内力 (internal force) といい，それ以外の物体から働く力を外力 (external force) といいます．外力と内力に絶対的な区別があるわけではなく，問題に応じて質点系に含める物体の範囲を変えれば，おのずとその区分が変わります．たとえば，地球と月を質点系として考えているときは，地球と月の間の万有引力は内力で，太陽が地球と月に及ぼす万有引力は外力です．しかし，地球，月と太陽の3個の天体を質点系と考えるときは，太陽が地球と月に及ぼす万有引力も内力となります．

☞ 例えば，放物運動を考えるとき，重力を及ぼすのは地球です．厳密には，物体にはたらく重力の反作用を受けて地球も運動するはずですが，その運動は，とても小さなもので，実際に観測することは不可能でしょう．そのため，地球は静止していると考えても十分正確な議論ができたのです．

18.2　質点系の運動方程式

18.2.1　質点系の全運動量

　質点 m_i に作用する外力を $\boldsymbol{F}_i$，質点 m_j から作用する内力を $\boldsymbol{F}_{ij}$ と書くことにします．自分で自分自身に作用する力はないので，以下の式では，$\boldsymbol{F}_{ii} = 0\,\mathrm{N}$ とします．質点 m_i の位置ベクトルを $\boldsymbol{r}_i$，運動量を $\boldsymbol{p}_i$ と表しましょう．質点系内のそれぞれの質点の運動方程式は，

$$\frac{\mathrm{d}\boldsymbol{p}_i}{\mathrm{d}t} = \boldsymbol{F}_i + \sum_{j=1}^{n} \boldsymbol{F}_{ij}, \quad (i = 1, 2, \cdots, n) \tag{18.1}$$

と表せます．これらは，それぞれの式が 3 成分をもつ，n 個のベクトルの連立方程式です．（図 18.1 を参照.）

☞ このような，まとめた書き方に慣れていない人は，一度具体的に書いてみるとよいでしょう．$n = 3$ の場合，

$$\frac{\mathrm{d}\boldsymbol{p}_1}{\mathrm{d}t} = \boldsymbol{F}_1 + \boldsymbol{F}_{12} + \boldsymbol{F}_{13}$$

$$\frac{\mathrm{d}\boldsymbol{p}_2}{\mathrm{d}t} = \boldsymbol{F}_2 + \boldsymbol{F}_{21} + \boldsymbol{F}_{23}$$

$$\frac{\mathrm{d}\boldsymbol{p}_3}{\mathrm{d}t} = \boldsymbol{F}_3 + \boldsymbol{F}_{31} + \boldsymbol{F}_{32}$$

　式 (18.1) を i について足してみましょう．

$$\sum_{i=1}^{n} \frac{\mathrm{d}\boldsymbol{p}_i}{\mathrm{d}t} = \sum_{i=1}^{n} \boldsymbol{F}_i + \sum_{i=1}^{n}\sum_{j=1}^{n} \boldsymbol{F}_{ij} \tag{18.2}$$

となります．第 4 章の作用・反作用の法則 (4.4) で説明したように，

$$\boldsymbol{F}_{ij} = -\boldsymbol{F}_{ji}, \quad (i, j = 1, 2, \cdots, n) \tag{18.3}$$

が成り立つので，第 2 項の二重の和に含まれる各項は，互いに打ち消してゼロとなります．そこで，各質点の運動量 $\boldsymbol{p}_i$ を加えたものを質点系の全運動量 (total momentum)$\boldsymbol{P}$ と定義しましょう．式 (18.2) は，次のように書き換えることができます．

$$\frac{\mathrm{d}\boldsymbol{P}}{\mathrm{d}t} = \sum_{i=1}^{n} \boldsymbol{F}_i, \quad \boldsymbol{P} = \sum_{i=1}^{n} \boldsymbol{p}_i \tag{18.4}$$

従って，質点系の全運動量の時間的変化率（時刻による微分）は外力の総和に等しく，内力によりません．そして，

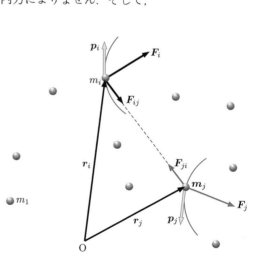

図 18.1　質点系の表し方

外力の総和が 0 の場合は，内力のいかんにかかわらず質点系の全運動量は保存される．

ということが分かります．第 14 章では，2 質点の衝突・散乱で運動量が保存する事を見ましたが，これはそれを n 個の質点系に拡張した保存則です．

18.2.2 重心系または質量中心系

ここで，次のように定義される位置ベクトル $\boldsymbol{r}_c$ を考えましょう．

$$\boldsymbol{r}_c = \frac{\sum_{i=1}^{n} m_i \boldsymbol{r}_i}{\sum_{i=1}^{n} m_i} = \frac{\sum_{i=1}^{n} m_i \boldsymbol{r}_i}{M}, \quad M = \sum_{i=1}^{n} m_i \tag{18.5}$$

この点を 質点系の重心 (center of gravity) または質量中心 (center of mass) といいます．M は質点系の全質量 (total mass) を表します．位置ベクトル $\boldsymbol{r}_c$ は，質量を重みとした位置ベクトル $\boldsymbol{r}_i$ の加重平均です．重心の位置に特定の質点があるわけではなく，あくまでも計算上の位置ベクトルです．

式 (18.5) を時刻 t で微分して M を掛けると，

$$M\frac{\mathrm{d}\boldsymbol{r}_c}{\mathrm{d}t} = \sum_{i=1}^{n} m_i \frac{\mathrm{d}\boldsymbol{r}_i}{\mathrm{d}t} = \sum_{i=1}^{n} \boldsymbol{p}_i = \boldsymbol{P} \tag{18.6}$$

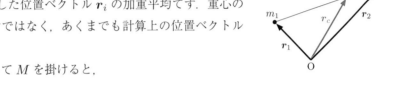

図 **18.2** 2 つの質点 m_1，m_2 の重心

となります．更に，この式をもう一度微分し，式 (18.4) を使うと，

$$M\frac{\mathrm{d}^2\boldsymbol{r}_c}{\mathrm{d}t^2} = \frac{\mathrm{d}\boldsymbol{P}}{\mathrm{d}t} = \sum_{i=1}^{n} \boldsymbol{F}_i \tag{18.7}$$

と書けることが分かります．これは重心を位置ベクトルとする質点 M が，各質点にはたらく外力の総和を受けている場合の（質点 M の）運動方程式と解釈できます．また，**外力の総和が 0 であれば，重心は静止か等速直線運動を続けます．** つまり，重心の運動が，質点系全体の運動を代表していると見なすことができるのです．

☞ 大きさのある物体を質点の集まりと近似してよいのはこのためです．

さて，重心の位置を原点 O$'$ とする新しい座標系を考えましょう．これは，質点系を取り扱うのにきわめて重要で有効な座標系です．図 18.3 を参照してください．この座標系における質点 m_i の位置ベクトルを $\boldsymbol{r}_i'$ とすると，元の座標系（慣性系）での位置ベクトル $\boldsymbol{r}_i$ との間には，

$$\boldsymbol{r}_i = \boldsymbol{r}_c + \boldsymbol{r}_i' \tag{18.8}$$

の関係があります．これ式 (18.5) に代入して，

$$\boldsymbol{r}_c = \frac{\sum_{i=1}^{n} m_i \boldsymbol{r}_i}{M} = \frac{\sum_{i=1}^{n} m_i \left(\boldsymbol{r}_c + \boldsymbol{r}_i'\right)}{M} = \frac{\sum_{i=1}^{n} m_i \boldsymbol{r}_c + \sum_{i=1}^{n} m_i \boldsymbol{r}_i'}{M}$$

$$= \frac{\sum_{i=1}^{n} m_i}{M} \boldsymbol{r}_c + \frac{\sum_{i=1}^{n} m_i \boldsymbol{r}_i'}{M} = \boldsymbol{r}_c + \frac{\sum_{i=1}^{n} m_i \boldsymbol{r}_i'}{M} \tag{18.9}$$

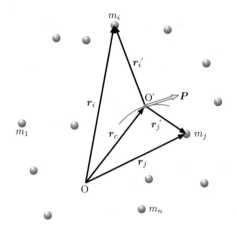

図 18.3   慣性系と重心系

となります. この式から,

$$\sum_{i=1}^{n} m_i \boldsymbol{r}_i' = 0 \tag{18.10}$$

☞ 重心を原点とする座標系
で重心を計算しているのです
から, ゼロになるのは当たり
前です.

であることが分かります. このことは, 重心を原点とする新しい座標系で測定したとき, 質点系の質点の運動量の総和である全運動量が 0 であることを示しています. この座標系を重心系 (center of mass system) または質量中心系 (center of mass frame) とよびます. $\boldsymbol{O'}$ が慣性系の原点 $\boldsymbol{O}$ に対して加速度運動するときには, 重心系は非慣性系となります.

18.2.3   質点系の全角運動量

次に, 質点系の 全角運動量 (total angular momentum) $\boldsymbol{L}$ を調べましょう. これは, 各質点 m_i の角運動量 $\boldsymbol{L}_i = \boldsymbol{r}_i \times \boldsymbol{p}_i$ の総和で定義されます.

$$\boldsymbol{L} = \sum_{i=1}^{n} \boldsymbol{r}_i \times \boldsymbol{p}_i \tag{18.11}$$

これを時刻 t で微分すると, 運動方程式 (18.1) を用いて,

☞ $\dfrac{\mathrm{d}\boldsymbol{r}_i}{\mathrm{d}t}$ と $\boldsymbol{p}_i$ は同じ向きで
すから, $\dfrac{\mathrm{d}\boldsymbol{r}_i}{\mathrm{d}t} \times \boldsymbol{p}_i$ はゼロに
なります.

$$\frac{\mathrm{d}\boldsymbol{L}}{\mathrm{d}t} = \sum_{i=1}^{n} \left(\frac{\mathrm{d}\boldsymbol{r}_i}{\mathrm{d}t} \times \boldsymbol{p}_i + \boldsymbol{r}_i \times \frac{\mathrm{d}\boldsymbol{p}_i}{\mathrm{d}t} \right) = \sum_{i=1}^{n} \boldsymbol{r}_i \times \left(\boldsymbol{F}_i + \sum_{j=1}^{n} \boldsymbol{F}_{ij} \right) \tag{18.12}$$

となります. この式の右辺を展開した第 2 項の二重の和 $\displaystyle\sum_{i=1}^{n}\sum_{j=1}^{n} \boldsymbol{r}_i \times \boldsymbol{F}_{ij}$ を
X とします. 第 4 章の作用・反作用の法則 (4.4) で説明したように,

$$(\boldsymbol{r}_i - \boldsymbol{r}_j) \times \boldsymbol{F}_{ij} = 0, \quad (i, j = 1, 2, \cdots, n) \tag{18.13}$$

が成り立つので，X に含まれる各項は，互いに打ち消してゼロとなります．以下でその理由を説明しましょう．

X は，i, j ともに 1 から n まで変化させ，$i = j$ となる項を除いて足すことを意味していますから，i, j について対称で，和をとる指示において，これらを入れ替えても結果は変わりません．即ち，

$$(X =) \sum_{i=1}^{n} \sum_{j=1}^{n} \boldsymbol{r}_i \times \boldsymbol{F}_{ij} = \sum_{j=1}^{n} \sum_{i=1}^{n} \boldsymbol{r}_i \times \boldsymbol{F}_{ij} \qquad (18.14)$$

が成り立ちます．一方，i, j は和をとるときの変数ですから，式 (18.14) の右辺の表式で，i を j と書き，j を i と書き変えてもその値は変わりません．よって，

$$(X =) \sum_{j=1}^{n} \sum_{i=1}^{n} \boldsymbol{r}_i \times \boldsymbol{F}_{ij} = \sum_{i=1}^{n} \sum_{j=1}^{n} \boldsymbol{r}_j \times \boldsymbol{F}_{ji} = -\sum_{i=1}^{n} \sum_{j=1}^{n} \boldsymbol{r}_j \times \boldsymbol{F}_{ij} \quad (18.15)$$

となります．X に対して式 (18.14) の左側と，式 (18.15) の右側という，異なる二つの表式が得られたことになります．この両者を辺々加えると，

$$2X = \sum_{i=1}^{n} \sum_{j=1}^{n} \boldsymbol{r}_i \times \boldsymbol{F}_{ij} - \sum_{i=1}^{n} \sum_{j=1}^{n} \boldsymbol{r}_j \times \boldsymbol{F}_{ij}$$

$$= \sum_{i=1}^{n} \sum_{j=1}^{n} (\boldsymbol{r}_i - \boldsymbol{r}_j) \times \boldsymbol{F}_{ij} = 0 \quad (\because \ 式 (18.13) による)$$

結局，式 (18.12) は，

$$\frac{\mathrm{d}\boldsymbol{L}}{\mathrm{d}t} = \sum_{i=1}^{n} \boldsymbol{r}_i \times \boldsymbol{F}_i = \sum_{i=1}^{n} \boldsymbol{N}_i \qquad (18.16)$$

☞ $n = 3$ のときに X は，
$\boldsymbol{r}_1 \times \boldsymbol{F}_{12} + \boldsymbol{r}_1 \times \boldsymbol{F}_{13}$
$+\boldsymbol{r}_2 \times \boldsymbol{F}_{21} + \boldsymbol{r}_2 \times \boldsymbol{F}_{23}$
$+\boldsymbol{r}_3 \times \boldsymbol{F}_{31} + \boldsymbol{r}_3 \times \boldsymbol{F}_{32}$
$= (\boldsymbol{r}_1 - \boldsymbol{r}_2) \times \boldsymbol{F}_{12}$
$+(\boldsymbol{r}_1 - \boldsymbol{r}_3) \times \boldsymbol{F}_{13}$
$+(\boldsymbol{r}_2 - \boldsymbol{r}_3) \times \boldsymbol{F}_{23}$
となります．

となります．質点系の全角運動量の時間的変化は，各質点にはたらく原点 O の周りの外力のモーメントの総和に等しく，内力によりません．そして，

> 外力のモーメントの総和が 0 の場合は，内力のいかんにかかわらず質点系の全角運動量は保存される．

ということが分かります．

18.2.4 重心系における角運動量

慣性系における角運動量 $\boldsymbol{L}$ と重心系における角運動量 $\boldsymbol{L}'$ の関係を調べてみましょう．座標の間の関係式 (18.8) を代入して，

$$\boldsymbol{L} = \sum_{i=1}^{n} \boldsymbol{r}_i \times \boldsymbol{p}_i = \sum_{i=1}^{n} \boldsymbol{r}_i \times m_i \frac{\mathrm{d}\boldsymbol{r}_i}{\mathrm{d}t} = \sum_{i=1}^{n} (\boldsymbol{r}_\mathrm{c} + \boldsymbol{r}'_i) \times m_i \frac{\mathrm{d}}{\mathrm{d}t} (\boldsymbol{r}_\mathrm{c} + \boldsymbol{r}'_i)$$

となります．右辺を展開すると，4 つの項の和になります．

$$\sum_{i=1}^{n} \left(\boldsymbol{r}_\mathrm{c} \times m_i \frac{\mathrm{d}\boldsymbol{r}_\mathrm{c}}{\mathrm{d}t} + \boldsymbol{r}_\mathrm{c} \times m_i \frac{\mathrm{d}\boldsymbol{r}'_i}{\mathrm{d}t} + \boldsymbol{r}'_i \times m_i \frac{\mathrm{d}\boldsymbol{r}_\mathrm{c}}{\mathrm{d}t} + \boldsymbol{r}'_i \times m_i \frac{\mathrm{d}\boldsymbol{r}'_i}{\mathrm{d}t} \right)$$

$$= r_{\rm c} \times \left(\sum_{i=1}^{n} m_i \right) \frac{{\rm d}r_{\rm c}}{{\rm d}t} + r_{\rm c} \times \frac{\rm d}{{\rm d}t} \left(\sum_{i=1}^{n} m_i r_i' \right) + \left(\sum_{i=1}^{n} m_i r_i' \right) \times \frac{{\rm d}r_{\rm c}}{{\rm d}t}$$

$$+ \sum_{i=1}^{n} \left(r_i' \times m_i \frac{{\rm d}r_i'}{{\rm d}t} \right)$$

ここで，重心系の重心がゼロとなることを示す式 (18.10) より，上式の第 2 項と第 3 項はゼロとなります．第 1 項は，重心 $r_{\rm c}$ に全質量 $M = \sum_{i=1}^{n} m_i$ が集中したときの原点 O まわりの重心の角運動量を表し，最後の第 4 項が重心系における角運動量 L' です．即ち，

☞ 式 (18.6) を使いました.

$$L = L_{\rm c} + L', \qquad L_{\rm c} = r_{\rm c} \times M \frac{{\rm d}r_{\rm c}}{{\rm d}t} = r_{\rm c} \times P \tag{18.17}$$

次に，角運動量の時間変化について調べましょう．時刻 t で式 (18.17) を微分すると，

$$\frac{{\rm d}L}{{\rm d}t} = \frac{{\rm d}L_{\rm c}}{{\rm d}t} + \frac{{\rm d}L'}{{\rm d}t} \tag{18.18}$$

ですが，

☞ $P = M \dfrac{{\rm d}r_{\rm c}}{{\rm d}t}$ ですから，$\dfrac{{\rm d}r_{\rm c}}{{\rm d}t} \times P = 0$ です.

$$\frac{{\rm d}L_{\rm c}}{{\rm d}t} = \frac{{\rm d}r_{\rm c}}{{\rm d}t} \times P + r_{\rm c} \times \frac{{\rm d}P}{{\rm d}t} = r_{\rm c} \times \frac{{\rm d}P}{{\rm d}t} \tag{18.19}$$

となり，

$$\frac{{\rm d}L}{{\rm d}t} = r_{\rm c} \times \frac{{\rm d}P}{{\rm d}t} + \frac{{\rm d}L'}{{\rm d}t} \tag{18.20}$$

一方，式 (18.16) より

☞ 式 (18.4) より $\dfrac{{\rm d}P}{{\rm d}t} = \sum_{i=1}^{n} F_i$ です.

$$\frac{{\rm d}L}{{\rm d}t} = \sum_{i=1}^{n} r_i \times F_i = \sum_{i=1}^{n} (r_{\rm c} + r_i') \times F_i = r_{\rm c} \times \sum_{i=1}^{n} F_i + \sum_{i=1}^{n} r_i' \times F_i$$

$$= r_{\rm c} \times \frac{{\rm d}P}{{\rm d}t} + \sum_{i=1}^{n} r_i' \times F_i \tag{18.21}$$

式 (18.20) と式 (18.21) を比べて，

$$\frac{{\rm d}L'}{{\rm d}t} = \sum_{i=1}^{n} r_i' \times F_i \tag{18.22}$$

結局，重心系の原点 O′ のまわりの質点系の角運動量 L' の時間的変化率は，外力による力のモーメントの総和に等しいことが分かりました．慣性系とは限らない重心系における式 (18.22) が慣性系における角運動量の法則 (18.16) と同じ形をしていることに留意しましょう．

18.2.5 質点系の全運動エネルギー

慣性系における質点 m_i の速さを v_i とすると，質点系の全運動エネルギー (total kinetic energy) K は，各質点の運動エネルギーの総和で，

$$K = \sum_{i=1}^{n} \frac{1}{2} m_i v_i^2 \tag{18.23}$$

で与えられます．これを重心系で表してみましょう．座標の関係式 (18.8) より，

$$v_i{}^2 = \frac{\mathrm{d}\boldsymbol{r}_i}{\mathrm{d}t} \cdot \frac{\mathrm{d}\boldsymbol{r}_i}{\mathrm{d}t} = \left(\frac{\mathrm{d}\boldsymbol{r}_\mathrm{c}}{\mathrm{d}t} + \frac{\mathrm{d}\boldsymbol{r}_i'}{\mathrm{d}t} \right) \cdot \left(\frac{\mathrm{d}\boldsymbol{r}_\mathrm{c}}{\mathrm{d}t} + \frac{\mathrm{d}\boldsymbol{r}_i'}{\mathrm{d}t} \right)$$

$$= v_\mathrm{c}{}^2 + 2\frac{\mathrm{d}\boldsymbol{r}_\mathrm{c}}{\mathrm{d}t} \cdot \frac{\mathrm{d}\boldsymbol{r}_i'}{\mathrm{d}t} + v_i'^2 \tag{18.24}$$

となります．ここで，重心系での質点 m_i の速さを v_i' とし，慣性系から見た重心の速さを v_c としました．これを式 (18.23) に代入・整理して，

$$K = \frac{1}{2} \left(\sum_{i=1}^{n} m_i \right) v_\mathrm{c}{}^2 + \frac{\mathrm{d}\boldsymbol{r}_\mathrm{c}}{\mathrm{d}t} \cdot \frac{\mathrm{d}}{\mathrm{d}t} \left(\sum_{i=1}^{n} m_i \boldsymbol{r}_i' \right) + \sum_{i=1}^{n} \frac{1}{2} m_i v_i'^2$$

$$= \frac{1}{2} M v_\mathrm{c}{}^2 + \sum_{i=1}^{n} \frac{1}{2} m_i v_i'^2 \tag{18.25}$$

と書き直すことができます．ここで，重心系では重心の位置ベクトルがゼロになることを示す式 (18.10) を用いました．この第 1 項は，全質量 M が重心に集中したときの重心の運動エネルギー K_c，第 2 項は重心系における各質点の運動エネルギーの総和 K' です．つまり，

$$K = K_\mathrm{c} + K' \tag{18.26}$$

となるのです．これを物理法則として，次のようにまとめることができます．

> 慣性系の全運動エネルギーは，重心の運動エネルギーと重心系の全運動エネルギーに分離される．

☞ 熱力学では，単原子分子理想気体に対して，この K' を内部エネルギーとよびます．具体的には，気体の圧力を P，体積を V として，$K' = \frac{3}{2} PV$ となります．

18.3 質点系を扱う例題

┌─ 例題 18.1　2 体問題 ─────────

2 個の質点 m_1 と m_2 が互いに力を及ぼし合う場合の運動を調べてみよう．外力は受けていないとする．これは，質点系の問題としては最も簡単であるが，特徴的な概念も導入される．この問題を 2 体問題 (two body problem) という．

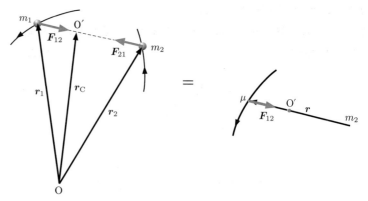

運動方程式 (18.27) の描像 ·· 運動方程式 (18.32) の描像

図 **18.4**　2 体問題

解　外力が作用していないので運動方程式は簡単で

$$m_1 \frac{\mathrm{d}^2 \boldsymbol{r}_1}{\mathrm{d}t^2} = \boldsymbol{F}_{12}$$

$$m_2 \frac{\mathrm{d}^2 \boldsymbol{r}_2}{\mathrm{d}t^2} = \boldsymbol{F}_{21}$$

(18.27)

作用・反作用の法則から，$\boldsymbol{F}_{12} = -\boldsymbol{F}_{21}$ が成り立つので，この運動方程式を辺々加えて，

$$m_1 \frac{\mathrm{d}^2 \boldsymbol{r}_1}{\mathrm{d}t^2} + m_2 \frac{\mathrm{d}^2 \boldsymbol{r}_2}{\mathrm{d}t^2} = (m_1 + m_2) \frac{\mathrm{d}^2}{\mathrm{d}t^2} \frac{m_1 \boldsymbol{r}_1 + m_2 \boldsymbol{r}_2}{m_1 + m_2} = M \frac{\mathrm{d}^2 \boldsymbol{r}_\mathrm{c}}{\mathrm{d}t^2} = 0$$

(18.28)

 $\dfrac{\mathrm{d}\boldsymbol{P}}{\mathrm{d}t} = 0$

重心 $\boldsymbol{r}_\mathrm{c}$ は等速直線運動し，系の全運動量 $\boldsymbol{P} = m_1 \dfrac{\mathrm{d}\boldsymbol{r}_1}{\mathrm{d}t} + m_2 \dfrac{\mathrm{d}\boldsymbol{r}_2}{\mathrm{d}t}$ は保存します。

　重心の運動が決まったので，重心に対する 2 質点の運動がわればよいということになります。但し，重心は 2 個の質点を結ぶ線分上にありますから，相対的な運度が分かれば十分です。そこで，質点 m_2 からみた質点 m_1 の位置を表す 相対座標 (relative coordinates) $\boldsymbol{r}$ を

$$\boldsymbol{r} = \boldsymbol{r}_1 - \boldsymbol{r}_2$$

(18.29)

として導入しましょう。

問 18.1　$\boldsymbol{r}_1, \boldsymbol{r}_2$ を $\boldsymbol{r}_\mathrm{c}, \boldsymbol{r}$ を用いて表せ。
解　$\boldsymbol{r}_\mathrm{c}, \boldsymbol{r}$ の定義式から，逆に解けばよい。簡単な計算の結果，

$$\boldsymbol{r}_1 = \boldsymbol{r}_\mathrm{c} + \frac{m_2}{m_1 + m_2} \boldsymbol{r}, \quad \boldsymbol{r}_2 = \boldsymbol{r}_\mathrm{c} - \frac{m_1}{m_1 + m_2} \boldsymbol{r}$$

　さて，相対座標の時刻 t に関する 2 階微分を計算してみましょう。運動方程式 (18.27) から位置ベクトルの 2 階微分を求めて代入すれば，

$$\frac{\mathrm{d}^2 \boldsymbol{r}}{\mathrm{d}t^2} = \frac{\mathrm{d}^2 \boldsymbol{r}_1}{\mathrm{d}t^2} - \frac{\mathrm{d}^2 \boldsymbol{r}_2}{\mathrm{d}t^2} = \frac{1}{m_1} \boldsymbol{F}_{12} - \frac{1}{m_2} \boldsymbol{F}_{21} = \left(\frac{1}{m_1} + \frac{1}{m_2} \right) \boldsymbol{F}_{12} \quad (18.30)$$

となります。ここで，質点間に働く力は相対座標で決まる（$\boldsymbol{F}_{12} = \boldsymbol{F}_{12}(\boldsymbol{r})$ と書ける）ものとしましょう。更に，質量の次元をもつ物理量として，μ を次の式で定義し

ます. μ を換算質量 (reduced mass) といいます.

$$\frac{1}{\mu} = \frac{1}{m_1} + \frac{1}{m_2} \quad \rightarrow \quad \mu = \frac{m_1 m_2}{m_1 + m_2} \tag{18.31}$$

この μ を用いて, 式 (18.30) は, 次のように書き換えられます.

$$\mu \frac{\mathrm{d}^2 \boldsymbol{r}}{\mathrm{d}t^2} = \boldsymbol{F}_{12}(\boldsymbol{r}) \tag{18.32}$$

$\boldsymbol{F}_{12}$ が具体的に与えられればこの運動方程式を解いて, 相対運動を求めることができます. 式 (18.32) は, 質量 μ の質点に力 $\boldsymbol{F}_{12}(\boldsymbol{r})$ が作用するときの運動方程式と見なすことができます. このように外力が作用しない 2 体問題は, 実質的に 1 体の問題となります.

以上の考察から, 2 体問題は, 重心運動と相対運動に分け, 重心系で考えるのが便利なことが分かります. 例えば, 重心系で (重心周りの) 角運動量は,

$$\boldsymbol{L}' = \boldsymbol{r}_1' \times m_1 \frac{\mathrm{d}\boldsymbol{r}_1'}{\mathrm{d}t} + \boldsymbol{r}_2' \times m_2 \frac{\mathrm{d}\boldsymbol{r}_2'}{\mathrm{d}t} \tag{18.33}$$

です. 重心系での座標は, 演習問題の結果から,

$$\boldsymbol{r}_1' = \boldsymbol{r}_1 - \boldsymbol{r}_\mathrm{c} = \frac{m_2}{m_1 + m_2}\boldsymbol{r}, \quad \boldsymbol{r}_2' = \boldsymbol{r}_2 - \boldsymbol{r}_\mathrm{c} = -\frac{m_1}{m_1 + m_2}\boldsymbol{r} \tag{18.34}$$

となりますから,

$$\boldsymbol{L}' = m_1 \left(\frac{m_2}{m_1 + m_2}\right)^2 \boldsymbol{r} \times \frac{\mathrm{d}\boldsymbol{r}}{\mathrm{d}t} + m_2 \left(-\frac{m_1}{m_1 + m_2}\right)^2 \boldsymbol{r} \times \frac{\mathrm{d}\boldsymbol{r}}{\mathrm{d}t} = \boldsymbol{r} \times \mu \frac{\mathrm{d}\boldsymbol{r}}{\mathrm{d}t} \tag{18.35}$$

のように, 書き直されます. この式も, 質量が μ の質点の角運動量と見なすことができます.

問 18.2　重心系で運動エネルギー K' を求めよ.

【解】　$K' = \frac{1}{2}m_1 \frac{\mathrm{d}\boldsymbol{r}_1'}{\mathrm{d}t} \cdot \frac{\mathrm{d}\boldsymbol{r}_1'}{\mathrm{d}t} + \frac{1}{2}m_2 \frac{\mathrm{d}\boldsymbol{r}_2'}{\mathrm{d}t} \cdot \frac{\mathrm{d}\boldsymbol{r}_2'}{\mathrm{d}t}$ に式 (18.34) を代入する.

$\left|\dfrac{\mathrm{d}\boldsymbol{r}}{\mathrm{d}t}\right| = v$ として,

$$K' = \frac{1}{2}m_1 \left(\frac{m_2}{m_1 + m_2}\right)^2 v^2 + \frac{1}{2}m_2 \left(-\frac{m_1}{m_1 + m_2}\right)^2 v^2 = \frac{1}{2}\mu v^2$$

この式も, 質量 μ の質点が速さ v で動いているときの運動エネルギーとなっている.

例題 18.2　アトウッドの器械

質量の無視できる半径 R の滑車 (pulley) に長さ ℓ の糸を掛け, 糸の両端に質点 m_1 と m_2 を吊るす ($m_1 > m_2$). 滑車と糸の間に摩擦はないとして, 質点の運動と糸の張力を求めよ. このような装置をアトウッドの器械 (Atwood's machine) という.

【解】　この問題は, 2 個の質点 m_1, m_2, 糸と滑車からなる質点系です. 図 18.5 のように滑車の中心を原点 O とし, 鉛直下方に y 軸をとります. 質点 m_1, m_2 の座標をそれぞれ y_1, y_2 とします. 糸の質量は無視するので, 糸に作用する外力 (重力) はありません.

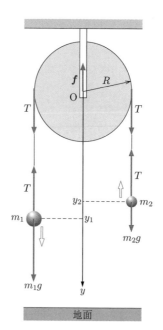

図 18.5　アトウッドの機械（滑らかな滑車が質量を持たない場合）

　　質点 m_1, m_2 に作用する外力は重力 $F_1 = m_1 g$, $F_2 = m_2 g$ です．滑車に作用する外力は，滑車の回転軸が滑車を支える力（＝抗力）で，これを $F_3 = f$ とします．滑車と糸の間に摩擦はなく，2 個の質点に作用する糸の張力 T は等しくなります

☞ 運動方程式を思い浮かべてください．

　　ここで一つ「糸」について注意しておきます．上にも述べたように，糸の質量は無視します．質量がない物体にはたらく力は常につり合わなければなりません．つまり，「糸」は力をその大きさを変えずに伝達する装置とみなせます．ちょうど，太陽と惑星の間に万有引力がはたらくように，質点と滑車の間に（糸を介して）張力 T がはたらくのです．こう考えると，質点と滑車の間に内力 T がはたらいていると考え，糸の運動を無視することもできます．

解法 1　全角運動量と全運動量の方程式を適用する

　　170 ページの質点系の全運動量に関する方程式 (18.4) と 173 ページの全角運動量に関する方程式 (18.16) を使います．全運動量に関しては，

☞ $\dfrac{\mathrm{d}\boldsymbol{P}}{\mathrm{d}t} = \displaystyle\sum_{i=1}^{3} \boldsymbol{F}_i$

$\boldsymbol{P} = \displaystyle\sum_{i=1}^{3} m_i \boldsymbol{p}_i$

$$\frac{\mathrm{d}}{\mathrm{d}t}\left(m_1 \frac{\mathrm{d}y_1}{\mathrm{d}t} + m_2 \frac{\mathrm{d}y_2}{\mathrm{d}t} \right) = m_1 g + m_2 g - f \tag{18.36}$$

です．滑車は動きませんから，滑車の運動量はありません．

　　角運動量ベクトルは，紙面に垂直です．裏から表へ向かう向きを正としましょう．右ネジの関係を思い出せば，紙面上で原点 O の周りの反時計回りの回転に対応する角運動量の向きを正とするということです．これに対応して，反時計回りの回転を引き起こす力のモーメント（トルク）が正となります．全角運動量に関しては，このことを踏まえて，

☞ $\dfrac{\mathrm{d}\boldsymbol{L}}{\mathrm{d}t} = \displaystyle\sum_{i=1}^{3} \boldsymbol{r}_i \times \boldsymbol{F}_i$

$\boldsymbol{L} = \displaystyle\sum_{i=1}^{3} \boldsymbol{r}_i \times \boldsymbol{p}_i$

$$\frac{\mathrm{d}}{\mathrm{d}t}\left(R m_1 \frac{\mathrm{d}y_1}{\mathrm{d}t} - R m_2 \frac{\mathrm{d}y_2}{\mathrm{d}t} \right) = R m_1 g - R m_2 g \tag{18.37}$$

となります．f は滑車の回転軸（点 O で紙面を貫く）にかかる力なので，モーメントをもちません．

更に，糸の長さ $y_1 + \pi R + y_2$ が変わらないという束縛条件を課します．この条件式を時刻 t で 2 回微分すると，

$$\frac{\mathrm{d}^2 y_1}{\mathrm{d}t^2} + \frac{\mathrm{d}^2 y_2}{\mathrm{d}t^2} = 0 \tag{18.38}$$

という関係式が得られます．この 3 式より，

$$\frac{\mathrm{d}^2 y_1}{\mathrm{d}t^2} = -\frac{\mathrm{d}^2 y_2}{\mathrm{d}t^2} = \frac{m_1 - m_2}{m_1 + m_2} g \tag{18.39}$$

$$f = \frac{4 m_1 m_2}{m_1 + m_2} g$$

が得られます．質点系の運動方程式には内力が出てきませんから，この解法では，糸の張力 T を求めることはできません．

解法 2　運動方程式を直接適用する

質点 m_1, m_2 と滑車の y 方向の運動方程式は，

$$m_1 \frac{\mathrm{d}^2 y_1}{\mathrm{d}t^2} = m_1 g - T \tag{18.40}$$

$$m_2 \frac{\mathrm{d}^2 y_2}{\mathrm{d}t^2} = m_2 g - T \tag{18.41}$$

$$0 = 2T - f \tag{18.42}$$

となります．滑車は y 方向に動きませんから，滑車にかかる力はつり合います．この 3 つの式と，糸の長さが変わらないという束縛条件は式 (18.38) を連立させて解くと，

$$\frac{\mathrm{d}^2 y_1}{\mathrm{d}t^2} = -\frac{\mathrm{d}^2 y_2}{\mathrm{d}t^2} = \frac{m_1 - m_2}{m_1 + m_2} g$$

$$T = \frac{2 m_1 m_2}{m_1 + m_2} g \tag{18.43}$$

$$f = \frac{4 m_1 m_2}{m_1 + m_2} g$$

が得られます．この場合は，個々の質点の運動を考察していますので，糸の張力を求めることができます．質点の加速度は重力加速度の大きさ g に比例していますが，1 より小さい係数がかかりますので，g よりも小さな値となります．そのため，アトウッドの機械を用いた方が，g の測定がしやすくなります．

例題 18.3　潮汐力について

1 日に 2 回，潮の干満があることを潮汐 (tide) という．この現象を最初に正しく説明したのはニュートンである．潮汐は地球と月および地球と太陽の間の万有引力によるが，効果としては地球 - 月の場合が地球 - 太陽の場合の約 2.3 倍である．地球 - 月の場合を例にとって説明せよ．

解　2 つの方法で考えてみます．尚，以下の考察では，地球の自転による影響は無視します．また，地球上の質点 m にはたらく力について考察するため，月はその大きさを無視し，質点として取り扱うことにします．

解法 1　潮汐力を直接考える方法

図 18.6(a) のように，宇宙空間の中に慣性系 O-xyz を設定します．この座標系では，地球と月はその質量中心（重心）の周りを回転しています．そのため，地球の表面上に設定した座標系は，加速度運動する非慣性系です．そこで，地上の質点 m には慣性力がはたらくことになります．この慣性力で潮汐を説明しようというわけです．万有引力をベクトルで表現する方法については，第 5 章 41 ページの式 (5.8) を今一度振り返って，復習しておいてください．

地球の質量を M_{E}, 月の質量を M として，地上の質点 m と地球の運動方程式を書きます．質点 m, 地球の中心点 O′, 月の位置ベクトルをそれぞれ $\boldsymbol{r}_1$, $\boldsymbol{r}_2$, $\boldsymbol{r}_3$, として，

☞ $\hat{\boldsymbol{r}}_{12} = \dfrac{\boldsymbol{r}_1 - \boldsymbol{r}_2}{|\boldsymbol{r}_1 - \boldsymbol{r}_2|}$ です．
このベクトルの向きは，位置ベクトル $\boldsymbol{r}_2$ の点から $\boldsymbol{r}_1$ の点へ向かう向きです．

$$m\frac{\mathrm{d}^2\boldsymbol{r}_1}{\mathrm{d}t^2} = -G\frac{M_{\mathrm{E}}m}{|\boldsymbol{r}_1-\boldsymbol{r}_2|^2}\hat{\boldsymbol{r}}_{12} - G\frac{Mm}{|\boldsymbol{r}_1-\boldsymbol{r}_3|^2}\hat{\boldsymbol{r}}_{13} \tag{18.44}$$

$$M_{\mathrm{E}}\frac{\mathrm{d}^2\boldsymbol{r}_2}{\mathrm{d}t^2} = -G\frac{MM_{\mathrm{E}}}{|\boldsymbol{r}_2-\boldsymbol{r}_3|^2}\hat{\boldsymbol{r}}_{23} \tag{18.45}$$

となります．式 (18.44) の右辺第 1 項は，$-\hat{\boldsymbol{r}}_{12}$ の向きを向きます．これは，$\boldsymbol{r}_1$ の点から $\boldsymbol{r}_2$ の点へ向かう向き，即ち質点 m から地球の中心へ向かう向きを表しています．従って，この第 1 項は地球から質点 m にはたらく万有引力を表しています．第 2 項は月から質点 m にはたらく万有引力です．

同様に考えて，式 (18.45) の右辺は月が地球に及ぼす万有引力を表しています．質点 m が地球を引っ張る万有引力（式 (18.44) 右辺の第 1 項の反作用）は月の引力と比べて非常に小さいので，無視しました．

さて，先にも述べたように，地球上での質点 m の運動を考えたいので，地球の中心に対する質点 m の位置を表す相対ベクトルを $\boldsymbol{r} = \boldsymbol{r}_1 - \boldsymbol{r}_2$ としてその 2 回微分を計算してみましょう．上の運動方程式から，

$$\frac{\mathrm{d}^2\boldsymbol{r}}{\mathrm{d}t^2} = \frac{\mathrm{d}^2\boldsymbol{r}_1}{\mathrm{d}t^2} - \frac{\mathrm{d}^2\boldsymbol{r}_2}{\mathrm{d}t^2}$$
$$= -G\frac{M_{\mathrm{E}}}{|\boldsymbol{r}_1-\boldsymbol{r}_2|^2}\hat{\boldsymbol{r}}_{12} - G\frac{M}{|\boldsymbol{r}_1-\boldsymbol{r}_3|^2}\hat{\boldsymbol{r}}_{13} + G\frac{M}{|\boldsymbol{r}_2-\boldsymbol{r}_3|^2}\hat{\boldsymbol{r}}_{23} \tag{18.46}$$

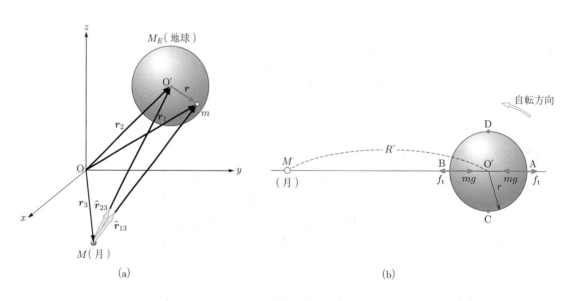

(a)   (b)

図 18.6 潮汐力による潮汐の理解
(a) 月-地球の座標．O-xyz は慣性系，質点 m は地球の表面上にある．(b) 干満が 1 日に 2 回起こる理由．点 O′ を地球の中心とする．赤道断面を北極から見たと想像せよ．

となることが分かります. この式の第1項は, 地球が質点 m に及ぼす万有引力による項で, 重力加速度を表しています. よって, 残りの2つの項（に質点 m の質量を掛けたもの）が, 慣性力 $\boldsymbol{f}_t$ となります. 具体的に書くと,

$$\boldsymbol{f}_t = -GMm\left(\frac{\hat{\boldsymbol{r}}_{13}}{|\boldsymbol{r}_1 - \boldsymbol{r}_3|^2} - \frac{\hat{\boldsymbol{r}}_{23}}{|\boldsymbol{r}_2 - \boldsymbol{r}_3|^2}\right) \tag{18.47}$$

です. $\boldsymbol{f}_t$ のことを, 潮汐を引き起こす起潮力 (tide-generating forces) といいます. 地球の赤道まわりの起潮力の概念図を図 18.6(b) に示しておきます.

式 (18.47) の第1項は $-\hat{\boldsymbol{r}}_{13}$ の向き, 即ち質点 m から月へ向かう向きにはたらき, 第2項は $+\hat{\boldsymbol{r}}_{23}$ の向き, 即ち月から地球の中心 O′ へかう向きにはたらきます. この2つの力は, 質点 m, 地球の中心点 O′, 月が一直線上に並ぶ図 18.6(b) の点 A, B のとき, 逆向きになります.

☞ 点 A, B では $\hat{\boldsymbol{r}}_{13} = \hat{\boldsymbol{r}}_{23}$ です.

月と地球の中心点 O′ の距離を R', 地球の半径を $|\boldsymbol{r}| = r$ とすると, 点 A では,

$$\boldsymbol{f}_t = -GMm\left\{\frac{1}{(R'+r)^2} - \frac{1}{R'^2}\right\}\hat{\boldsymbol{r}}_{13} = -\frac{GMm}{R'^2}\left\{\left(1+\frac{r}{R'}\right)^{-2} - 1\right\}\hat{\boldsymbol{r}}_{13}$$

$$\fallingdotseq \frac{2GMmr}{R'^3}\hat{\boldsymbol{r}}_{13} \tag{18.48}$$

点 B では,

$$\boldsymbol{f}_t = -GMm\left\{\frac{1}{(R'-r)^2} - \frac{1}{R'^2}\right\}\hat{\boldsymbol{r}}_{13} = -\frac{GMm}{R'^2}\left\{\left(1-\frac{r}{R'}\right)^{-2} - 1\right\}\hat{\boldsymbol{r}}_{13}$$

$$\fallingdotseq -\frac{2GMmr}{R'^3}\hat{\boldsymbol{r}}_{13} \tag{18.49}$$

となります. これらは大きさは等しいですが逆向きで, その場所での重力を弱める向きにはたらいています. 従って, 点 A と B で海水の盛り上がりが生じ, 満ち潮となります. 点 C と D では潮汐力を生み出す2つの項はほぼ等しくなります. そのため海水の盛り上がりもほとんど起こらず, 引き潮となります. 地球は自転しているので, 1日に2回干満が起こることになります. 干満の差の最大値は約 0.54 m 程度と概算されていますが, 実際に起こる干満の現象は地形にも依存してはるかに複雑です.

☞ 一般の点では, $\hat{\boldsymbol{r}}_{13}$ と $\hat{\boldsymbol{r}}_{23}$ の向きが僅かに異なりますが, 結果として $\boldsymbol{f}_t$ は重力を強める向きにはたらきます.

☞ 大潮時の干満の差は, 大阪で約 0.9 m, 高松で約 1.8 m, 佐賀県福富の住ノ江で約 4.9 m です. カナダのファンディ湾では 12.9 m にもなります.

解法 2　地球と月の2体問題として考える方法

月と地球を2体問題として考えてみましょう. 月の質量は地球の質量の約 $\dfrac{1}{81.3}$, 月と地球の距離は, 地球の半径を R として約 60.3R です. 従って質量中心 $\boldsymbol{r}_C$ は

$$\boldsymbol{r}_C = \frac{M_E\boldsymbol{r}_2 + M\boldsymbol{r}_3}{M_E + M} = \frac{(M_E + M)\boldsymbol{r}_2 + M(\boldsymbol{r}_3 - \boldsymbol{r}_2)}{M_E + M}$$

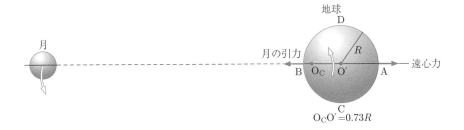

図 18.7　地球と月の2体問題として潮汐力を考える

地球と月は同じ角振動数で, 質量中心 O_C（地球の内部に位置する）のまわりに回転する. この回転は地球の自転ではない.

☞ $r_3 - r_2 = 60.3R\,\hat{r}_{32}$ です. ここで $\hat{r}_{32}$ は地球 (r_2) から月 (r_3) へ向かう単位ベクトルです.

$$= r_2 + \frac{\frac{M}{M_E}}{1 + \frac{M}{M_E}}(r_3 - r_2) \fallingdotseq r_2 + 0.73\,R\,\hat{r}_{32} \qquad (18.50)$$

この計算結果から, 月と地球の運動は, 地球の中心から $0.73R$ のところにある質量中心の位置 O_C を中心とし, 互いの周りをまわる回転運動と考えることができます (図 18.7 を参照). 点 B では月の引力が点 A よりも大きいですが, 質量中心 O_C のまわりの回転による遠心力は, 逆に点 B よりも点 A のほうが大きくなります. 従って, 点 A では遠心力, 点 B では月の引力が効いてきて海水が盛り上がり, 満ち潮になると考える事ができます.

19 連成振動

学習のねらい

前章で述べた質点系の力学の一般論をふまえて，質点系の典型例である連成振動の問題を取り扱います．ばねにつながれた質点系の運動は，各質点のつり合いの位置を原点とする，個別の座標系を用いて記述できることを学びます．更に，連成振動 (coupled oscillation) の 基準振動 (normarl vibraton) と基準座標 (normal coordinate) について理解することを目標とします．

19.1 2質点の縦振動

19.1.1 運動方程式

図 19.1 のように，ばね定数 k_1，k_2，k_3，自然長 ℓ_1，ℓ_2，ℓ_3 の3つばねにつながれた，質量 m_1，m_2 の2個の質点が，幅 L はなれた2つの固定された壁の間で，図の x 軸の方向に振動しています．このような振動を 縦振動 (longitudinal vibration) といいます．質点には，ばねの力だけがはたらき，摩擦力や抵抗力は無視できるとしましょう．ばねは撓むことはないとして，この2つの質点の運動を表す運動方程式を立ててみましょう．

☞ x 軸と垂直な振動は 横振動 (transverse vibration) といいます．

2質点の座標を x_1，x_2 とします．このとき，図 19.1 の3つのばねの長さは，左から順に，

$$x_1, \qquad x_2 - x_1, \qquad L - x_2$$

です．従って，各ばねの伸びは，

☞ ここで，ばねの「伸び」は符号を持つ量と考えます．縮んでいるときの「伸び」は負です．

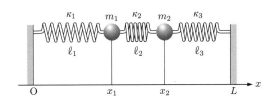

図 19.1 2個の質点と3つのばね（一般論）

$$x_1 - \ell_1, \qquad (x_2 - x_1) - \ell_2, \qquad (L - x_2) - \ell_3$$

となります．伸びたばねは縮もうとしますから，運動方程式は，

$$m_1 \frac{\mathrm{d}^2 x_1}{\mathrm{d}t^2} = -k_1(x_1 - \ell_1) + k_2\{(x_2 - x_1) - \ell_2\}$$
$$m_2 \frac{\mathrm{d}^2 x_2}{\mathrm{d}t^2} = -k_2\{(x_2 - x_1) - \ell_2\} + k_3\{(L - x_2) - \ell_3\}$$

(19.1)

これを直接解こうとすると大変です．どのような運動が起きるかを想像してみると，つり合いの点があって，そこを中心に振動するであろうと容易に予測できるでしょう．そこで，2 つの質点のつり合いの位置を $\overline{x}_1$, $\overline{x}_2$ とします．これらも静止の運動を続けるという意味で，上記運動方程式の解ですから，

☞ $\overline{x}_1$, $\overline{x}_2$ は定数ですから，左辺の微分は 0 です．しかし，以下の計算の便宜上の理由で残してあります．

$$m_1 \frac{\mathrm{d}^2 \overline{x}_1}{\mathrm{d}t^2} = -k_1(\overline{x}_1 - \ell_1) + k_2\{(\overline{x}_2 - \overline{x}_1) - \ell_2\}$$
$$m_2 \frac{\mathrm{d}^2 \overline{x}_2}{\mathrm{d}t^2} = -k_2\{(\overline{x}_2 - \overline{x}_1) - \ell_2\} + k_3\{(L - \overline{x}_2) - \ell_3\}$$

(19.2)

が成り立ちます．式 (19.1) から対応する式 (19.2) を引き，$X_1 = x_1 - \overline{x}_1$, $X_2 = x_2 - \overline{x}_2$ とおくと，定数の部分は全て消え去り，

☞ X_1, X_2 は，それぞれの質点のつり合いの位置からの変位を表します．

$$m_1 \frac{\mathrm{d}^2 X_1}{\mathrm{d}t^2} = -k_1 X_1 + k_2(X_2 - X_1)$$
$$m_2 \frac{\mathrm{d}^2 X_2}{\mathrm{d}t^2} = -k_2(X_2 - X_1) + k_3(-X_2)$$

(19.3)

となります．この式は，ばねの自然長や壁の間の距離を含みません．逆に言うと，それらがどんな値をとっても成り立つ関係です．こう言うと不思議に感じるかも知れません．ばねの自然長が変わると，つり合いの位置は変わります．しかし，質点の運動を決めるつり合いの位置からの変位は影響を受けないのです．ですから，ばねの自然長と壁間距離は，考えやすいように好きな値を仮定して構いません．例えば今の場合，3 つのばねの自然長の和がちょうど壁間距離に等しいと考えて，運動方程式を立てればよいのです．実際このとき，2 つの質点のつり合いの位置からの変位を X_1, X_2 とします．2 つの質点がつり合いの位置にあるとき，3 つのばねは全て自然長ですから，このときの各ばねの伸びは，

☞ 例えば，ばねの一端を天井に固定しておもりを上下に振動させる場合と，ばねの一端を壁に固定しを滑らかな水平面上で左右に振動させる場合，運動の様子は全く同じです．

$$X_1, \qquad X_2 - X_1, \qquad -X_2$$

となり，運動方程式は式 (19.3) となります．

> 2 つの質点がともにつり合いの位置にあるとき，全てのばねが自然長であると見なし，つり合いの位置からの変位を座標変数として運動方程式を立てればよい

のです．但し，質点の位置を表す座標の原点は，それぞれのつり合いの位置にとっているので質点毎に異なり，共通の座標軸で位置を測っているわけではないことに注意してください．また，つり合いの位置がどこかを特定するためには，式 (19.2) の左辺を 0 と置いた連立方程式を解いて $\overline{x}_1$，$\overline{x}_2$ を求める必要があります．

問 19.1　$\overline{x}_1$，$\overline{x}_2$ を求めよ．

解　式 (19.2) の左辺を 0 と置き，$\overline{x}_1$，$\overline{x}_2$ が満たす二つの方程式をまとめて行列で表すと，

$$\begin{pmatrix} k_1 + k_2 & -k_2 \\ -k_2 & k_2 + k_3 \end{pmatrix} \begin{pmatrix} \overline{x}_1 \\ \overline{x}_2 \end{pmatrix} = \begin{pmatrix} k_1\ell_1 - k_2\ell_2 \\ k_2\ell_2 + k_3(L - \ell_3) \end{pmatrix}$$

左辺の行列の行列式は $\Delta = k_1 k_2 + k_2 k_3 + k_3 k_1$ ですから，この式に左辺の逆行列を掛けて，

$$\begin{pmatrix} \overline{x}_1 \\ \overline{x}_2 \end{pmatrix} = \frac{1}{\Delta} \begin{pmatrix} k_2 + k_3 & k_2 \\ k_2 & k_1 + k_2 \end{pmatrix} \begin{pmatrix} k_1\ell_1 - k_2\ell_2 \\ k_2\ell_2 + k_3(L - \ell_3) \end{pmatrix}$$

$$= \frac{1}{\Delta} \begin{pmatrix} (k_2 + k_3)(k_1\ell_1 - k_2\ell_2) + k_2\{k_2\ell_2 + k_3(L - \ell_3)\} \\ k_2(k_1\ell_1 - k_2\ell_2) + (k_1 + k_2)\{k_2\ell_2 + k_3(L - \ell_3)\} \end{pmatrix}$$

$$= \frac{1}{\Delta} \begin{pmatrix} (k_2 + k_3)k_1\ell_1 + k_2 k_3(L - \ell_2 - \ell_3) \\ k_1 k_2(\ell_1 + \ell_2) + (k_1 + k_2)k_3(L - \ell_3) \end{pmatrix}$$

$$= \begin{pmatrix} \ell_1 + \dfrac{k_2 k_3}{\Delta}(L - \ell_1 - \ell_2 - \ell_3) \\ \ell_2 + \ell_2 + \dfrac{(k_1 + k_2)k_3}{\Delta}(L - \ell_1 - \ell_2 - \ell_3) \end{pmatrix}$$

19.1.2　力学的エネルギー

前節で，ばねを含む系の取扱について，つり合いの位置にあるとき，ばねが自然長と考えて運動方程式を立てればよいと説明しました．この節では，力学的エネルギーはどうなっているのかを調べて見ましょう．具体的には，座標として図 19.1 で定義した x_1, x_2 を使った場合と，つり合いの位置からの変位，$X_1 = x_1 - \overline{x}_1$，$X_2 = x_2 - \overline{x}_2$ 使った場合との比較です．

先ず，2 つの座標は，つり合いの位置を示す定数分ずれているだけですから，速度は同じになります．つまり，

$$\frac{dx_1}{dt} = \frac{dX_1}{dt}, \quad \frac{dx_2}{dt} = \frac{dX_2}{dt}$$

このため，運動エネルギーはどちらの座標を用いても同じです．

問題になるのは，ばねの弾性力によるポテンシャルエネルギーの部分です．x_1, x_2 を使った場合を U_x，X_1, X_2 使った場合を U_X としましょう．図 19.1 より，

$$U_x = \frac{1}{2}k_1(x_1 - \ell_1)^2 + \frac{1}{2}k_2((x_2 - x_1) - \ell_2)^2 + \frac{1}{2}k_3((L - x_2) - \ell_3)^2 \quad (19.4)$$

一方，2つの質点がつり合いの位置にあるとき，ばねは自然長で $X_1 = X_2 = 0$ と考えるのですから，

$$U_X = \frac{1}{2}k_1 X_1{}^2 + \frac{1}{2}k_2(X_2 - X_1)^2 + \frac{1}{2}k_3(-X_2)^2 \tag{19.5}$$

この二つの差を計算すれば，ポテンシャルがどの程度異なるのか分かります．但し，計算は大変です．うまくやらないと手に負えないほど複雑なものになってしまい，収拾がつかなくなりかねません．重要な手がかりの一つは，つり合いの位置を決める方程式 (19.2) です．これを解いて $\overline{x}_1$, $\overline{x}_2$ を求めたわけですが，解いた結果を代入するよりも，解く前の関係式を利用した方が見通しよく計算できる場合があります．今の場合，

☞ 付け加えると，$\overline{x}_1 - \ell_1 = \dfrac{k_2 k_3}{\Delta}(L - \ell_1 - \ell_2 - \ell_3)$ となっています．

$$k_1\left(\overline{x}_1 - \ell_1\right) = k_2\left(\overline{x}_2 - \overline{x}_1 - \ell_2\right) = k_3\left(L - \overline{x}_2 - \ell_3\right)$$

を使うと，上手くまとめることができます．ここでは，結果のみを示しておきます．じっくり腰を落ち着けて，自分で計算してみてください．

$$U_x - U_X = \frac{k_1 k_2 k_3}{2\Delta}\left(L - \ell_1 - \ell_2 - \ell_3\right)^2 \tag{19.6}$$

ここで $\Delta = k_1 k_2 + k_2 k_3 + k_3 k_1$ です．3つのばねの自然長の和が壁間の距離に等しいときは，この値はゼロです．尚，

$$\frac{\Delta}{k_1 k_2 k_3} = \frac{1}{k_1} + \frac{1}{k_2} + \frac{1}{k_3} \quad \Rightarrow \quad \frac{1}{k}$$

として k を定義すると，

$$U_x - U_X = \frac{1}{2}k\left(L - \ell_1 - \ell_2 - \ell_3\right)^2 \tag{19.7}$$

と書き表すことができます．

　結論として，$U_x - U_X$ は定数になることが分かりました．位置エネルギーの基準の取り方は任意ですから，つり合いの位置からの変位 X_1, X_2 使った考え方の正当性が確認されたことになります．

19.1.3　具体的な計算

　一般的な図 19.1 の運動は複雑で，見通しが悪い上に解析が難しくなります．そこで，簡略化して，

$$m_1 = m_2 = m, \quad k_1 = k_3 = k, \quad k_2 = k'$$

とした場合の解析をしてみましょう．

☞ 前節で説明したように，3つのばねの自然長が全て ℓ で，その和が AB 間の距離に等しくなっていることに本質的な意味はありません．考えやすいようにこのように指定しました．

┌─ 例題 19.1　2質点の縦振動 ─────

質量の等しい2個の質点 m をばね（ばねの自然長は ℓ，ばね定数は k'）で結ぶ．それぞれの質点にばね（ばねの自然長は ℓ，ばね定数は k）を結び，それらのばねの他端は図 19.2 のように点 A，B に固定されている．AB 間の距離は 3ℓ である．質点の運動を求めよ．

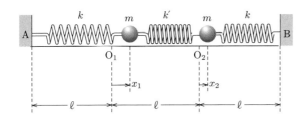

図 19.2　2個の質点をばねで連結

3本のばねの自然長はともに ℓ であると考える. 又, AB 間の距離は 3ℓ とする.

解　図 19.2 のように座標軸をとり, 質点のつり合いの位置からの伸びを, 右向きを正として x_1, x_2 とします. 図 19.2 の状況で, 3つのばねの伸びは, それぞれ,

$$x_1, \qquad x_2 - x_1, \qquad -x_2$$

です. 伸びたばねは縮もうとしますから, 運動方程式は,

☞ 縮んでいるときは, 伸びが負の量です.

$$m\frac{\mathrm{d}^2 x_1}{\mathrm{d}t^2} = -kx_1 + k'(x_2 - x_1)$$
$$m\frac{\mathrm{d}^2 x_2}{\mathrm{d}t^2} = -k'(x_2 - x_1) + k(-x_2) \tag{19.8}$$

ここで, 2つの質点が, 同位相で振動する解を求めましょう. このような解を基準振動 (normal vibraton) といいます. 基準振動の角振動数を $\omega\,(>0)$ として,

$$x_1 = a_1 \cos\omega t, \qquad x_2 = a_2 \cos\omega t \tag{19.9}$$

とおいて運動方程式 (19.8) に代入します.

$$-m\omega^2 a_1 \cos\omega t = \left\{-(k+k')a_1 + k'a_2\right\}\cos\omega t$$
$$-m\omega^2 a_2 \cos\omega t = \left\{-(k+k')a_2 + k'a_1\right\}\cos\omega t \tag{19.10}$$

この式を $\cos\omega t$ で割り, a_1, a_2 に関する連立方程式として整理すると,

$$\begin{pmatrix} k+k'-m\omega^2 & -k' \\ -k' & k+k'-m\omega^2 \end{pmatrix}\begin{pmatrix} a_1 \\ a_2 \end{pmatrix} = \begin{pmatrix} 0 \\ 0 \end{pmatrix} \tag{19.11}$$

という式が得られます.

左辺の行列が逆行列を持つ場合, これを左から掛けて,

$$a_1 = a_2 = 0$$

となります. これを自明な解 (trivial solution) といいます. これは $x_1 = x_2 = 0$ を意味しますから, 2つの質点が同位相で振動する解は存在しないということです.

但し, 式 (19.11) の行列が逆行列を持たない場合は, 上に述べた結論にはなりません. 逆行列を持たないのは, 行列式の値がゼロのときです. この条件から ω が決定されます. このとき, a_1, a_2 を決める2つの式は同値で, 情報としては一つの式となり, a_1, a_2 の比が決まるだけで値そのものは決まりません. このような解を自明でない解 (non-trivial solution) といいます.

それでは, この自明でない解を求めてみましょう. 行列式がゼロである事から,

$$\begin{vmatrix} k+k'-m\omega^2 & -k' \\ -k' & k+k'-m\omega^2 \end{vmatrix} = \left(k+k'-m\omega^2\right)^2 - k'^2$$

$$= \left(k-m\omega^2\right)\left(k+2k'-m\omega^2\right) = 0 \quad (19.12)$$

これにより, ω として2つの解がある事が分かります. これを ω_1, ω_2 とします. 具体的には,

$$\omega_1 = \sqrt{\frac{k}{m}}, \quad \omega_2 = \sqrt{\frac{k+2k'}{m}} \tag{19.13}$$

です. 式 (19.11) より, $\omega = \omega_1$ のとき,

$$\begin{pmatrix} k' & -k' \\ -k' & k' \end{pmatrix} \begin{pmatrix} a_1 \\ a_2 \end{pmatrix} = \begin{pmatrix} 0 \\ 0 \end{pmatrix} \quad \rightarrow \quad a_1 = a_2 \tag{19.14}$$

となります. この振動は $x_1 = x_2$ となり, 2 つのおもりが左右に同じように振動します. 真ん中のばねは自然長のまま変化せず, この振動には影響しません. そのため, ばね定数 k のばねで壁と繋がれたときと同じ振動を行います.

一方, $\omega = \omega_2$ のとき

$$\begin{pmatrix} -k' & -k' \\ -k' & -k' \end{pmatrix} \begin{pmatrix} a_1 \\ a_2 \end{pmatrix} = \begin{pmatrix} 0 \\ 0 \end{pmatrix} \quad \rightarrow \quad a_1 = -a_2 \tag{19.15}$$

となります. この振動は $x_1 = -x_2$ となり, 2 つのおもりが左右逆方向に運動します. ですから真ん中のばねが大きく伸び縮みして, 質点の加速度の大きさをより大きくするようにはたらきます. そのため, 角振動数がより大きな, 速い振動になります.

これで 2 つの基準振動が求まりました. 一般の振動は, この基準振動を重ね合わせて作ることができます. 重ね合わせるとき, 初期位相は勝手にとれますので, $\omega = \omega_1$ の解は $a_1 = a_2 = A$, 初期位相を ϕ, $\omega = \omega_2$ の解は $a_1 = -a_2 = B$, 初期位相を φ, として,

$$\begin{aligned} x_1 &= A\cos(\omega_1 t + \phi) + B\cos(\omega_2 t + \varphi) \\ x_2 &= A\cos(\omega_1 t + \phi) - B\cos(\omega_2 t + \varphi) \end{aligned} \tag{19.16}$$
$$\text{但し, } A, B, \phi, \varphi \text{ は定数}$$

が一般解です.

なお, $x_1 = a_1 \sin \omega t$, $x_2 = a_2 \sin \omega t$ のように置いて, 同様の議論ができるので, $\cos$ と $\sin$ を重ね合わせて解を書くこともできます.

$$\begin{aligned} x_1 &= A\cos\omega_1 t + B\sin\omega_1 t + C\cos\omega_2 t + D\sin\omega_2 t \\ x_2 &= A\cos\omega_1 t + B\sin\omega_1 t - C\cos\omega_2 t - D\sin\omega_2 t \end{aligned}$$
$$\text{但し, } A, B, C, D \text{ は定数}$$

このような振動を 連成振動 (coupled oscillations) といいます.

> 問 19.2　初期条件として, 時刻 $t = 0$ のとき, どちらの質点も静止しており, $x_1 = a$, $x_2 = 0$ であった. 定数の値を決定し, 振動の様子を調べよ.
>
> **解**　式 (19.16) と, これを微分して得られる速度の式で $t = 0$ を代入して定数を決める. その結果, $A = B = \dfrac{a}{2}$, $\phi = \varphi = 0$ と決まる. よって,
>
> $$x_1 = \frac{a}{2}(\cos\omega_1 t + \cos\omega_2 t) = a\cos\left(\frac{\omega_2 + \omega_1}{2}t\right)\cos\left(\frac{\omega_2 - \omega_1}{2}t\right)$$
> $$x_2 = \frac{a}{2}(\cos\omega_1 t - \cos\omega_2 t) = a\sin\left(\frac{\omega_2 + \omega_1}{2}t\right)\sin\left(\frac{\omega_2 - \omega_1}{2}t\right)$$

この結果を図 19.3 に示しました. 運動がスタートした直後は,

$$\cos\left(\frac{\omega_2 - \omega_1}{2}t\right) \sim 1, \quad \sin\left(\frac{\omega_2 - \omega_1}{2}t\right) \sim 0$$

ですから,

$$x_1 \fallingdotseq a\cos\left(\frac{\omega_2 + \omega_1}{2}t\right), \quad x_2 \fallingdotseq 0$$

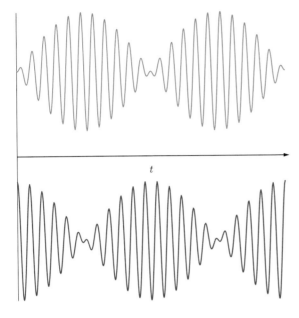

図 19.3 $k' = \dfrac{k}{10}$ のときの共振の様子（下が x_1）

となり，x_1 だけが振動しています．しばらくして，時刻 t が $\dfrac{\omega_2 - \omega_1}{2} t \sim \dfrac{\pi}{2}$ となる頃には，逆に

$$\cos\left(\frac{\omega_2 - \omega_1}{2} t\right) \sim 0, \quad \sin\left(\frac{\omega_2 - \omega_1}{2} t\right) \sim 1$$

となるので，

$$x_1 \fallingdotseq 0, \quad x_2 \fallingdotseq a \sin\left(\frac{\omega_2 + \omega_1}{2} t\right)$$

となって，x_2 だけが振動してる状態になります．更に時刻がこの 2 倍のあたりになると，また x_1 だけが振動している状態なり，以後，x_1 と x_2 が交互に振動する状態を繰り返します．

　始め x_1 の振動により，真ん中のばねを通して x_2 に振動する外力がはたらくことになります．x_1 と x_2 の固有角振動は同じですから，10 章で説明した 共振 (resonance) がおこり，x_2 が大きく振動するようになるのです．

　特に，$\omega_2 - \omega_1 \ll 1$ の場合は うなり (beat) の現象を表します．振動が大きな状態から一度小さくなりまた大きい状態になるまでの時間をうなりの周期 τ といいます．上に述べたことから

$$\frac{\omega_2 - \omega_1}{2} \tau = \pi \quad \rightarrow \quad \tau = \frac{2\pi}{\omega_2 - \omega_1}$$

19.2 　*N* 個の質点の縦振動

　前節での議論を一般化して，質点の数を N として，それらの縦振動を考えてみましょう．議論を簡単化するため，全ての質点の質量は同じ m

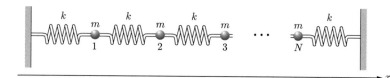

図 **19.4**　N 個の質点の縦振動

とし，全てのばねのばね定数も同じ k とします．図 19.4 のように，質点に左から順に番号を付け，つり合いの位置からの変位を右向きを正として $x_n, n = 1, 2, \cdots, N$ とします．

全ての質点がつり合いの位置にあるとき，ばねは自然長と考えますから，各ばねの伸びは，左から順に，

$$x_1, \ x_2 - x_1, \cdots, x_n - x_{n-1}, \cdots, -x_N$$

です．運動方程式は，以下のような N 個の連立微分方程式となります．

$$m\frac{\mathrm{d}^2 x_1}{\mathrm{d}t^2} = -kx_1 + k(x_2 - x_1) = k(-2x_1 + x_2)$$

$$m\frac{\mathrm{d}^2 x_2}{\mathrm{d}t^2} = -k(x_2 - x_1) + k(x_3 - x_2) = k(x_1 - 2x_2 + x_3)$$

$$\cdots$$

$$m\frac{\mathrm{d}^2 x_n}{\mathrm{d}t^2} = -k(x_n - x_{n-1}) + k(x_{n+1} - x_n) = k(x_{n-1} - 2x_n + x_{n+1})$$

$$\cdots$$

$$m\frac{\mathrm{d}^2 x_N}{\mathrm{d}t^2} = -k(x_N - x_{N-1}) + k(-x_N) = k(x_{N-1} - 2x_N)$$

しかし，このように N 個の方程式をいちいち書くことは煩雑ですから，まとめて

$$m\frac{\mathrm{d}^2 x_n}{\mathrm{d}t^2} = k(x_{n-1} - 2x_n + x_{n+1}), \quad n = 1, 2, \cdots, N \tag{19.17}$$

のように表すことにしましょう．但し，$n = 1$ の時には x_0 が，また $n = N$ の時には x_{N+1} が右辺に現れますが，これらはともに 0 であるとします．

先ず，基準振動の角振動数 $\omega \,(> 0)$ を求めましょう．n 番目の質点の振幅を a_n とすれば，各質点の基準振動は

$$x_n = a_n \cos \omega t, \quad n - 1, 2, \cdots, N \tag{19.18}$$

と書けます．これを式 (19.17) に代入すると，

$$-m\omega^2 a_n \cos \omega t = k\,(a_{n-1} - 2a_n + a_{n+1}) \cos \omega t, \quad n = 1, 2, \cdots, N$$

となります．$\cos \omega t$ の係数が左辺と右辺で等しくなるということから，N 個の振幅に対する連立方程式が得られます．k で割って $2 - \dfrac{m\omega^2}{k} = \beta$ と

置くと,

$$a_{n-1} + a_{n+1} = \beta u_n, \quad n-1, 2, \cdots, N$$

です. この *N* 個の方程式を, 行列を用いて 1 つの式にまとめると,

$$
\begin{pmatrix}
0 & 1 & 0 & \dots & 0 & 0 \\
1 & 0 & 1 & \dots & 0 & 0 \\
0 & 1 & 0 & \dots & 0 & 0 \\
\vdots & \vdots & \vdots & \ddots & \vdots & \vdots \\
0 & 0 & 0 & \dots & 0 & 1 \\
0 & 0 & 0 & \dots & 1 & 0
\end{pmatrix}
\begin{pmatrix}
a_1 \\ a_2 \\ a_3 \\ \vdots \\ a_{N-1} \\ a_N
\end{pmatrix}
= \beta
\begin{pmatrix}
a_1 \\ a_2 \\ a_3 \\ \vdots \\ a_{N-1} \\ a_N
\end{pmatrix}
\tag{19.19}
$$

のように書き表すことができます. この式から, 固有振動の角振動数と各質点の振幅を求める問題は, 線形代数の固有値と固有ベクトルを求める問題に帰着することが分かるでしょう.

　これを解くために, 次のように書き換えます.

$$
\begin{pmatrix}
\beta & -1 & 0 & \dots & 0 & 0 \\
-1 & \beta & -1 & \dots & 0 & 0 \\
0 & -1 & \beta & \dots & 0 & 0 \\
\vdots & \vdots & \vdots & \ddots & \vdots & \vdots \\
0 & 0 & 0 & \dots & \beta & -1 \\
0 & 0 & 0 & \dots & -1 & \beta
\end{pmatrix}
\begin{pmatrix}
a_1 \\ a_2 \\ a_3 \\ \vdots \\ a_{N-1} \\ a_N
\end{pmatrix}
=
\begin{pmatrix}
0 \\ 0 \\ 0 \\ \vdots \\ 0 \\ 0
\end{pmatrix}
\tag{19.20}
$$

自明でない解が存在する条件, 即ち, 0 でない固有ベクトルが存在する条件は, 左辺の $N \times N$ 行列が逆行列を持たないこと, 即ち行列式 (これを D_N とします) が 0 になることです. この行列は, 左上から右下に向かう対角線上の成分がすべて β, そのすぐ上と下の成分が -1, それ以外の成分は全て 0 という特徴的な形をしています. そのため, 行列式 D_N を一般の *N* に対して具体的に計算することができます. その答えは, $\beta = e^{i\theta} + e^{-i\theta} = 2\cos\theta$ と置いたとき,

$$D_N = \frac{\sin\{(N+1)\theta\}}{\sin\theta} \tag{19.21}$$

です. これが 0 となるのは,

$$(N+1)\theta = \ell\pi, \quad \ell = 1, 2, \cdots, N \tag{19.22}$$

が成り立つときです. このときの θ を $\theta^{(\ell)}$, これに対応する角振動数を $\omega^{(\ell)}$ と書くことにしましょう. すると, $\beta = 2\cos\theta = 2 - \dfrac{m\omega^2}{k}$ より,

$$\omega^{(\ell)} = 2\sqrt{\frac{k}{m}}\sin\frac{\theta^{(\ell)}}{2}, \quad \theta^{(\ell)} = \frac{\ell\pi}{N+1} \tag{19.23}$$

となります. ℓ が増えるにつれて $\omega^{(\ell)}$ が増加します.

☞ この例に限らず, 線形代数は物理の色々なところで使われています. 数学で学んだ知識を積極的に応用しましょう. ちなみに, 線形代数のいちばん良い応用は量子力学であるという人もいます.

☞ この条件は β に関する *N* 次方程式で, *N* 個の解を持ちます. 従って, 基準振動は質点の数と同じ *N* 通り存在すると予想できます.

☞ ただ, その計算手順はかなり煩雑なので, ここでは結果のみ示すことにします. 本書より発展的な専門書で, 勉強してください. 尚, 数学的帰納法を用いて式 (19.21) を証明することができます.

☞ $1 - \cos\theta^{(\ell)} = 2\sin^2\dfrac{\theta^{(\ell)}}{2}$ であることを使いました.

各質点の振幅を成分とする N 次元の固有ベクトルは，式 (19.20) で β を $\beta^{(\ell)} = 2\cos\theta^{(\ell)}$ に置き換えて決定します．N 個の連立方程式ですが，既に固有値 $\beta^{(\ell)}$ の決定に自由度を 1 つ使っているので，独立な式は $N-1$ 個です．そのため，例えば，a_1 は自由に決められますが，それ以外の振幅は a_1 の何倍となるかが決まります．実際，式 (19.20) の 1 行目は，

☞ 固有ベクトルの向きは決まるが，大きさまでは決まらないということです．
☞ 振幅にも，どの基準振動に対応するものかを示す添え字をつけ，$a_i^{(\ell)}$ のように記述すべきですが，見にくくなるので省略しました．

$$a_2 = \beta\, a_1 \tag{19.24}$$

となっています．更に 2 行目は $a_1 + a_3 = \beta a_2$ で，a_2 を代入して整理すると，

$$a_3 = (\beta^2 - 1)\, a_1 \tag{19.25}$$

が得られます．

このようにして，a_4 以降 a_N まで，順に a_1 の何倍かが決まります．このような手順で一般の場合の計算をするのは難しいですが，先に行列式 D_N を求めたときの計算が応用でき，

$$a_n = \frac{\sin n\theta^{(\ell)}}{\sin\theta^{(\ell)}}\, a_1, \quad n = 2, 3, \cdots, N \tag{19.26}$$

と表されることが分かっています．

以上の結果をまとめておきましょう．N 個の質点からなる縦振動には，N 個の基準振動が存在します．これらをパラメータ ℓ で区別します．全体の表式が見やすくなるよう，$a^{(\ell)}$ を任意の定数として $a_1^{(\ell)} = \sin\theta^{(\ell)} a^{(\ell)}$ と書くことにします．各質点のつり合いの点からの変位を $x_n^{(\ell)}(t)$ とすると，

$$x_n^{(\ell)}(t) = \sin\left(\frac{n\ell\pi}{N+1}\right) a^{(\ell)} \cdot \cos\omega^{(\ell)} t, \quad n = 1, 2, \cdots, N \tag{19.27}$$

$$\text{ここで，}\quad \omega^{(\ell)} = 2\sqrt{\frac{k}{m}}\sin\left(\frac{\ell\pi}{2(N+1)}\right)$$

この式で与えられる振動を第 ℓ 基準振動といいます．n 番目の質点の振幅が $\sin\left(\dfrac{n\ell\pi}{N+1}\right) a^{(\ell)}$ です．但し，この値は負になることもあります．それは，1 番目の質点と逆向きに振動していることを表します．

任意の初期条件に対応した解は，N 個の基準振動を重ね合わせて作ります．各基準振動の初期位相（$t=0$ の時の位相）を $\phi^{(\ell)}$ として，

$$x_n(t) = \sum_{\ell=1}^{N} \sin\left(\frac{n\ell\pi}{N+1}\right) a^{(\ell)} \cdot \cos\left(\omega^{(\ell)} t + \phi^{(\ell)}\right) \tag{19.28}$$

$a^{(\ell)}, \phi^{(\ell)}\ (\ell = 1, 2, \cdots, N)$ が $2N$ 個の任意定数で，N 個の質点の初期位置と初速度から決定されます．

問 19.3 $N = 2$ の時の基準振動を求めよ.

解　角振動数は,

$$\omega^{(1)} = 2\sqrt{\frac{k}{m}}\sin\left(\frac{\pi}{6}\right) = \sqrt{\frac{k}{m}}, \quad \omega^{(2)} = 2\sqrt{\frac{k}{m}}\sin\left(\frac{\pi}{3}\right) = \sqrt{\frac{3k}{m}}$$

振幅は,

$$a_1^{(1)} = \sin\left(\frac{\pi}{3}\right)a^{(1)} = \frac{\sqrt{3}}{2}a^{(1)}, \quad a_2^{(1)} = \sin\left(\frac{2\pi}{3}\right)a^{(1)} = \frac{\sqrt{3}}{2}a^{(1)}$$

$$a_1^{(2)} = \sin\left(\frac{2\pi}{3}\right)a^{(2)} = \frac{\sqrt{3}}{2}a^{(2)}, \quad a_2^{(2)} = \sin\left(\frac{4\pi}{3}\right)a^{(2)} = -\frac{\sqrt{3}}{2}a^{(2)}$$

となります. 従って, 各質点の変位は,

第 1 基準振動:　$x_1^{(1)}(t) = x_2^{(1)}(t) = \dfrac{\sqrt{3}}{2}a^{(1)} \cdot \cos\omega^{(1)}t,$

第 2 基準振動:　$x_1^{(2)}(t) = -x_2^{(2)}(t) = \dfrac{\sqrt{3}}{2}a^{(2)} \cdot \cos\omega^{(2)}t$

第 1 基準振動では, 2 つの質点が左右同じ向きに振動し, 両者をつなぐばねの長さが変わりません. それに対して第 2 基準振動では, 2 つの質点が左右逆向きに振動するので, 両者をつなぐばねが伸び縮みします. その結果復元力が大きくなり, 角振動数 (単位時間当たりの回転角) も大きくなります.

> ☞ 角振動数が $\sqrt{3}$ 倍ですから, 実質的な復元力は 3 倍になっていると考えられます.

19.3　基準座標

N 個の質点からなる系の一般の振動が, 基準となる振動の重ね合わせとして理解できる理由は何なのかを考えてみましょう. 先ず, 一番簡単な $N = 2$ の場合を調べて見ましょう. 運動方程式は, 式 (19.17) より,

$$m\frac{\mathrm{d}^2 x_1}{\mathrm{d}t^2} = k(-2x_1 + x_2) \tag{19.29}$$

$$m\frac{\mathrm{d}^2 x_2}{\mathrm{d}t^2} = k(x_1 - 2x_2) \tag{19.30}$$

です. この 2 式は対称的な形をしていて, 足したり引いたりすると簡単になることが分かるでしょう. そこで, 新しい座標変数として q_1, q_2 を以下のように定義します.

$$q_1 = x_1 + x_2, \quad q_2 = x_1 - x_2 \tag{19.31}$$

運動方程式 (19.29), (19.30) を用いて q_1, q_2 の 2 階微分を計算すると,

$$\begin{aligned} \frac{\mathrm{d}^2 q_1}{\mathrm{d}t^2} &= -\frac{k}{m}q_1 \\ \frac{\mathrm{d}^2 q_2}{\mathrm{d}t^2} &= -\frac{3k}{m}q_2 \end{aligned} \tag{19.32}$$

が得られます. この 2 式はそれぞれ独立した振動を表していて, 相互に関係しません. しかも問 19.3 で具体的に計算した角振動数と比較すると, q_1 は第 1 基準振動, q_2 は第 2 基準振動であることが分かります.

このように，各座標がお互いに干渉せず，独立に振動するように見える座標を 基準座標 (normal coordinate) といいます．式 (19.31) を逆に解くと，

$$x_1 = \frac{1}{2}(q_1 + q_2), \quad x_2 = \frac{1}{2}(q_1 - q_2) \tag{19.33}$$

となりますから，x_1, x_2 でみると異なる振動数の基準振動が混ざっているため，複雑に見えてしまうのです．

それでは，一般の N 個の振動の場合も基準座標を見つけることができるでしょうか．足したり引いたりする以外に，どのように組み合わせるかは簡単には決められません．しかし，線形代数の知識を利用することで，基準座標を具体的に見つけることができます．詳しい計算は省いて，基準座標を見出す計算の概要を以下で説明しましょう．

先ず，運動方程式 (19.17) を行列を用いて書いてみます．質点の位置 x_i を成分とする列ベクトルを $\boldsymbol{x}$ と書くことにすると，予め両辺を m で割って，

☞

$$\boldsymbol{x} = \begin{pmatrix} x_1 \\ x_2 \\ x_3 \\ \vdots \\ x_{N-1} \\ x_N \end{pmatrix}$$

左辺の微分は，列ベクトルの各成分をそれぞれ t について2回微分するという意味です．
☞ 成分が全て実数で，転置しても変わらない行列を実対称行列，転置したものが逆行列となる行列を直交行列といいます．
☞ ${}^t M = M, {}^t R = R^{-1}$（$R^{-1}$ は R の逆行列）です．行列の左肩の ^{t} は転置を表します．

$$\frac{\mathrm{d}^2 \boldsymbol{x}}{\mathrm{d}t^2} = \frac{k}{m} \begin{pmatrix} -2 & 1 & 0 & \dots & 0 & 0 \\ 1 & -2 & 1 & \dots & 0 & 0 \\ 0 & 1 & -2 & \dots & 0 & 0 \\ \vdots & \vdots & \vdots & \ddots & \vdots & \vdots \\ 0 & 0 & 0 & \dots & -2 & 1 \\ 0 & 0 & 0 & \dots & 1 & -2 \end{pmatrix} \boldsymbol{x} \tag{19.34}$$

右辺にある $N \times N$ 行列で $\dfrac{k}{m}$ を除いたものを M と表すことにします．行列 M は，実対称行列で，直交行列を用いて対角化できます．対角化された行列の対角線上には固有値が並びます．行列 M を対角化する直交行列を R とし，M の固有値を $\lambda_n, n = 1, 2, \cdots, N$ とすると，

$${}^t R M R = \begin{pmatrix} \lambda_1 & 0 & 0 & \dots & 0 & 0 \\ 0 & \lambda_2 & 0 & \dots & 0 & 0 \\ 0 & 0 & \lambda_3 & \dots & 0 & 0 \\ \vdots & \vdots & \vdots & \ddots & \vdots & \vdots \\ 0 & 0 & 0 & \dots & \lambda_{N-1} & 0 \\ 0 & 0 & 0 & \dots & 0 & \lambda_N \end{pmatrix}$$

となるということです．以下この右辺の対角行列を D と書くことにします．この式に左から R，右から ${}^t R = R^{-1}$ を掛けると，

$$M = R D \,{}^t R$$

と書き表すことができます．

それでは，行列 M の固有値はどうなるでしょう．実は，既に計算した $\beta^{(\ell)}$ を使って M の固有値を具体的に書くことができます．そのためには，

M を次のように 2 つの行列の差に書き直します.

$$
M = \begin{pmatrix} 0 & 1 & 0 & \ldots & 0 & 0 \\ 1 & 0 & 1 & \ldots & 0 & 0 \\ 0 & 1 & 0 & \ldots & 0 & 0 \\ \vdots & \vdots & \vdots & \ddots & \vdots & \vdots \\ 0 & 0 & 0 & \ldots & 0 & 1 \\ 0 & 0 & 0 & \ldots & 1 & 0 \end{pmatrix} - \begin{pmatrix} 2 & 0 & 0 & \ldots & 0 & 0 \\ 0 & 2 & 0 & \ldots & 0 & 0 \\ 0 & 0 & 2 & \ldots & 0 & 0 \\ \vdots & \vdots & \vdots & \ddots & \vdots & \vdots \\ 0 & 0 & 0 & \ldots & 2 & 0 \\ 0 & 0 & 0 & \ldots & 0 & 2 \end{pmatrix}
$$

右辺の第 1 項目の行列の固有値は, 191 ページの式 (19.19) に示されているように, $\beta^{(\ell)}, \ell = 1, 2, \cdots, N$ です. また, $\beta^{(\ell)}$ に対応する固有ベクトルは, 第 ℓ 固有振動の各質点の振幅 $a_n^{(\ell)}$ を $n = 1$ から順に並べた列ベクトルです. 一方, 右辺の第 2 項は単位行列の 2 倍ですから, 任意のベクトルを 2 倍します. 従って, 行列 M の固有値は,

$$
\lambda_n = \beta^{(n)} - 2 = -\frac{m}{k} \left(\omega^{(n)} \right)^2, \quad n = 1, 2, \cdots, N
$$

となります. この値が対角行列 D の対角線上に並びます.

以上の考察から, 行列を使って書いた運動方程式 (19.34) は,

$$
\frac{\mathrm{d}^2 \boldsymbol{x}}{\mathrm{d}t^2} = \frac{k}{m} M \boldsymbol{x} = \frac{k}{m} R D \, {}^t\!R \boldsymbol{x} \tag{19.35}
$$

のように表記できます. この式に左から ${}^t\!R = R^{-1}$ を掛けると

$$
\frac{\mathrm{d}^2}{\mathrm{d}t^2} \left({}^t\!R \boldsymbol{x} \right) = \frac{k}{m} D \left({}^t\!R \boldsymbol{x} \right) \tag{19.36}
$$

という式が得られます. D は対角行列ですから ${}^t\!R \boldsymbol{x}$ の各成分が, 独立な振動を表す基準座標になっていることが分かります. 具体的には, ${}^t\!R \boldsymbol{x}$ の n 番目の成分を q_n として,

$$
\frac{\mathrm{d}^2 q_n}{\mathrm{d}t^2} = \frac{k}{m} \lambda_n q_n = -\left(\omega^{(n)} \right)^2 q_n, \quad n = 1, 2, \cdots, N \tag{19.37}
$$

が成り立ちます.

最後に R を具体的に決めておきましょう. 対称行列 M の固有値 λ_ℓ に属する固有ベクトルを $\boldsymbol{v}^{(\ell)}$ とすると,

$$
\boldsymbol{v}^{(\ell)} = \begin{pmatrix} a_1^{(\ell)} \\ \vdots \\ a_N^{(\ell)} \end{pmatrix}, \quad \ell = 1, 2, \cdots, N
$$

でした. 線形代数の定理により, 対称行列の異なる固有値に属する固有ベクトルは直交します. M の固有値は全て異なりますから, $\ell \neq \ell'$ のときには,

$$
{}^t\!\boldsymbol{v}^{(\ell)} \, \boldsymbol{v}^{(\ell')} = \begin{pmatrix} a_1^{(\ell)} & \ldots & a_N^{(\ell)} \end{pmatrix} \begin{pmatrix} a_1^{(\ell')} \\ \vdots \\ a_N^{(\ell')} \end{pmatrix} = \sum_{n=1}^{N} a_n^{(\ell)} a_n^{(\ell')} = 0
$$

☞ ベクトルの内積を行列の掛け算で表現する場合, 左側のベクトルを転置して行ベクトルと列ベクトルの掛け算にしなければなりません.

となることは，具体的に計算しなくても分かってしまうのです．もちろん，第 ℓ 固有振動の各質点の振幅が，

$$a_n^{(\ell)} = \sin\left(\frac{n\ell\pi}{N+1}\right) a^{(\ell)}, \quad n = 1, 2, \cdots, N$$

である事から直接計算して確認することもできます．

　ここで，固有ベクトル自身の内積，つまり大きさの二乗を計算してみましょう．詳細の説明は割愛しますが，三角関数の性質を利用して，

$$^t\boldsymbol{v}^{(\ell)}\boldsymbol{v}^{(\ell)} = \sum_{n=1}^{N} a_n^{(\ell)} a_n^{(\ell)} = \frac{N+1}{2}\left(a^{(\ell)}\right)^2$$

となることが分かります．そこで，

$$a^{(\ell)} = \sqrt{\frac{2}{N+1}}, \quad \ell = 1, 2, \cdots, N$$

ととれば，固有ベクトルの大きさが 1 となります．

　この N 個の固有ベクトルを横に並べたものが R となります．実際，

$$^tR = \begin{pmatrix} ^t\boldsymbol{v}^{(1)} \\ \vdots \\ ^t\boldsymbol{v}^{(N)} \end{pmatrix}, \qquad R = \begin{pmatrix} \boldsymbol{v}^{(1)} & \cdots & \boldsymbol{v}^{(N)} \end{pmatrix}$$

☞ ^tR は行ベクトル $^t\boldsymbol{v}^{(i)}$ を上から下へ並べた行列，R は列ベクトル $\boldsymbol{v}^{(i)}$ を左から右へ並べた行列です．

☞ ^tRR の (i, j) 成分は，$^t\boldsymbol{v}^{(i)}\boldsymbol{v}^{(j)}$ ですから，$i = j$ のとき 1，$i \neq j$ のとき 0 です．

ですから，$^tRR = I$（単位行列）となることが分かります．更に，

$$^tRMR = {}^tR\begin{pmatrix} M\boldsymbol{v}^{(1)} & \cdots & M\boldsymbol{v}^{(N)} \end{pmatrix} = {}^tR\begin{pmatrix} \lambda_1\boldsymbol{v}^{(1)} & \cdots & \lambda_N\boldsymbol{v}^{(N)} \end{pmatrix}$$

$$= \begin{pmatrix} \lambda_1 & 0 & \cdots & 0 \\ 0 & \lambda_2 & \cdots & 0 \\ \vdots & \vdots & \ddots & 0 \\ 0 & 0 & \cdots & \lambda_N \end{pmatrix} = D$$

となります．基準座標 q_n は列ベクトル $^tR\boldsymbol{x}$ の n 成分ですから，

$$q_n = {}^t\boldsymbol{v}^{(n)}\boldsymbol{x} = \sum_{k=1}^{N} a_k^{(n)} x_k = \sqrt{\frac{2}{N+1}} \sum_{k=1}^{N} \sin\left(\frac{kn\pi}{N+1}\right) x_k$$

$$\tag{19.38}$$

　尚，基準座標 q_n を成分とする列ベクトルを $\boldsymbol{q}$ とすれば，

$$\boldsymbol{q} = {}^tR\boldsymbol{x} \quad \Rightarrow \quad \boldsymbol{x} = R\boldsymbol{q}$$

ですから，x_n を基準座標 q_k で表すこともできます．

$$x_n = \sum_{k=1}^{N} a_n^{(k)} q_k = \sqrt{\frac{2}{N+1}} \sum_{k=1}^{N} \sin\left(\frac{kn\pi}{N+1}\right) q_k \tag{19.39}$$

20 剛体の運動方程式

学習のねらい

　これまでは，物体の大きさについては考慮してきませんでした．空間的な広がりをもつ物体は，重心でその位置を代表させることができますが，重心が止まっていても，回転したり，変形したりするため，その運動の取り扱いが飛躍的に難しくなります．これ以降の章では，どのような力を加えても変形しない物体の取り扱い方法の基礎を学びます．このような変形を無視できる理想的な物体を剛体 (rigid body) とよびます．堅い固体の運動は剛体の運動として近似でき，剛体の取り扱いに習熟することは，工学上きわめて重要です．

20.1　剛体の自由度

　3 次元空間において，質点の位置を特定するためには，3 つの座標が必要でした．必要な座標の数のことを，質点の自由度 (degree of freedom) といいます．3 つの座標が時刻の経過とともにどのように変化するかがわかれば，質点の運動は決まります．万有引力のような中心力の下での運動では，質点の運動は 2 次元面上に束縛され，自由度は 2 になります．伸び縮みするばねにつながれた質点の直線上の運動なら，自由度は 1 です．

　剛体は広がりがあるため，その運動の様子を記述するためには「どの場所で」（これを剛体の位置 (location) という）だけでなく，「どちらを向いているか」（これを剛体の配向 (orientation) という）を指定しなければなりません．

　それでは，剛体の運動の自由度はいくつになるでしょうか．剛体は，それを構成する沢山の質点からなる質点系と考えることができます．こう考えると，剛体の自由度は極めて大きいと思うかもしれません．ところが，剛体は変形しません．そのため，剛体内の任意の 2 点の位置ベクトルを r_i, r_j とするとき，関係式

$$|r_i - r_j| = \text{2 点間の距離} = \text{一定} \tag{20.1}$$

が成り立つのです．式 (20.1) の関係式があるため，剛体の位置と配向を決

めるために，剛体を構成する全ての点の位置を決める必要はありません.

先ず，剛体内の 1 点の位置ベクトルを r_1 としましょう. 質点ならこれを指定すれば位置が決まります. ところが，剛体はこの点のまわりに自由に回転できますから，どちらを向いているかは決まりません. そこで，剛体内のもう一つ別の点の位置ベクトル r_2 を指定しましょう. こうしても，剛体はこの 2 点を結ぶ直線を軸として回転できますから，まだ向きが決まりません. 3 つめの点の位置ベクトル r_3 をこの軸上にないように選んで指定すると，はじめて剛体の位置と配向が決まります.

つまり，剛体を動かないように固定するためには，一直線上にはない 3 点，言い換えると頂点となって三角形を作る 3 点の位置を決めてしまえばよいわけです. 但し，お互いの距離

☞ 三脚の椅子が安定するのは，各脚先が床の上で固定されることで，椅子（剛体と見なす）の位置と配向が決まるからです.

$$|r_1 - r_2|, \quad |r_2 - r_3|, \quad |r_3 - r_1| \tag{20.2}$$

は全て一定という条件がつきます. 従って，剛体の自由度 (degree of freedom of rigid body) は，3 個の質点の自由度からこの条件の数 3 を引いて，

$$3 \times 3 - 3 = 6$$

となります.

剛体の位置と配向　剛体の自由度が 6 である理由は，次のように考えることもできます. 剛体の中から基準とする点を 1 つ選びます. この点は 3 つの自由度をもちます. これで剛体の位置は決定されたと考えます. 次に配向ですが，これは剛体の回転の自由度を示すものです. 回転には回転軸がありますから，回転軸の向きとこの軸のまわりの回転角を指定すれば，配向を指定したことになるはずです. 第 1 章 3 ページの図 1.1(c) で説明した 3 次元極座標系を思い出してください. この図で，点 O を基準点とし，回転軸が OP であるとします. この回転軸の向きを指定するには，座標 θ と φ を指定すればよいことが見て取れるでしょう. このことから，剛体の配向は，この 2 つの座標と，軸のまわりの回転角の合計 3 つの座標で表すことができます. つまり配向の自由度は 3 です.

20.2　剛体の運動方程式

剛体の自由度は 6 ですから，その運動を決める運動方程式は 6 個必要となります. 上で説明したように，剛体の運動は，「位置」の変化と「配向」の変化に分類できます. 位置の変化は基準点の移動と述べましたが，配向の変化との区別を明確にするため，剛体を構成する全ての質点が同じ向きに同じ距離移動することを「位置の変化」と定義しましょう. これを剛体の 並進運動 (translational motion) といいます. これに対して，配向が変化する運動を 回転運動 (rotational motion) といいます.

☞ このように定義しておくと，並進運動は「重心の運動」であると言い換えることができます. 但し，並進運動は直線運動のことではないことに注意！

並進運動の運動方程式 並進運動は質点の運動と同じです．この運動を記述する運動方程式は，第 18 章で説明した式 (18.4)

$$\frac{\mathrm{d}\boldsymbol{P}}{\mathrm{d}t} = \sum_{i=1}^{n} \boldsymbol{F}_i, \quad \boldsymbol{P} = \sum_{i=1}^{n} \boldsymbol{p}_i \tag{20.3}$$

です．重心の座標 $\boldsymbol{r}_\mathrm{c}$，剛体の質量 M（剛体を形成する全質点の質量の総和）を用いれば，

$$M\frac{\mathrm{d}^2\boldsymbol{r}_\mathrm{c}}{\mathrm{d}t^2} = \sum_{i=1}^{n} \boldsymbol{F}_i \tag{20.4}$$

と書くこともできます．

回転運動の運動方程式 回転運動を記述する運動方程式は，第 18 章で説明した式 (18.16)

$$\frac{\mathrm{d}\boldsymbol{L}}{\mathrm{d}t} = \sum_{i=1}^{n} \boldsymbol{r}_i \times \boldsymbol{F}_i, \quad \boldsymbol{L} = \sum_{i=1}^{n} \boldsymbol{r}_i \times \boldsymbol{p}_i \tag{20.5}$$

です．これは，剛体の運動を慣性系から見たときの運動方程式ですが，**並進運動を取り除いて，回転運動について調べる場合は，重心系で考えると便利です．** その場合は，第 18 章の式 (18.22)

$$\frac{\mathrm{d}\boldsymbol{L}'}{\mathrm{d}t} = \sum_{i=1}^{n} \boldsymbol{r}'_i \times \boldsymbol{F}_i \tag{20.6}$$

となります．慣性系の角運動量 $\boldsymbol{L}$ と重心系の角運動量 $\boldsymbol{L}'$ の関係は，

$$\boldsymbol{L} = \boldsymbol{L}_\mathrm{c} + \boldsymbol{L}', \qquad \boldsymbol{L}_\mathrm{c} = \boldsymbol{r}_\mathrm{c} \times M\frac{\mathrm{d}\boldsymbol{r}_\mathrm{c}}{\mathrm{d}t} = \boldsymbol{r}_\mathrm{c} \times \boldsymbol{P} \tag{20.7}$$

です．

　剛体を構成する質点間に働く内力は，剛体のかたちを維持するように働くもので，剛体の運動には寄与しません．そのため，剛体の運動方程式 (20.3)，(20.5) は，内力には無関係なかたちになっています．更に，これらの運動方程式から，剛体の運動は次の 2 つのベクトル，力の総和と力のモーメントの総和，によって決まることがわかります．

$$\sum_{i=1}^{n} \boldsymbol{F}_i, \quad \sum_{i=1}^{n} \boldsymbol{r}_i \times \boldsymbol{F}_i \tag{20.8}$$

　そのため，二組の異なる外力，$\boldsymbol{F}_i\,(i = 1 \cdots n)$ と，$\boldsymbol{F}'_j\,(j = 1 \cdots n')$ であっても，式 (20.8) の 2 つのベクトルが同じになるときは，剛体の運動に対して全く同じ寄与をする事になります．この性質を用いて，2 つの外力を 1 つにまとめることもできます．以下に，外力の効果について，有益な性質をまとめておきましょう．

☞ 重心の座標 $\boldsymbol{r}_\mathrm{c}$ は

$$\boldsymbol{r}_\mathrm{c} = \frac{\sum_{i=1}^{n} m_i \boldsymbol{r}_i}{M}$$

ですが厳密には密度 $\rho(\boldsymbol{r})$ を用いて

$$\boldsymbol{r}_\mathrm{c} = \frac{1}{M}\iiint \rho(\boldsymbol{r})\boldsymbol{r}\mathrm{d}^3\boldsymbol{r}$$

です．ここで，

$$M = \iiint \rho(\boldsymbol{r})\mathrm{d}^3\boldsymbol{r}$$

☞ 慣性系における角運動量 $\boldsymbol{L}$ は，慣性系から見た重心の角運動量 $\boldsymbol{L}_\mathrm{c}$ に重心系の角運動量 $\boldsymbol{L}'$ を加えたものとなります．

20.3　剛体に働く力の性質

(a)　力の移動

　力が作用する点を作用点，作用点を通り力の向きに引いた直線を作用線といいました．剛体に働く外力の 1 つを F とします．この力の向きを変えずに作用点をこの力の作用線上の別の点に移します．このとき，ベクトル F は変わりませんから，力の総和は不変です．

　力のモーメントの大きさは

$$|r \times F| = |r||F| \sin \theta = |r| \sin \theta \cdot |F| \tag{20.9}$$

ですが，$|r| \sin \theta$ は原点から作用線までの距離を表します．従って，図 20.1(a) から分かるように，力の作用点を作用線上の位置 r_1 から r_2 へと移動させても力のモーメントの大きさは変わりません．

　一方，力のモーメントの向きは，r と F が作る平面に垂直な向きですが，作用線もこの平面上にあり，作用線上で F を移動させてもこの面は変わりません．ですから，力のモーメントの向きも変化しないことが分かります．以上の考察をまとめると次のように言えます．

> 　剛体に作用する力の作用点を力の向きを変えずに作用線上の別の点に移動しても剛体に与える影響は変わらない．

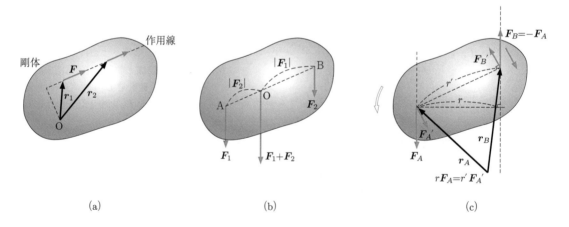

(a)　　　　　　　　　　　(b)　　　　　　　　　　　(c)

図 20.1　剛体に作用する力の効果

(a) 外力 F を作用線上で移動させても，剛体の運動に対する効果は変わらない．(b) 平行な 2 つの外力 F_1, F_2 を，1 つの外力で置き換えることができる．このとき，AO : BO $= |F_2| : |F_1|$．(c) 偶力：$rF_A = r'F_A'$ ならばその効果は同じ．

(b) 力の合成

平行で，同じ向きを向く2つの力 $\boldsymbol{F}_1$, $\boldsymbol{F}_2$ を1つの力 $\boldsymbol{F}$ で置きかえてみましょう．力の総和が変わらないためには，

$$\boldsymbol{F}_1 + \boldsymbol{F}_2 = \boldsymbol{F}$$

でなければなりません．(a) により，$\boldsymbol{F}$ の作用点は作用線上を動かせますから，図 20.1(b) のように，$\boldsymbol{F}_1$ の作用点 A と $\boldsymbol{F}_2$ の作用点 B を結ぶ線分上の点 O が $\boldsymbol{F}$ の作用点であるとします．このとき点 O の位置ベクトル $\boldsymbol{r}_{\mathrm{O}}$ は，α を 0 と 1 の間の実数として，

$$\boldsymbol{r}_{\mathrm{O}} = \boldsymbol{r}_1 + \alpha(\boldsymbol{r}_2 - \boldsymbol{r}_1) = (1-\alpha)\boldsymbol{r}_1 + \alpha\boldsymbol{r}_2 \tag{20.10}$$

と表すことができます．

これを用いて力のモーメントの総和が変わらないことを式で表すと，

$$\boldsymbol{r}_1 \times \boldsymbol{F}_1 + \boldsymbol{r}_2 \times \boldsymbol{F}_2 = \boldsymbol{r}_{\mathrm{O}} \times \boldsymbol{F}$$
$$= \{(1-\alpha)\boldsymbol{r}_1 + \alpha\boldsymbol{r}_2\} \times (\boldsymbol{F}_1 + \boldsymbol{F}_2)$$

です．これを整理すると，

$$(\boldsymbol{r}_2 - \boldsymbol{r}_1) \times \{(1-\alpha)\boldsymbol{F}_2 - \alpha\boldsymbol{F}_1\} = 0$$

となり，

$$(1-\alpha)\boldsymbol{F}_2 = \alpha\boldsymbol{F}_1 \tag{20.11}$$

という関係式が得られます．$\boldsymbol{F}_1$, $\boldsymbol{F}_2$ は同じ向きを向いていますから，

$$(1-\alpha)|\boldsymbol{F}_2| = \alpha|\boldsymbol{F}_1| \quad \Rightarrow \quad \alpha = \frac{|\boldsymbol{F}_2|}{|\boldsymbol{F}_1| + |\boldsymbol{F}_2|} \tag{20.12}$$

☞ $0 < \alpha < 1$ としましたから，$1-\alpha$, α はどちらも正です．

これを式 (20.10) に代入すれば，

$$\boldsymbol{r}_{\mathrm{O}} = \frac{|\boldsymbol{F}_1|\boldsymbol{r}_1 + |\boldsymbol{F}_2|\boldsymbol{r}_2}{|\boldsymbol{F}_1| + |\boldsymbol{F}_2|} \tag{20.13}$$

が得られます．即ち，

☞ 点 O は線分 AB を各点にはたらく力の大きさの逆比 $\dfrac{1}{|\boldsymbol{F}_1|} : \dfrac{1}{|\boldsymbol{F}_2|} = |\boldsymbol{F}_2| : |\boldsymbol{F}_1|$ に内分する点です．

> 剛体に作用する平行で同じ向きの2力 $\boldsymbol{F}_1$（作用点 A），$\boldsymbol{F}_2$（作用点 B）は，線分 AB を $|\boldsymbol{F}_2| : |\boldsymbol{F}_1|$ に内分する点に働く力 $\boldsymbol{F}_1 + \boldsymbol{F}_2$ に置きかえることができる．

問 20.1 剛体に作用する平行で逆向きの2力 $\boldsymbol{F}_1$（作用点 A），$\boldsymbol{F}_2$（作用点 B）は，線分 AB を $|\boldsymbol{F}_2| : |\boldsymbol{F}_1|$ に外分する点に働く力 $\boldsymbol{F}_1 + \boldsymbol{F}_2$ に置きかえることができることを示せ．

解 式 (20.11) で，$\boldsymbol{F}_1$, $\boldsymbol{F}_2$ は逆向きだから，$\alpha < 0$ 又は $1 < \alpha$ で，

$$-(1-\alpha)|\boldsymbol{F}_2| = \alpha|\boldsymbol{F}_1| \quad \Rightarrow \quad \alpha = \frac{-|\boldsymbol{F}_2|}{|\boldsymbol{F}_1| - |\boldsymbol{F}_2|} \tag{20.14}$$

従って，$\boldsymbol{r}_{\mathrm{O}} = \dfrac{|\boldsymbol{F}_1|\boldsymbol{r}_1 - |\boldsymbol{F}_2|\boldsymbol{r}_2}{|\boldsymbol{F}_1| - |\boldsymbol{F}_2|}$ が得られる．これは線分 AB を力の大きさ

の逆比 $\dfrac{1}{|\boldsymbol{F}_1|} : \dfrac{1}{|\boldsymbol{F}_2|} = |\boldsymbol{F}_2| : |\boldsymbol{F}_1|$ に外分する点である.

例題 20.1　等価な力への置きかえ

剛体に働く力の総和を $\boldsymbol{F} = \displaystyle\sum_{i=1}^{n} \boldsymbol{F}_i$, 力のモーメントの総和を $\boldsymbol{N} = \displaystyle\sum_{i=1}^{n} \boldsymbol{r}_i \times \boldsymbol{F}_i$ とする. $\boldsymbol{F} \neq 0$ で $\boldsymbol{F} \cdot \boldsymbol{N} = 0$ ならば, これら n 個の力は, 位置ベクトル $\boldsymbol{R} = \dfrac{\boldsymbol{F} \times \boldsymbol{N} + \alpha \boldsymbol{F}}{|\boldsymbol{F}|^2}$ の点に作用する 1 つの力 $\boldsymbol{F}$ に置きかえられることを示せ. ここで, α は任意の定数である.

解 力の総和は同じですから, 力のモーメントの総和が同じである事を示せばよい. 位置 $\boldsymbol{R}$ に働く力 $\boldsymbol{F}$ による力のモーメントは,

$$\boldsymbol{R} \times \boldsymbol{F} = \frac{(\boldsymbol{F} \times \boldsymbol{N}) \times \boldsymbol{F} + \alpha \boldsymbol{F} \times \boldsymbol{F}}{|\boldsymbol{F}|^2}$$

☞ 剛体に働く力の始点は, 作用線に沿って移動できるので, 剛体のどこに働くかを決めることができません. その自由度を表すパラメーターが α です.

となります. この第 2 項 $\boldsymbol{F} \times \boldsymbol{F}$ はゼロです. よって α は消えてしまいますから, どんな値でもかまいません. また, 第 2 章の演習問題 2 の 1 で示した外積の公式

$$\boldsymbol{A} \times (\boldsymbol{B} \times \boldsymbol{C}) = (\boldsymbol{A} \cdot \boldsymbol{C})\boldsymbol{B} - (\boldsymbol{A} \cdot \boldsymbol{B})\boldsymbol{C}$$

より,

$$(\boldsymbol{F} \times \boldsymbol{N}) \times \boldsymbol{F} = -\boldsymbol{F} \times (\boldsymbol{F} \times \boldsymbol{N}) = -(\boldsymbol{F} \cdot \boldsymbol{N})\boldsymbol{F} + (\boldsymbol{F} \cdot \boldsymbol{F})\boldsymbol{N} = |\boldsymbol{F}|^2 \boldsymbol{N}$$

となることから, $\boldsymbol{R}$ に働く力 $\boldsymbol{F}$ による力のモーメントは,

$$\boldsymbol{R} \times \boldsymbol{F} = \boldsymbol{N}$$

よって, 力のモーメントの総和も変わらず, n 個の力 $\boldsymbol{F}_i \, (i = 1, \cdots, n)$ を, 位置 $\boldsymbol{R}$ に働く力一つの力 $\boldsymbol{F}$ に置き換えても剛体の運動に対する効果は変わりません.

例題 20.2　作用線が平行な力の合成

剛体に働く力 $\boldsymbol{F}_i \, (i = 1, \cdots, n)$ の作用線が全て平行で, その向きを示す長さ 1 の単位ベクトルを $\boldsymbol{e}$ として, $\boldsymbol{F}_i = F_i \boldsymbol{e}$ (F_i は負も可) と書けるとする. このとき, 力の総和がゼロでなければ, これら n 個の力は, 位置ベクトル $\boldsymbol{R} = \dfrac{\sum_{i=1}^{n} F_i \boldsymbol{r}_i}{\sum_{i=1}^{n} F_i}$ の点に作用する 1 つの力 $\boldsymbol{F} = \displaystyle\sum_{i=1}^{n} \boldsymbol{F}_i$ に置きかえられることを示せ.

解 $\boldsymbol{F} = \displaystyle\sum_{j=1}^{n} \boldsymbol{F}_j = \left(\displaystyle\sum_{j=1}^{n} F_j\right) \boldsymbol{e}$, $\boldsymbol{N} = \displaystyle\sum_{i=1}^{n} \boldsymbol{r}_i \times \boldsymbol{F}_i = \displaystyle\sum_{i=1}^{n} F_i (\boldsymbol{r}_i \times \boldsymbol{e})$ ですから, $\boldsymbol{F} \cdot \boldsymbol{N} = 0$ となって, 例題 20.1 の結果が使えます. よって, これら n 個の力は, 位置ベクトル $\boldsymbol{R} = \dfrac{\boldsymbol{F} \times \boldsymbol{N} + \alpha \boldsymbol{F}}{|\boldsymbol{F}|^2}$ の点に作用する力 $\boldsymbol{F}$ に置き換えることができます. ここで,

☞ $\boldsymbol{e} \cdot (\boldsymbol{r}_i \times \boldsymbol{e}) = 0$

$$\boldsymbol{F} \times \boldsymbol{N} = \left(\sum_{j=1}^{n} F_j\right) \boldsymbol{e} \times \sum_{i=1}^{n} F_i (\boldsymbol{r}_i \times \boldsymbol{e})$$

$$= \left(\sum_{j=1}^{n} F_j \right) \sum_{i=1}^{n} F_i \boldsymbol{e} \times (\boldsymbol{r}_i \times \boldsymbol{e})$$

$$= \left(\sum_{j=1}^{n} F_j \right) \sum_{i=1}^{n} F_i \{ (\boldsymbol{e} \cdot \boldsymbol{e}) \boldsymbol{r}_i - (\boldsymbol{e} \cdot \boldsymbol{r}_i) \boldsymbol{e} \}$$

$$= \left(\sum_{j=1}^{n} F_j \right) \left\{ \sum_{i=1}^{n} F_i \boldsymbol{r}_i - \left(\sum_{i=1}^{n} F_i \boldsymbol{e} \cdot \boldsymbol{r}_i \right) \boldsymbol{e} \right\}$$

$$= \left(\sum_{j=1}^{n} F_j \right) \left(\sum_{i=1}^{n} F_i \boldsymbol{r}_i \right) - \left(\sum_{i=1}^{n} F_i \boldsymbol{e} \cdot \boldsymbol{r}_i \right) \left(\sum_{j=1}^{n} F_j \boldsymbol{e} \right)$$

$$= \left(\sum_{j=1}^{n} F_j \right) \left(\sum_{i=1}^{n} F_i \boldsymbol{r}_i \right) - \left(\sum_{i=1}^{n} \boldsymbol{F}_i \cdot \boldsymbol{r}_i \right) \boldsymbol{F}$$

と書き換えることができます. 従って,

$$\boldsymbol{R} = \frac{\boldsymbol{F} \times \boldsymbol{N} + \alpha \boldsymbol{F}}{|\boldsymbol{F}|^2}$$

$$= \frac{1}{|\boldsymbol{F}|^2} \left\{ \left(\sum_{j=1}^{n} F_j \right) \left(\sum_{i=1}^{n} F_i \boldsymbol{r}_i \right) - \left(\sum_{i=1}^{n} \boldsymbol{F}_i \cdot \boldsymbol{r}_i \right) \boldsymbol{F} + \alpha \boldsymbol{F} \right\} \quad (20.15)$$

一方,

$$|\boldsymbol{F}|^2 = \left| \left(\sum_{i=1}^{n} F_i \right) \boldsymbol{e} \right|^2 = \left(\sum_{i=1}^{n} F_i \right)^2$$

ですから, 式 (20.15) で, $\alpha = \sum_{i=1}^{n} \boldsymbol{F}_i \cdot \boldsymbol{r}_i$ ととれば,

$$\boldsymbol{R} = \frac{\sum_{i=1}^{n} F_i \boldsymbol{r}_i}{\sum_{i=1}^{n} F_i} \quad (20.16)$$

となります. 式 (20.16) で表される点を 平行力の中心 (center of parallel force) と
よびます. これは, 平行で同じ向きを向く 2 力の場合の式 (20.13), 平行で逆を向く
2 力の場合の問 20.1 の結果を一般化したものです.

問 **20.2**　剛体に作用する一様な重力では, 平行力の中心が重心である事を示せ.

解　重力加速度の大きさを g とする. 剛体を質点の集まりで近似し, 各質点の質
量を m_i とおくと, $F_i = m_i g$. これを式 (20.16) に代入すれば,

$$\boldsymbol{R} = \frac{\sum_{i=1}^{n} m_i g \boldsymbol{r}_i}{\sum_{i=1}^{n} m_i g} = \frac{\sum_{i=1}^{n} m_i \boldsymbol{r}_i}{\sum_{i=1}^{n} m_i}$$

となる. これは, 質点系の重心を表している. 尚, 剛体を連続的な物体として
扱うときは, 密度を $\rho(\boldsymbol{r})$, 剛体の質量を M として次のように積分で表される.

$$\boldsymbol{R} = \frac{1}{M} \iiint \rho(\boldsymbol{r}) \boldsymbol{r} \mathrm{d}^3 \boldsymbol{r}$$

(c)　偶力

202 ページの問 20.1 で, 平行で逆向きの 2 つの力を 1 つの力に置きかえ
る方法を調べました. ところがそこで導かれた結果では, 2 つの力の大きさ
が等しいときは, 式 (20.14) の α の分母が 0 となって発散してしまいます.

これは，このような 2 力を 1 つの力で置きかえることができないことを意味します．そこで，平行で大きさが等しく，向きが逆の 2 つの力を一組として，偶力 (couple) とよぶことにして，その効果を調べてみましょう（図 20.1 (c)）．偶力の 2 つの力の和はもちろんゼロで，力の総和には寄与しませんから，剛体の並進運動には影響しません．

一方，偶力の 2 つの力による力のモーメントの和はゼロではなく，

$$\boldsymbol{r}_\mathrm{A} \times \boldsymbol{F}_\mathrm{A} + \boldsymbol{r}_\mathrm{B} \times \boldsymbol{F}_\mathrm{B} = (\boldsymbol{r}_\mathrm{A} - \boldsymbol{r}_\mathrm{B}) \times \boldsymbol{F}_\mathrm{A} \tag{20.17}$$

となります．これを偶力のモーメント (moment of a couple) といいます．偶力のモーメントは，作用点を結ぶベクトルと偶力の 1 つ $\boldsymbol{F}_\mathrm{A}$ とのベクトル積になっていて，**どの点を原点として考えるかには依りません**．偶力のモーメントの向きは 2 つの作用線を含む平面に垂直で，その大きさは，2 つの作用線の間の距離 $\ell = |\boldsymbol{r}_\mathrm{A} - \boldsymbol{r}_\mathrm{B}| \sin\theta$ と $|\boldsymbol{F}_\mathrm{A}|$ の積となります．ℓ を偶力の腕 (arm of couple) の長さといいます．偶力に関して，以下のことが言えます．

> 剛体に作用する偶力は，偶力のモーメントが変わらなければ，どのように移動しても，また腕の長さと力の大きさを変えても，剛体に対して同じ効果を持つ．

21

剛体の静力学

学習のねらい

　この章では，静止した剛体にはたらく力について考察します．前章で述べた運動方程式の議論から分かるように，剛体を静止させるためには，外力の総和がゼロとなるだけでは不十分で，外力のモーメントを総和もゼロにならなければなりません．

21.1　剛体の静力学

　物体の釣り合い (equilibrium) の問題は，歴史的にも，現代の工学的な問題においてもきわめて重要です．たとえば，てこの原理はアルキメデスの時代から知られていました．これらの問題は，静力学 (statics) とよばれ，ニュートン力学の成立後は，古典力学の一分野として位置づけられています．実用上は大変重要な分野ですが，ここでは基本的な事項のみを説明するにとどめておきます．

　剛体が釣り合っている状態は，剛体が静止し，回転もしていない状態の

☞ アルキメデスは「私に支点を与てくれれば，地球でも動かしてみせる」と云って，てこの原理を端的に示したと伝えられています．

アルキメデス：Archimedes 紀元前 287〜212

　ギリシャのシラクサに生まれた．古代ギリシャにおいて，数学，物理学を研究し，技術者とてしても数多くの発明を残している．彼の生涯については，不明な点も多いが，第一級の科学者であったことは間違いないといわれている．水の中で体重が軽くなる原因の浮力に関するアルキメデスの原理の発見が有名である．彼の墓には，高さと底面の直径が等しい円柱とそれに内接する球のデザインがなされていたという．この 2 つの立体の体積の比と表面積の比はいずれも 3：2 である．

ことです. このような状態では,

$$\frac{\mathrm{d}\boldsymbol{P}}{\mathrm{d}t} = \sum_{i=1}^{n} \boldsymbol{F}_i = 0$$

$$\frac{\mathrm{d}\boldsymbol{L}}{\mathrm{d}t} = \sum_{i=1}^{n} \boldsymbol{r}_i \times \boldsymbol{F}_i = 0$$

(21.1)

が成り立ちます. これが, 静力学の基礎方程式となります.

　式 (21.1) の第 2 式は慣性系の原点 O のまわりの力のモーメントの釣り合いですが, 任意の点 O′ のまわりの力のモーメントもゼロとなります. 実際, O′ を原点としたときの i 番目の質点の位置ベクトルを $\boldsymbol{r}_i'$ としますと, $\boldsymbol{r}_i = \overrightarrow{\mathrm{OO'}} + \boldsymbol{r}_i'$ ですから,

$$\sum_{i=1}^{n} \boldsymbol{r}_i' \times \boldsymbol{F}_i = \sum_{i=1}^{n} \left(\boldsymbol{r}_i - \overrightarrow{\mathrm{OO'}} \right) \times \boldsymbol{F}_i$$

$$= \sum_{i=1}^{n} \boldsymbol{r}_i \times \boldsymbol{F}_i - \overrightarrow{\mathrm{OO'}} \times \sum_{i=1}^{n} \boldsymbol{F}_i = \sum_{i=1}^{n} \boldsymbol{r}_i \times \boldsymbol{F}_i$$

(21.2)

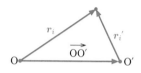

図 21.1　$\boldsymbol{r}_i$ と $\boldsymbol{r}_i'$ の関係

と変形できます. 最後の等式では式 (21.1) の第 1 式を用いました. この例から, **力のモーメントの計算は, 剛体の中で最も都合のよい点, 多くの場合はできるだけたくさんの外力の作用線が交わっている点を選んで行うと有利なこと**が分かるでしょう.

☞ 作用線上の点に対して力のモーメントはゼロです.

21.1.1　2 力・3 力のつりあい

2 力の場合　　2 つの力が釣り合うためには, 大きさが同じで逆向きでなければなりません. このとき, 一般には偶力となりますが, 回転運動をおこさせないためには, これもゼロでなければなりません. そのためには, 偶力の腕の長さがゼロになること, 言い換えれば, 2 つの力の作用線が一致することが必要な条件となります.

> 剛体に働く 2 つの力が釣り合うのは, 力の大きさが等しく向きが逆で, 作用線が一致するときである.

3 力の場合　　剛体内の異なる 3 点 P_1, P_2, P_3 に働いている 3 つの力 $\boldsymbol{F}_1$, $\boldsymbol{F}_2$, $\boldsymbol{F}_3$ が, 釣り合っているとしましょう. 点 P_3 のまわりの力のモーメントがゼロになるためには,

$$\overrightarrow{\mathrm{P}_3\mathrm{P}_1} \times \boldsymbol{F}_1 + \overrightarrow{\mathrm{P}_3\mathrm{P}_2} \times \boldsymbol{F}_2 = 0$$

(21.3)

が成り立つ必要があります.

　ここで, もし $\overrightarrow{\mathrm{P}_3\mathrm{P}_1} \times \boldsymbol{F}_1 = 0$ であれば, $\overrightarrow{\mathrm{P}_3\mathrm{P}_1}$ と $\boldsymbol{F}_1$ は平行になりますが, $\boldsymbol{F}_1$ の作用点が点 P_1 ですから, $\boldsymbol{F}_1$ の作用線は $\overrightarrow{\mathrm{P}_3\mathrm{P}_1}$ を含む直線にな

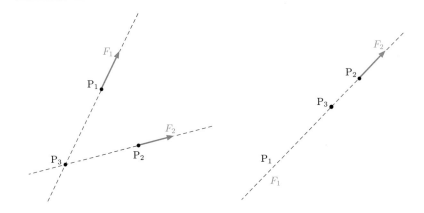

図 21.2 $\boldsymbol{F}_1$ と $\boldsymbol{F}_2$ の作用線の関係
$\overrightarrow{\mathrm{P}_3\mathrm{P}_1} \times \boldsymbol{F}_1 = 0$ のとき $\boldsymbol{F}_1$ と $\boldsymbol{F}_2$ の作用線は，点 P_3 で交わるか，重なって，3 点 $\mathrm{P}_1, \mathrm{P}_2, \mathrm{P}_3$ を含む 1 つの直線となる．

ります．このとき，式 (21.3) より $\overrightarrow{\mathrm{P}_3\mathrm{P}_2} \times \boldsymbol{F}_2$ もゼロになりますから，同様に考えて，$\boldsymbol{F}_2$ の作用線は $\overrightarrow{\mathrm{P}_3\mathrm{P}_2}$ を含む直線になります．このことから，3 つの力 $\boldsymbol{F}_1, \boldsymbol{F}_2, \boldsymbol{F}_3$ の作用線は，図 21.2 に示すように，点 P_3 で交わるか，重なって，3 点 $\mathrm{P}_1, \mathrm{P}_2, \mathrm{P}_3$ を含む 1 つの直線となるかのいずれかです．点 P_3 で交わる場合，点 P_3 は $\boldsymbol{F}_3$ の作用点ですから，3 つの力の作用線が，点 P_3 で交わることになります．

　次に，$\overrightarrow{\mathrm{P}_3\mathrm{P}_1} \times \boldsymbol{F}_1$ がゼロではない場合を考えます．図 21.3 を参照して下さい．この場合，$\overrightarrow{\mathrm{P}_3\mathrm{P}_1} \times \boldsymbol{F}_1$ は，$\overrightarrow{\mathrm{P}_3\mathrm{P}_1}$ と $\boldsymbol{F}_1$ を含む面（これを Σ_1 とする）に垂直なベクトルです．同様に，$\overrightarrow{\mathrm{P}_3\mathrm{P}_2} \times \boldsymbol{F}_2$ は，$\overrightarrow{\mathrm{P}_3\mathrm{P}_2}$ と $\boldsymbol{F}_2$ を含む面（これを Σ_2 とする）に垂直なベクトルです．この 2 つのベクトルを足すとゼロになるのですから，これらは平行で逆を向きます．このことから，2 つの面 Σ_1 と Σ_2 は平行である事が分かります．ところが点 P_3 は両方の面に含まれています．従って，Σ_1 と Σ_2 は同じ平面となります．このことから，$\boldsymbol{F}_1, \boldsymbol{F}_2$ は同一平面上にあると結論されます．

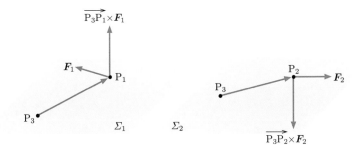

図 21.3 2 つの平面 Σ_1 と Σ_2 の関係
Σ_1 と Σ_2 は平行になり，どちらも点 P_3 を含むので，同じ平面となる．

　図 21.2 でも $\boldsymbol{F}_1$, $\boldsymbol{F}_2$ は同一平面上にありますから，結局，3 つの力 $\boldsymbol{F}_1$, $\boldsymbol{F}_2$, $\boldsymbol{F}_3$ が釣り合っているときには，$\boldsymbol{F}_1$, $\boldsymbol{F}_2$ は同一平面上にある事になります．この結論は，点 P_3 のまわりの力のモーメントを考えた結果得られたものです．点 P_2 のまわりの力のモーメントがゼロになる事を用いて同様の議論をすれば，$\boldsymbol{F}_3$, $\boldsymbol{F}_1$ が同一平面上にあると結論されます．従って，3 つの力 $\boldsymbol{F}_1$, $\boldsymbol{F}_2$, $\boldsymbol{F}_3$ が釣り合っているときには，これらの力は同一平面上にあることが分かります．

　このとき，$\boldsymbol{F}_2$ と $\boldsymbol{F}_3$ の作用線が一点で交わるならば，平行移動して，ともにこの交点に働くようにできます．そして，この 2 力の合力が $\boldsymbol{F}_1$ と釣り合うことになるので，$\boldsymbol{F}_1$ の作用線もこの交点を通ります．つまり，3 力の作用線が一点で交わることになります．

　一方，$\boldsymbol{F}_2$ と $\boldsymbol{F}_3$ の作用線が一点で交わらないのは，平行か，一致して重なってしまうかのいずれかです．作用線が一致するとき，釣り合うのは 2 つの力が同じ向きで，その和が残りの逆向きの力と同じ大きさのときです．また，作用線が平行なときは，同じ向きの 2 つの力を式 (20.13) で決まる位置に働く一つの力で表し，これが残る逆向きの力と釣り合うときです．

　以上の考察から，以下の結論が導き出されます．

> 　剛体に働く 3 つの力がつり合うためには，3 つの力が同一平面上にあることが必要で，更に作用線が一点で交わるか，または，互いに平行でなければならない．

　次の例題で，具体的に 3 つの力が釣り合う条件を求めまて見ましょう．

例題 21.1　3 力の釣り合い

剛体に働く力 3 つの力 $\boldsymbol{F}_1$, $\boldsymbol{F}_2$, $\boldsymbol{F}_3$ が釣り合っているとき，その大きさ F_1, F_2, F_3 にどのような関係があるか，次の 2 つの場合について求めよ．

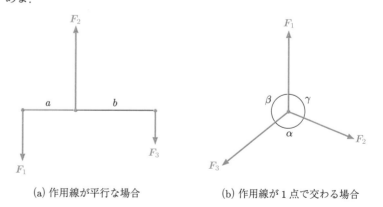

(a) 作用線が平行な場合　　　　(b) 作用線が 1 点で交わる場合

解 (a) 力の総和がゼロになることから，

$$F_2 = F_1 + F_3$$

である事が必要です．更に，$\boldsymbol{F}_2$ の始点のまわりの力のモーメントがゼロになることから，

$$aF_1 - bF_3 = 0$$

でなければなりません．この 2 式を解いて，

$$F_1 = \frac{b}{a+b}F_2 \quad F_3 = \frac{a}{a+b}F_2 \quad F_2 は任意$$

が求める答えです．

(b) 力の総和がゼロになることから，ベクトル表示で，

$$\boldsymbol{F}_1 + \boldsymbol{F}_2 = -\boldsymbol{F}_3$$

であることが必要です．この両辺と $\boldsymbol{F}_3$ との外積（ベクトル積）をとると，

$$\boldsymbol{F}_1 \times \boldsymbol{F}_3 + \boldsymbol{F}_2 \times \boldsymbol{F}_3 = -\boldsymbol{F}_3 \times \boldsymbol{F}_3 = 0$$

となります．$\boldsymbol{F}_1 \times \boldsymbol{F}_3$ は紙面の裏から表へ向かう向き，$\boldsymbol{F}_2 \times \boldsymbol{F}_3$ は逆に紙面の表から裏へ向かう向きで打ち消し合っています．それぞれの大きさを図に示した角を用いて表せば，

$$F_1 F_3 \sin\beta = F_2 F_3 \sin\alpha \quad \Rightarrow \quad \frac{F_1}{\sin\alpha} = \frac{F_2}{\sin\beta}$$

という関係が得られます．$\boldsymbol{F}_2 + \boldsymbol{F}_3 = -\boldsymbol{F}_1$ として両辺と $\boldsymbol{F}_1$ の外積をとれば，同様の計算で $\dfrac{F_2}{\sin\beta} = \dfrac{F_3}{\sin\gamma}$ となることが分かります．従って，このときに成り立つ関係式は，

$$\frac{F_1}{\sin\alpha} = \frac{F_2}{\sin\beta} = \frac{F_3}{\sin\gamma}$$

です．これをラミの定理 (Lami's theorem) といいます．

☞ $\boldsymbol{F}_1 + \boldsymbol{F}_2 + \boldsymbol{F}_3 = 0$ となるということは，これら 3 つのベクトルをつないで三角形ができるということです．この結果は，この三角形に対して成り立つ正弦定理として理解することもできます．

21.1.2 平面上の力の釣り合い

剛体に作用する全ての力（つまり作用線）が，一つの平面上にある場合を考えてみましょう．この種の問題は，実用上でしばしば現れます．この場合，剛体の運動はこの平面上に制限されます．この面をデカルト座標系の xy 面であるとすると，力のベクトルはこの面に垂直な z 成分をもちません．一方，座標原点をこの xy 面上にとれば，力の作用点を表す位置ベクトルもこの面内になりますから，力のモーメントのベクトルはこの面に垂直で，z 成分だけしかもちません．その結果，剛体の運動の自由度は 3 となります．力 $\boldsymbol{F}_i$ の成分を F_{ix}, F_{iy}，その作用点の位置ベクトル $\boldsymbol{r}_i$ の成分を x_i, y_i と書くことにすると，釣り合いの条件式 (21.1) は，次の 3 個になります．

$$F_x = \sum_{i=1}^{n} F_{ix} = 0$$

$$F_y = \sum_{i=1}^{n} F_{iy} = 0 \qquad (21.4)$$

$$N_z = \sum_{i=1}^{n} (x_i F_{iy} - y_i F_{ix}) = 0$$

┌─ 例題 21.2　ピンと糸で壁から支えられた棒の釣り合い ─

図のように，長さ ℓ の軽い剛体の棒が点 A のピンおよび，点 B と C を結ぶ糸とによって支えられている．そして，点 D に鉛直に荷重（重力）W がかかって，釣り合っている．AD 間の長さを a として，剛体棒が壁から受ける抗力の成分 X, Y と糸の張力 T を求めよ．

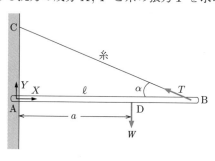

☞ ここで，ピン (pin)，またはちょうつがい (hinge) は棒を点 A に固定するが，そのまわりに棒が滑らかに回転できる装置です．

解　釣り合いの条件式を具体的に書くと，

$$X - T\cos\alpha = 0 \tag{21.5}$$

$$Y + T\sin\alpha - W = 0 \tag{21.6}$$

$$\ell T\sin\alpha - aW = 0 \tag{21.7}$$

となります．始めの 2 つの式は，剛体棒に作用する力の水平成分と鉛直成分が釣り合っていることを，最後の式は，点 A のまわりの力のモーメントが釣り合っていることを示しています．これらの式を解いて，

$$X = \frac{a}{\ell\tan\alpha}W, \quad Y = \frac{\ell-a}{\ell}W, \quad T = \frac{a}{\ell\sin\alpha}W$$

　別解　先に，静力学の基礎方程式の説明をしたとき，力が釣り合っているときには，任意の点まわりの力のモーメントが釣り合っていることを，206 ページの式 (21.2) で示しました．この式を，力が釣り合っていない一般の場合の式として見直してみると，

$$\sum_{i=1}^{n} \boldsymbol{r}_i' \times \boldsymbol{F}_i = \sum_{i=1}^{n}\left(\boldsymbol{r}_i - \overrightarrow{OO'}\right) \times \boldsymbol{F}_i$$

$$= \sum_{i=1}^{n} \boldsymbol{r}_i \times \boldsymbol{F}_i - \overrightarrow{OO'} \times \sum_{i=1}^{n} \boldsymbol{F}_i \tag{21.8}$$

となります．ここで，点 O (O') を原点としたときの i 番目の質点の位置ベクトルが $\boldsymbol{r}_i$ ($\boldsymbol{r}_i'$) です．

☞ $\overrightarrow{OO'} \times \displaystyle\sum_{i=1}^{n} \boldsymbol{F}_i = 0$

　この式から，2 点 O, O' のまわりの力のモーメントがともにゼロならば，力の総和は $\overrightarrow{OO'}$ の方向を向くことが分かります．もし，直線 OO' の上にはない第 3 の点 O'' のまわりの力のモーメントもゼロであるとすると，力の総和は $\overrightarrow{OO''}$ の方向を向くことになりますが，同時に異なる 2 つの方向を向くことはできませんから，このときには力の総和がゼロでなければなりません．

　すなわち，一直線上ではない 3 点のまわりの力のモーメントがゼロであれば，剛体に働く力が釣り合うことが分かります．しかし，この場合方程式の数が $3 \times 3 = 9$ となり，剛体の自由度 6 を超えていますので，あまり便利とは言えません．ところが平面上の力の釣り合いでは，剛体の自由度は 3 でした．力のモーメントは面に垂

直な成分しかもちませんから，3点で力のモーメントが釣り合う条件を表す式も3つとなり，自由度と一致します．

この例題では，3点 A,B,C のまわりの力のモーメントが釣り合うことから X, Y, T を決定することができます．具体的に書くと，

$$\ell T \sin \alpha - aW = 0 \tag{21.9}$$

$$(\ell - a)W - \ell Y = 0 \tag{21.10}$$

$$\ell \tan \alpha X - aW = 0 \tag{21.11}$$

これを解けば，同じ結果が得られます．

力の釣り合いでは，全ての力が方程式に現れますが，力のモーメントの釣り合いでは，回転の中心が作用線上にあるとき，その力は方程式に現れません．そのため，力のモーメントを考える点をうまく取ると，解きやすくなります．実際，今の問題では，3つの式がそれぞれで，3つの力を決定する式になっています．

例題 21.3　傾いた板の上の直方体

3辺の長さが a, b, c（c は奥行）で質量が M の一様な直方体を，図のように，水平と θ の角をなす粗い板の上に置く．板の傾きを徐々に大きくしていくと，直方体が倒れる場合と滑り出す場合とがある．その条件を求めよ．ただし，静止摩擦係数を μ_0 とする．

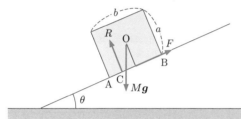

解 板と接している直方体の底辺の両端を A，B とします．直方体が板から受ける垂直抗力の大きさは A と B の間の位置によって変わります．しかし，平行な力なので合成した結果，A と B の間にある点 C に作用する垂直抗力 R で置きかえることができます．一方，静止摩擦力も A と B の間の位置によって変わりますが，作用線が全て斜面 AB となりますから，これに沿って動かすことができます．そこで，問題文中の図では，AB の中点に大きさ F の静止摩擦力が働くとして図示しました．

AC の長さを x として，力が釣り合うの条件式（斜面に平行な向きと垂直な向き）と直方体の重心 O のまわりの力のモーメントが釣り合う条件式を書くと，以下の3つの式となります．

$$R - Mg \cos \theta = 0 \tag{21.12}$$

$$F - Mg \sin \theta = 0 \tag{21.13}$$

$$\frac{a}{2}F - \left(\frac{b}{2} - x\right)R = 0 \tag{21.14}$$

これを解いて，

$$R = Mg \cos \theta \tag{21.15}$$

$$F = Mg \sin \theta \tag{21.16}$$

$$x = \frac{b}{2} - \frac{a}{2}\tan \theta \tag{21.17}$$

が得られます．

　ここで，x を与える式に注目しましょう．$\theta = 0$ のとき，$x = \dfrac{b}{2}$ ですから，垂直抗力は AB の真ん中に作用していると考えられます．θ が 0 から大きくなっていくと，x は減少し，$\tan\theta = \dfrac{b}{a}$ のときに $x = 0$ となります．更に θ が大きくなると x は負になりますが，直方体が存在しないところに垂直抗力の作用点があるはずはありません．ですから，$\tan\theta$ の値が $\dfrac{b}{a}$ を越えたときには，回転のモーメントがゼロでなくなり，直方体は回転運動をはじめます．従って，直方体が転倒しない条件は，

$$\tan\theta \leqq \frac{b}{a} \tag{21.18}$$

です．一方，剛体も質点と同じように，斜面上を滑ることもあります．滑らない条件は，静止摩擦力が最大摩擦力を越えないことで，$F \leqq \mu_0 R$ が成り立つ事です．上に求めた値を代入・整理して，滑らないための条件は

$$\tan\theta \leqq \mu_0 \tag{21.19}$$

と書けます．この 2 つの条件のどちらが先に破れるかで，倒れるか滑るかが決まります．

- $\dfrac{b}{a} < \mu_0$ のとき：$\tan\theta$ が $\dfrac{b}{a}$ を越えると倒れる．

- $\dfrac{b}{a} > \mu_0$ のとき：$\tan\theta$ が μ_0 を越えると滑り出す．

例題 21.4　粗い曲面と糸の間の摩擦力

図のように，固定した粗い曲面に糸を掛け，糸の一端に張力 T_0，他端に張力 $T_1 (> T_0)$ を加える．静止摩擦係数を μ_0 として，糸が滑り出す直前の張力 T_0 と T_1 の関係を求めよ．

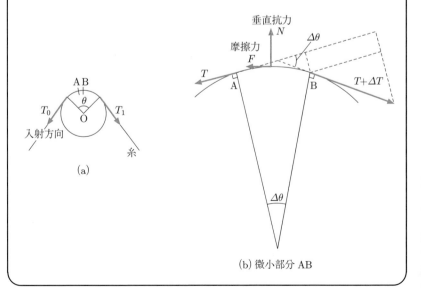

(a)

(b) 微小部分 AB

解 図のように，糸と曲面が接触している場所の微小部分 AB に着目しましょう．曲面上の点 A と B における 2 本の接線がなす角を $\Delta\theta$ とします．AB は微小なので，この部分に働く垂直抗力 N と摩擦力 F は，AB の中点に作用すると考えてよいでしょう．糸の両端の張力を T, $T + \Delta T$ とします．垂直抗力の向きの力の釣り合いと，摩擦力の向きの力の釣り合いを式で書くと，

$$N = (T + \Delta T)\sin\frac{\Delta\theta}{2} + T\sin\frac{\Delta\theta}{2} \tag{21.20}$$

$$T\cos\frac{\Delta\theta}{2} + F = (T + \Delta T)\cos\frac{\Delta\theta}{2} \tag{21.21}$$

となります．微少量 $\Delta\theta$, ΔT に関する 2 次の微少量を無視する近似で，

$$N = T\Delta\theta, \quad F = \Delta T$$

が得られます．滑り出す直前の摩擦力は，最大摩擦力 $\mu_0 N$ に等しいので，

$$\Delta T = \mu_0 T \Delta\theta \tag{21.22}$$

となります．この式は，$\Delta\theta \to 0$ の極限で，変数分離型の微分方程式

$$\frac{\mathrm{d}T}{T} = \mu_0 \mathrm{d}\theta \tag{21.23}$$

です．この式を，T について T_0 から T_1 まで，θ について 0 から θ まで積分すると，

$$\ln\frac{T_1}{T_0} = \mu_0\theta \quad \Rightarrow \quad T_1 = T_0 e^{\mu_0\theta} \tag{21.24}$$

と求められます．

　この結果は，応用上たいへん有用です．たとえば $\mu_0 = 0.5$ のとき，糸を柱に 2 回巻くと，$T_1 = T_0 e^{0.5 \times 4\pi} \fallingdotseq 534 T_0$ となります．港の係留ポストにロープを巻き付けて船をつないだり，テニスラケットのグリップにテープを巻き付けたりするのはこのことを応用したものです．

☞ マクローリン展開により，$\Delta\theta$ の 2 次を無視する近似で，$\sin\dfrac{\Delta\theta}{2} \fallingdotseq \dfrac{\Delta\theta}{2}$, $\cos\dfrac{\Delta\theta}{2} \fallingdotseq 1$ となります．

☞ ここでは定積分の境界条件として初期条件を取り込んで計算しましたが，不定積分 $T_1 = C e^{\mu_0\theta}$ （C は積分定数）を求め，$\theta = 0$ のときに $T_1 = T_0$ となることから，$C = T_0$ として求めることもできます．

21.1.3 静力学では解けない問題

(i) 3 点で支えた水平な棒のつり合い 重さ W の一様な棒を，滑らかな 3 つの支点で支えることを考えてみましょう．棒に沿って x 軸を設定し，棒の重心を原点とします．支点の位置を x_i $(i = 1, 2, 3)$，支点で棒に働く鉛直上向きの抗力を R_i $(i = 1, 2, 3)$ としましょう．

　平面上の力が釣り合うための条件式 (21.4) より，

$$R_1 + R_2 + R_3 = W, \quad x_1 R_1 + x_2 R_2 + x_3 R_3 = 0$$

となります．x 軸方向の力はありませんから，方程式の数は 2 個になり，3 つの抗力 R_i $(i = 1, 2, 3)$ を一意的に決めることができません．

(ii) 4 本脚の椅子の滑らかな水平面上での釣り合い 次に，4 本脚の椅子を滑らかな水平面上に置いたとき，各脚に働く垂直抗力 R_i $(i = 1, 2, 3, 4)$ を求めてみましょう．今度は平面上の力の釣り合いではないので，一般の場合の釣り合いの式 (21.1) を用います．椅子の重さを W とし，重心座標の xy 成分を $(x_\mathrm{G}, y_\mathrm{G})$ とします．力の釣り合いの式から

$$R_1 + R_2 + R_3 + R_4 = W$$

が成り立ち，力のモーメントの釣り合いの式から，

$$x_1R_1+x_2R_2+x_3R_3+x_4R_4 = x_\mathrm{G}W , \quad y_1R_1+y_2R_2+y_3R_3+y_4R_4 = y_\mathrm{G}W$$

が成り立つ事が分かります．この場合も，全部で3つの方程式しかなく，4つの抗力 $R_i\,(i=1,2,3,4)$ を一意的に決めることができません．

　このように，抗力が一意的に決まらないという結果になったのはなぜでしょう．現実には決まらないはずはありません．つまり，変形しない剛体という考え方に問題があったと考えなければなりません．現実の物体は，たとえ僅かであっても変形するため，この変形を元に戻そうとする力（物体内部の応力）が発生し，抗力が決定されるのです．物体の変形を無視した剛体という考え方は，あくまで便宜上の近似であるということは忘れないでおいてください．

22 慣性モーメント

学習のねらい

剛体が，固定軸のまわりに運動する場合の運動方程式の理解を目指します．ここで，固定軸 (fixed axis) とは，剛体がその直線のまわりに自由に回転し，この回転以外の運動ができない直線のことです．慣性モーメントと呼ばれる物理量が重要であることを学びます．

剛体の運動を一般的に解くのは困難です．しかし，実用上重要で，比較的簡単に解ける場合があります．それは，剛体が固定軸のまわりに回転する場合と回転軸が常に特定の平面と垂直なまま動く（平面運動という）場合です．本章では，たとえばドアの開閉時に見られるような，固定軸まわりの剛体の回転運動について考察します．

22.1 固定軸まわりの回転の運動方程式

慣性系に固定されたデカルト座標系 O–xyz において，z 軸まわりに回転する剛体の運動を考えましょう．剛体を微小な部分に分割し，それぞれを質点と見なすことにします．剛体を多数の質点の集まりと考えるのです．各質点には番号 i を付けて区別することにします．剛体が固定軸の周りに回転す

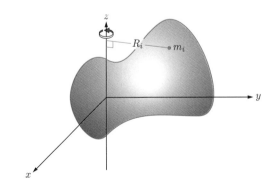

図 **22.1**　慣性系 O–xyz において z 軸周りに回転する剛体

るとき，剛体を構成する全ての質点は共通の角速度で回転します．この円運動の角速度を ω としましょう．

更に，i 番目の質点の質量を m_i，回転軸（z 軸）までの距離を R_i とします．第 15 章で調べたように，この質点 m_i のもつ角運動量の z 成分は，

$$m_i R_i{}^2 \omega \tag{22.1}$$

となります．このことから剛体の角運動量の z 成分は，

☞ 剛体を構成する全ての質点に対して和をとります．

$$L_z = \left(\sum_i m_i R_i{}^2 \right) \omega \tag{22.2}$$

で与えられることが分かります．ここで，式 (22.2) の右辺に現れる ω の係数部分を慣性モーメント (moment of inertia) とよび I と書きます．即ち，

$$I = \sum_i m_i R_i{}^2 \tag{22.3}$$

剛体の回転運動を記述する運動方程式は，第 21 章 199 ページの式 (20.5) です．角運動量の微分（変化率）が力のモーメント（トルク）の総和に等しいというベクトルの式で，3 成分ありました．固定軸のまわりの回転運動の自由度は 1 ですから，固定軸を z 軸として角運動量の z 成分を用いて議論します．慣性モーメントを用いた表式 (22.2) を使うと，

☞ N_z は力のモーメントの総和 $\sum_i \boldsymbol{r}_i \times \boldsymbol{F}_i$ の z 成分です．

$$I \frac{\mathrm{d}\omega}{\mathrm{d}t} = N_z \tag{22.4}$$

となって，質点の運動方程式（1 次元）と同じかたちになります．このことから，慣性モーメント I は，剛体の回転し易さ（正確にはし難さ）を示す物理量であることが分かるでしょう．$\dfrac{\mathrm{d}\omega}{\mathrm{d}t}$ を角加速度 (angular acceleration) といいます．但し，**同じ剛体でも回転軸の場所が変われば I の値は変化しますから，慣性モーメントは，質点の質量のような，剛体に固有な物理量ではありません**．

剛体の運動エネルギー　　回転している剛体の運動エネルギー K_{r} を計算してみましょう．そのためには，剛体を構成する各質点の運動エネルギーの総和を求めればよいですね．円運動する質点 m_i の速さは $R_i \omega$ ですから

$$K_{\mathrm{r}} = \sum_i \frac{1}{2} m_i (R_i \omega)^2 = \frac{1}{2} I \omega^2 \tag{22.5}$$

です．これを剛体の回転の運動エネルギー (rotationl energy) といいます．

連続物体としての剛体　　これまで，剛体を質点の集合体と考え，慣性モーメント I を式 (22.3) のように各質点の寄与の和（足し算）として計算する式を書きました．しかし，これはあくまで近似式で，実際には連続的に物質が分布している物体として取り扱うことが必要です．

この計算を実行するに，剛体を分割した微小部分（質点と見なした）の位置を指定するための座標系を剛体内部に設定します．詳しい説明は数学に譲りますが，微小部分への分割を無限に細かくしていった極限で，各質点からの寄与の和が積分になります．

具体的には，位置ベクトル r で指定される点を含む微小な領域を考え，その体積を dv とします．剛体の密度を $\rho(r)$〔kg/m^3〕とすると，この部分の質量が $\rho(r)dv$ となることから，

$$I = \sum_i m_i R_i{}^2 \quad \Rightarrow \quad \iiint R^2 \rho(r) dv \tag{22.6}$$

☞ この積分を体積積分といい，三重積分になります．

と書き換えられます．積分は剛体内部の全ての点にわたるようにおこないます．

座標系を設定して具体的に積分計算をするときは，各座標を少し変化させることで微小な領域を指定します．例えば，剛体内に 3 次元デカルト座標系 (X, Y, Z) を設定したときには，

X 軸の方向　X から $X + dX$ まで

Y 軸の方向　Y から $Y + dY$ まで

Z 軸の方向　Z から $Z + dZ$ まで

☞ 剛体内に設定した座標は，剛体内の微小部分の位置を指定するために使います．空間に設定した座標と区別するため，大文字を使うことにします．

とします．ここで指定される微小な領域は，3 辺の長さが dX, dY, dZ の直方体で，その体積は $dv = dXdYdZ$ です．従って，慣性モーメント I は，

$$I = \iiint R^2 \rho(r) dX dY dZ \tag{22.7}$$

で与えられます．ここで R は回転軸から微小領域までの距離で，Z 軸を回

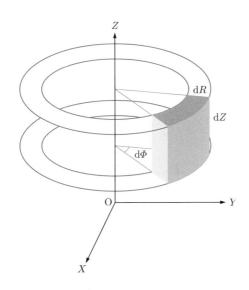

図 22.2　剛体の微小部分への分割：3 次元円筒座標系の場合

転軸にとると，$R = \sqrt{X^2 + Y^2}$ です.

☞ ギリシャ文字の ρ に対応
する大文字は P ですが，R
を使うことにします.

回転軸を Z 軸とする円筒座標系 $(R, \varPhi, Z)$ を使うと，回転軸からの距離 R が座標のひとつになるので，多くの場合，計算しやすくなります. このときの微小領域を，図 22.2 に示しました. この立体の Z 軸に垂直な断面は，半径 $R + \mathrm{d}R$ の扇型から半径 R の扇型を切り取った形ですが，大きい方の円弧と小さい方の円弧の長さの差

$$(R + \mathrm{d}R)\mathrm{d}\varPhi - R\mathrm{d}\varPhi = \mathrm{d}R\mathrm{d}\varPhi$$

は微小量に 2 次となるので，微小量の 1 次である小さい方の円弧の長さ $R\mathrm{d}\varPhi$ に対して無視できます. するとこの図形は，2 辺の長さが $\mathrm{d}R$ と $R\mathrm{d}\varPhi$ の長方形と見なすことができます. それゆえその体積は，$\mathrm{d}v = R\mathrm{d}R\mathrm{d}\varPhi\mathrm{d}Z$ となります.

ここで，$\mathrm{d}v$ は単に微小量の積 $\mathrm{d}R\mathrm{d}\varPhi\mathrm{d}Z$ ではなく，これに R を掛けたものとなることに注意しましょう. 数学的には，3 次元デカルト座標系から円筒座標系へ座標変換するときに表れるヤコビアンの大きさが R ということですが，このように $\mathrm{d}v = \mathrm{d}X\mathrm{d}Y\mathrm{d}Z$ は微小部分の体積を表しているというイメージをもっておくことが大切です.

☞ $\mathrm{d}v$ が体積の次元をもつことからも，R が必要なことが分かりますね.

結局，円筒座標系を用いたときには，慣性モーメント I は，

$$I = \iiint R^2 \rho(\boldsymbol{r}) \cdot R\mathrm{d}R\mathrm{d}\varPhi\mathrm{d}Z = \iiint R^3 \rho(\boldsymbol{r})\mathrm{d}R\mathrm{d}\varPhi\mathrm{d}Z \tag{22.8}$$

の積分を計算して求めることになります. R^3 となる理由は分かりますね.

> 問 22.1　3 次元極座標系 $(r, \theta. \varphi)$ では，微小領域の体積が以下で与えられることを示せ. ここで r は原点からの距離であることに注意せよ.
>
> $$\mathrm{d}v = r^2 \sin\theta\mathrm{d}r\mathrm{d}\theta\mathrm{d}\varphi$$
>
> **解**　微小領域は，3 つの辺の長さがそれぞれ $\mathrm{d}r, r\mathrm{d}\theta, r\sin\theta\mathrm{d}\varphi$ の直方体と見なすことができる.

厚さを無視できる円盤のような形状の物質の場合は，面を微小な部分に分割して考えます. その面積を $\mathrm{d}S$ と書くことにすると，単位面積当たりの質量である面密度 $\sigma(\boldsymbol{r})\,[\mathrm{kg/m^2}]$，回転軸から微小面積までの距離 R を用いて，慣性モーメントは

$$I = \iint R^2 \sigma(\boldsymbol{r})\mathrm{d}S \tag{22.9}$$

☞ 円筒座標系で $\rho(\boldsymbol{r})\mathrm{d}Z$ を $\sigma(\boldsymbol{r})$ としたと考えることもできます.

と表すことができます. 2 次元デカルト座標系 (X, Y) なら $\mathrm{d}S = \mathrm{d}X\mathrm{d}Y$，$R = \sqrt{X^2 + Y^2}$ です. 2 次元極座標系 (R, θ) なら $\mathrm{d}S = R\mathrm{d}R\mathrm{d}\theta$ です.

更に太さの無視できる細い棒なら，棒に沿って X 軸をとり，線密度を $\lambda(X)\,[\mathrm{kg/m}]$，回転軸から微小部分 $\mathrm{d}X$ までの距離を R として，

$$I = \int R^2 \lambda(X)\mathrm{d}X \tag{22.10}$$

と表せます.

22.2 慣性モーメントの性質

慣性モーメントの定義式 (22.3) 又は式 (22.6) から，次の一般的な定理が導出されます．

22.2.1 平行軸の定理

> ある固定軸まわりの剛体の慣性モーメント I とする．この軸に平行で剛体の重心を通る軸まわりの慣性モーメントを I_G とすると，
>
> $$I = I_\mathrm{G} + Mb^2 \tag{22.11}$$
>
> の関係が成り立つ．ここに，M は剛体の全質量，b は 2 本の平行な軸の間の距離である．

図 22.3 を参照してください．これを 平行軸の定理 (parallel-axis theorem) といいます．

[証明] 図 22.3 のように，始めに考えた軸を Z 軸とし，重心が Y 軸上にあるデカルト座標系 O–XYZ を剛体に固定します．次に，重心を原点とし，Z' 軸が Z 軸と平行で，Y' 軸が Y 軸と重なるデカルト座標系 O′–$X'Y'Z'$ 考えます．この 2 つの座標の間には，

☞ 図 22.3 の点 O′ が重心です．

$$X = X', \quad Y = Y' + b, \quad Z = Z' \tag{22.12}$$

の関係があります．従って，

$$
\begin{aligned}
I &= \sum_i m_i(X_i{}^2 + Y_i{}^2) = \sum_i m_i\left\{ X_i'^2 + (Y_i' + b)^2 \right\} \\
&= \sum_i m_i(X_i'^2 + Y_i'^2) + 2b\sum_i m_i Y_i' + \left(\sum_i m_i \right) b^2 \\
&= I_\mathrm{G} + Mb^2
\end{aligned}
\tag{22.13}
$$

☞ ここでは，剛体を無限個の質点の集合体と考えます．連続物体と考えるときは，和を積分に置きかえることになります．

☞ O′–$X'Y'Z'$ 系で重心の Y' 座標は $\dfrac{1}{M}\sum_i m_i Y_i'$ ですが，原点が重心ですから，$\displaystyle\sum_i m_i Y_i' = 0$ です．

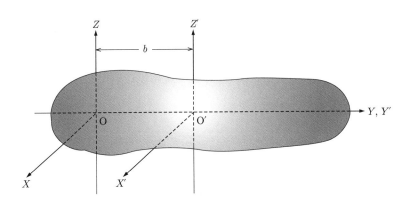

図 22.3 平行軸の定理

22.2.2　平面板の定理

薄い板に垂直な直線（Z 軸）まわりの慣性モーメントは，この板の平面上で互いに直交する 2 本の直線（X, Y 軸）まわりの慣性モーメントの和に等しい．すなわち

$$I_Z = I_X + I_Y \tag{22.14}$$

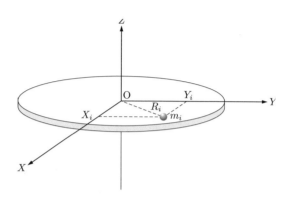

図 22.4　平面板の定理

図 22.4 を参照してください．これを 平面板の定理 (theorem of flat plate) といいます．

［証明］　図 22.4 のように，板に垂直な直線を Z 軸とする剛体に固定した座標系を O–XYZ とします．慣性モーメントの定義より，

$$I_Z = \sum_i m_i r_i{}^2 = \sum_i m_i (X_i{}^2 + Y_i{}^2) = \sum_i m_i X_i{}^2 + \sum_i m_i Y_i{}^2 \tag{22.15}$$

です．薄い板なので $Z_i = 0$ と考えてよいでしょう．こう考えると，X_i は剛体を形成する質点 m_i から Y 軸までの距離を表しますから，

$$\sum_i m_i X_i{}^2 = I_Y \tag{22.16}$$

が成り立ちます．同様に，Y_i は質点 m_i から X 軸までの距離ですから，$\sum_i m_i Y_i{}^2 = I_X$ となり，式 (22.15) より，

$$I_Z = I_Y + I_X \tag{22.17}$$

となることが分かります．

22.2.3　回転半径

ある固定軸まわりの剛体の慣性モーメントを I，剛体の全質量を M とします．ここで，$\dfrac{I}{M}$ は（長さ）^{2} の次元をもつので，これを κ^2 とおき，κ を回転半径 (radius of gyration) と呼ぶことにします．固定軸から距離 κ の

ところに剛体の全質量 M が集中したとみなしたときの慣性モーメントが，I と同じになります．

慣性モーメント I と剛体の全質量を M の定義から，

$$\kappa^2 = \frac{I}{M} = \frac{\sum_i m_i r_i{}^2}{\sum_i m_i} \tag{22.18}$$

と書き直すことができます．この式から，すべての質点の質量を同じ割合で変化させると，慣性モーメントは変わりますが，回転半径は変わらないことがわかります．

また，回転半径を用いると，平行軸の定理 (22.11) と平面板の定理 (22.14) はそれぞれ

$$\kappa^2 = {\kappa_\mathrm{G}}^2 + b^2, \quad {\kappa_Z}^2 = {\kappa_Y}^2 + {\kappa_X}^2 \tag{22.19}$$

と書き直すことができます．

22.3　剛体の慣性モーメントの例

簡単な形状で，密度が一定の場合の慣性モーメントを計算してみましょう． ☞ （多重）積分の演習問題です．

─── 例題 22.1　　細い棒の慣性モーメント ───

長さ ℓ，質量 M の一様な細い棒の慣性モーメントを，次の 3 つの固定軸まわりについて計算せよ．

① 棒に垂直で，重心を通る固定軸まわりの慣性モーメント I_G．

② 棒に垂直で，棒の一端を通る固定軸まわりの慣性モーメント I．

③ 棒と角 β をなし，重心を通る固定軸まわりの慣性モーメント I_β．

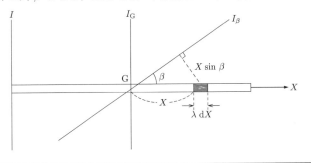

解　細い棒は 1 次元的な物体ですから，218 ページの式 (22.10) を用いて計算します．棒の線密度は $\lambda(X) = \dfrac{M}{\ell}$ です．

① 図のように座標軸（X 軸）をとります．図の網掛けで示した長さ $\mathrm{d}X$ の微小部分の質量は $\lambda \mathrm{d}X$，この部分の固定軸からの距離は $|X|$ です．よって，

$$I_\mathrm{G} = \int_{-\frac{\ell}{2}}^{\frac{\ell}{2}} X^2 \frac{M}{\ell} \mathrm{d}X = \frac{M}{\ell} \left[\frac{X^3}{3} \right]_{-\frac{\ell}{2}}^{\frac{\ell}{2}} = \frac{1}{12} M\ell^2 \tag{22.20}$$

② 同様の計算により，

$$I = \int_0^\ell X^2 \frac{M}{\ell} \mathrm{d}X = \frac{M}{\ell} \left[\frac{X^3}{3} \right]_0^\ell = \frac{1}{3} M\ell^2 \tag{22.21}$$

この結果は，平行軸の定理を用いて計算することもできます．

$$I = I_G + M\left(\frac{\ell}{2}\right)^2 = \frac{1}{12}M\ell^2 + \frac{1}{4}M\ell^2 = \frac{1}{3}M\ell^2$$

③ 図の網掛けで示した微小部分と固定軸との距離が $X\sin\beta$，となるので，

$$I_\beta = \int_{-\frac{\ell}{2}}^{\frac{\ell}{2}} (X\sin\beta)^2 \frac{M}{\ell} \mathrm{d}X = \frac{M\sin^2\beta}{\ell}\left[\frac{X^3}{3}\right]_{-\frac{\ell}{2}}^{\frac{\ell}{2}} = \frac{\sin^2\beta}{12}M\ell^2 \quad (22.22)$$

この結果は，長さ $\ell\sin\beta$ の棒の，重心を通り棒に垂直な固定軸のまわりの慣性モーメントと解釈することができます．

例題 22.2　薄い円盤の慣性モーメント

半径 a，質量 M の一様で薄い円板の慣性モーメントを，次の固定軸まわりについて計算せよ．

① 円板に垂直で，重心を通る固定軸まわりの慣性モーメント I_G．

② 円板の 1 つの直径を固定軸とする慣性モーメント I．

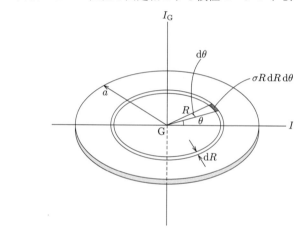

解　薄い円盤は 2 次元的な物体ですから，218 ページの式 (22.9) を用いて計算します．薄い円盤の面密度は $\sigma(\boldsymbol{r}) = \dfrac{M}{\pi a^2}$ です．

① 図のように円盤上に極座標系 (R, θ) をとります．図に示した微小部分は長方形と見なすことができ，その面積は $R\mathrm{d}R\mathrm{d}\theta$，固定軸からの距離は R です．積分は円盤上を覆う範囲でおこないます．即ち，R について 0 から a まで，θ について 0 から 2π までです．よって，

$$I_G = \int_{R=0}^{a} \int_{\theta=0}^{2\pi} R^2 \frac{M}{\pi a^2} R\mathrm{d}R\mathrm{d}\theta = \frac{M}{\pi a^2} \int_0^a R^3 \mathrm{d}R \cdot \int_0^{2\pi} \mathrm{d}\theta$$

$$= \frac{M}{\pi a^2}\left[\frac{R^4}{4}\right]_0^a \cdot \left[\alpha\right]_0^{2\pi} = \frac{1}{2}Ma^2 \quad (22.23)$$

② 図に示した微小部分の固定軸からの距離は $R\sin\theta$ です．よって，

$$I = \int_{R=0}^{a} \int_{\theta=0}^{2\pi} (R\sin\theta)^2 \frac{M}{\pi a^2} R\mathrm{d}R\mathrm{d}\theta = \frac{M}{\pi a^2} \int_0^a R^3 \mathrm{d}R \cdot \int_0^{2\pi} \sin^2\theta\,\mathrm{d}\theta$$

☞ $\sin^2\theta = \dfrac{1-\cos 2\theta}{2}$

$$= \frac{M}{\pi a^2}\left[\frac{R^4}{4}\right]_0^a \cdot \left[\frac{\theta}{2} - \frac{\sin 2\theta}{4}\right]_0^{2\pi} = \frac{1}{4}Ma^2 \quad (22.24)$$

この結果は，220 ページの 22.2.2 節で説明した平面板軸の定理を用いて計算することもできます．対称性から明らかに $I_X = I_Y = I$ ですから，

$$I = \frac{1}{2}I_G = \frac{1}{4}Ma^2$$

例題 22.3　直方体の慣性モーメント

辺の長さが a, b, c, 質量 M の一様な直方体の中心（重心）を通る軸の周りの慣性モーメントを計算せよ.

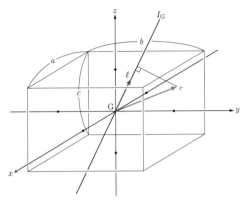

解 相対する面の中心を結んで x, y, z 軸とする. 回転軸の向きを示す長さが 1 のベクトルは $\boldsymbol{\ell} = \cos\alpha\,\boldsymbol{i} + \cos\beta\,\boldsymbol{j} + \cos\gamma\,\boldsymbol{k}$. 位置ベクトル $\boldsymbol{r} = x\boldsymbol{i} + y\boldsymbol{j} + z\boldsymbol{k}$ の点にある微小質量 $\rho\,\mathrm{d}x\mathrm{d}y\mathrm{d}z$ から回転軸までの距離は $|\boldsymbol{r} \times \boldsymbol{\ell}| = |(y\cos\gamma - z\cos\beta)\boldsymbol{i} + (z\cos\alpha - x\cos\gamma)\boldsymbol{j} + (x\cos\beta - y\cos\alpha)\boldsymbol{k}|$ である. $\rho = \dfrac{M}{abc}$ だから

☞ $\boldsymbol{\ell}$ が x, y, z 軸となす角がそれぞれ α, β, γ で, $\boldsymbol{\ell}$ を方向余弦という.

$$I_{\mathrm{G}} = \iiint |\boldsymbol{r} \times \boldsymbol{\ell}|^2 \rho\,\mathrm{d}x\mathrm{d}y\mathrm{d}z$$

$$= \rho \iiint \left\{ (y\cos\gamma - z\cos\beta)^2 + (z\cos\alpha - x\cos\gamma)^2 + (x\cos\beta - y\cos\alpha)^2 \right\} \mathrm{d}x\mathrm{d}y\mathrm{d}z$$

$$= \rho \iiint \left\{ (\cos^2\beta + \cos^2\gamma)x^2 + (\cos^2\gamma + \cos^2\alpha)y^2 + (\cos^2\alpha + \cos^2\beta)z^2 \right.$$
$$\left. - 2(\cos\alpha\cos\beta\,xy + \cos\beta\cos\gamma\,yz + \cos\gamma\cos\alpha\,zx) \right\} \mathrm{d}x\mathrm{d}y\mathrm{d}z$$

☞ 積分は, x, y, z 独立に計算できる. また, 奇関数の積分は 0 である.

$$= \frac{M}{abc} \left(\frac{8}{3}(\cos^2\beta + \cos^2\gamma) \left(\frac{a}{2}\right)^3 \frac{b}{2} \frac{c}{2} + \frac{8}{3}(\cos^2\gamma + \cos^2\alpha) \frac{a}{2} \left(\frac{b}{2}\right)^3 \frac{c}{2} \right.$$
$$\left. + \frac{8}{3}(\cos^2\alpha + \cos^2\beta) \frac{a}{2} \frac{b}{2} \left(\frac{c}{2}\right)^3 \right)$$

$$= \frac{M}{12} \left((\cos^2\beta + \cos^2\gamma)a^2 + (\cos^2\gamma + \cos^2\alpha)b^2 + (\cos^2\alpha + \cos^2\beta)c^2 \right)$$

$|\boldsymbol{\ell}|^2 = \cos^2\alpha + \cos^2\beta + \cos^2\gamma = 1$ より

$$I_{\mathrm{G}} = \frac{M}{12} \left((1 - \cos^2\alpha)a^2 + (1 - \cos^2\beta)b^2 + (1 - \cos^2\gamma)c^2 \right)$$

$$= \frac{M}{12} \left(a^2\sin^2\alpha + b^2\sin^2\beta + c^2\sin^2\gamma \right) \tag{22.25}$$

特に立方体では, $\boldsymbol{\ell}$ の向きに依らず $I_{\mathrm{G}} = \dfrac{M}{6} a^2$ となる.

代表的な物体について, 慣性モーメントの一覧を表 22.1 に示します. 上に説明した例題を参考にして, 自分で計算してみましょう.

表 22.1　代表的な物体の慣性モーメント（密度は一様）

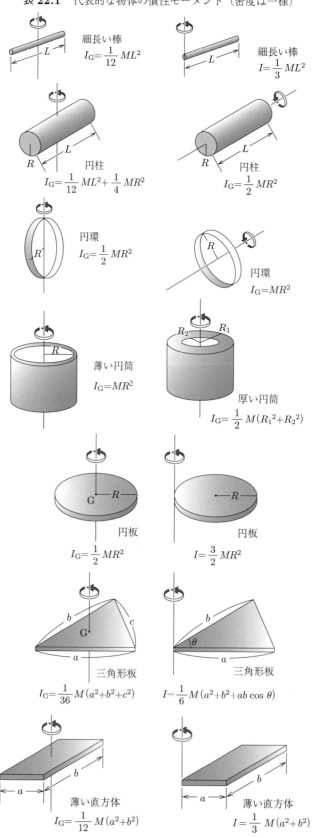

細長い棒
$I_\mathrm{G}=\dfrac{1}{12}ML^2$

細長い棒
$I=\dfrac{1}{3}ML^2$

円柱
$I_\mathrm{G}=\dfrac{1}{12}ML^2+\dfrac{1}{4}MR^2$

円柱
$I_\mathrm{G}=\dfrac{1}{2}MR^2$

円環
$I_\mathrm{G}=\dfrac{1}{2}MR^2$

円環
$I_\mathrm{G}=MR^2$

薄い円筒
$I_\mathrm{G}=MR^2$

厚い円筒
$I_\mathrm{G}=\dfrac{1}{2}M(R_1{}^2+R_2{}^2)$

円板
$I_\mathrm{G}=\dfrac{1}{2}MR^2$

円板
$I=\dfrac{3}{2}MR^2$

三角形板
$I_\mathrm{G}=\dfrac{1}{36}M(a^2+b^2+c^2)$

三角形板
$I=\dfrac{1}{6}M(a^2+b^2+ab\cos\theta)$

薄い直方体
$I_\mathrm{G}=\dfrac{1}{12}M(a^2+b^2)$

薄い直方体
$I=\dfrac{1}{3}M(a^2+b^2)$

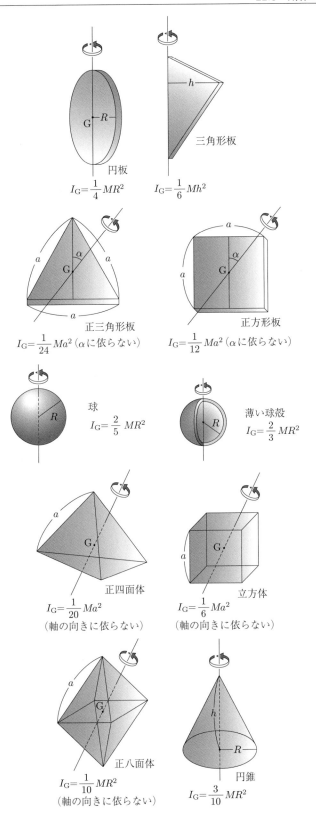

円板
$$I_G = \frac{1}{4}MR^2$$

三角形板
$$I_G = \frac{1}{6}Mh^2$$

正三角形板
$$I_G = \frac{1}{24}Ma^2 \ (\alpha に依らない)$$

正方形板
$$I_G = \frac{1}{12}Ma^2 \ (\alpha に依らない)$$

球
$$I_G = \frac{2}{5}MR^2$$

薄い球殻
$$I_G = \frac{2}{3}MR^2$$

正四面体
$$I_G = \frac{1}{20}Ma^2$$
（軸の向きに依らない）

立方体
$$I_G = \frac{1}{6}Ma^2$$
（軸の向きに依らない）

正八面体
$$I_G = \frac{1}{10}MR^2$$
（軸の向きに依らない）

円錐
$$I_G = \frac{3}{10}MR^2$$

例題 22.4 正八面体の慣性モーメント

辺の長さが a, 質量 M の一様な正八面体の中心（重心）を通る軸の周りの慣性モーメントを計算せよ.

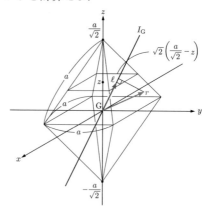

解 $z > 0$ の部分と $z < 0$ の部分は, 慣性モーメントに同じ寄与を与える. 図の z の位置で z 軸に垂直に切ったときに現れる正方形の一辺の長さは $\sqrt{2}\left(\dfrac{a}{\sqrt{2}} - z\right)$. 以下, この長さを $2Z$ と置く.

$$I_{\mathrm{G}} = 2\int_0^{\frac{a}{\sqrt{2}}} \left(\int_{-Z}^{Z} \left(\int_{-Z}^{Z} |\boldsymbol{r} \times \boldsymbol{\ell}|^2 \rho \, \mathrm{d}x \right) \mathrm{d}y \right) \mathrm{d}z$$

x, y の積分は独立に計算でき, $\displaystyle\int_{-Z}^{Z} x \, \mathrm{d}x = \int_{-Z}^{Z} y \, \mathrm{d}y = 0$ となる. また,

$$\int_0^{\frac{a}{\sqrt{2}}} \left(\int_{-Z}^{Z} x^2 \, \mathrm{d}x \int_{-Z}^{Z} \mathrm{d}y \right) \mathrm{d}z = \int_0^{\frac{a}{\sqrt{2}}} \left(\int_{-Z}^{Z} \mathrm{d}x \int_{-Z}^{Z} y^2 \, \mathrm{d}y \right) \mathrm{d}z$$

$$= \int_0^{\frac{a}{\sqrt{2}}} \frac{2Z^3}{3} \times 2Z \, \mathrm{d}z = \int_0^{\frac{a}{\sqrt{2}}} \frac{1}{3} \left(\frac{a}{\sqrt{2}} - z \right)^4 \mathrm{d}z = \frac{1}{15} \left(\frac{a}{\sqrt{2}} \right)^5 = \frac{a^5}{60\sqrt{2}}$$

$$\int_0^{\frac{a}{\sqrt{2}}} \left(\int_{-Z}^{Z} \mathrm{d}x \int_{-Z}^{Z} \mathrm{d}y \right) z^2 \, \mathrm{d}z = \int_0^{\frac{a}{\sqrt{2}}} (2Z)^2 z^2 \mathrm{d}z = \int_0^{\frac{a}{\sqrt{2}}} 2 \left(\frac{a}{\sqrt{2}} - z \right)^2 z^2 \mathrm{d}z$$

$$= \left[\frac{2}{5} z^5 - \frac{\sqrt{2}}{2} a z^4 + \frac{a^2}{3} z^3 \right]_0^{\frac{a}{\sqrt{2}}} = \left[\frac{1}{10\sqrt{2}} - \frac{1}{4\sqrt{2}} + \frac{1}{6\sqrt{2}} \right] a^5 = \frac{a^5}{60\sqrt{2}}$$

以上の結果をまとめると, $\rho = \dfrac{M}{\frac{1}{3} a^2 \times \frac{a}{\sqrt{2}} \times 2}$ だから,

$$I_{\mathrm{G}} = \frac{3M}{\sqrt{2} a^3} \times \frac{2a^5}{60\sqrt{2}} \times \left((\cos^2 \beta + \cos^2 \gamma) + (\cos^2 \gamma + \cos^2 \alpha) + (\cos^2 \alpha + \cos^2 \beta) \right)$$

$$= \frac{1}{10} M a^2 \tag{22.26}$$

この値は回転軸の向きに依らない.

23

剛体の固定軸まわりの運動

> 学習のねらい
>
> 　剛体が，固定軸のまわりに運動する場合の取り扱いについて習熟することを目指します．

23.1 剛体の固定軸まわりの運動

　剛体が固定された軸まわりで回転する運動を 216 ページの式 (22.4) を用いて調べてみましょう．

┌─ 例題 23.1　アトウッドの器械（再考）─────

　質量 M，半径 R の一様な滑車に長さ ℓ の糸を掛け，糸の両端に質点 m_1 と m_2 を吊るす $(m_1 > m_2)$．滑車と糸の間に滑りはないとして，質点の運動と糸の張力を求めよ．

└────────────────────────

解　第 18 章の例題 18.2（177 ページ）で考察した問題です．そこでは滑車と糸の間の摩擦力は無視し，滑車の運動は考慮しませんでした．ここでは，滑車の固定軸まわりの回転運動を考えます．

解法 1　滑車と質点の方程式を適用する

　例題 18.2 では，滑車は糸の張力の向きを変える装置で，質点 m_1, m_2 に働く糸の張力は等しいと考えました．ここでは，滑車と糸の間に作用する摩擦力を考慮に入れます．その結果，質点 m_1, m_2 に働く糸の張力は変わります．それぞれに働く張力を，図 23.1 に示したように，T_1, T_2 とします．更に，滑車の質量を M として，その中心軸（固定軸）まわりの回転運動をを考えます．滑車の中心軸まわりの慣性モーメントを I_G とします．　　☞ $I_G = \dfrac{1}{2}MR^2$ です．

　質点の運動方程式は，

$$m_1 \frac{\mathrm{d}^2 y_1}{\mathrm{d}t^2} = m_1 g - T_1 \tag{23.1}$$

$$m_2 \frac{\mathrm{d}^2 y_2}{\mathrm{d}t^2} = m_2 g - T_2 \tag{23.2}$$

です．滑車の中心軸まわりの回転運動の運動方程式は，角速度を ω として，

$$I_G \frac{\mathrm{d}\omega}{\mathrm{d}t} = RT_1 - RT_2 \tag{23.3}$$

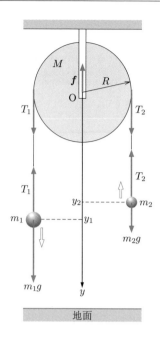

図 23.1　アトウッドの機械（滑車が質量 M を持つ場合）

☞ 滑車の上半分に接する糸を含めて剛体と考えましょう. すると, 滑車と糸の間の摩擦力は内力になりますから, 滑車の運動には影響を与えません. 糸の質量は考えないので, このように考えても慣性モーメントは変わりません.

となります. 糸の長さは変わらず, 更に糸と滑車との間に滑りがないときには, 質点の速さと滑車の円周上の点の速さ（円の接線の向き）が等しくなりますから, 束縛条件として

$$\frac{\mathrm{d}y_1}{\mathrm{d}t} = R\omega, \quad \frac{\mathrm{d}y_2}{\mathrm{d}t} = -R\omega \tag{23.4}$$

が成り立ちます. この条件の下で運動方程式を解くと,

$$\frac{\mathrm{d}^2 y_1}{\mathrm{d}t^2} = -\frac{\mathrm{d}^2 y_2}{\mathrm{d}t^2} = R\frac{\mathrm{d}\omega}{\mathrm{d}t} = \frac{(m_1 - m_2)R^2}{I_G + (m_1 + m_2)R^2} g$$

$$T_1 = \frac{I_G + 2m_2 R^2}{I_G + (m_1 + m_2)R^2} m_1 g \tag{23.5}$$

$$T_2 = \frac{I_G + 2m_1 R^2}{I_G + (m_1 + m_2)R^2} m_2 g$$

☞ 質点の運動は, 等加速度直線運動ですね. 初期条件を与えて y_1 等を求めることは省略します.

と求められます. この式で慣性モーメント I_G をゼロと置くと, 例題 18.2 の式 (18.43)（179 ページ）と一致します.

　尚, 滑車に対してその回転軸から作用する上向きの力 f は, 糸の張力 T_1, T_2 と滑車に働く重力 Mg を加えたものになります.

解法 2　力学的エネルギー保存の法則を適用する

　力学的エネルギー保存の法則から剛体の角加速度 $\dfrac{\mathrm{d}\omega}{\mathrm{d}t}$ を求めることができます. 剛体の固定軸まわりの回転運動による運動エネルギーは, 式 (22.5) ですから,

$$\frac{1}{2} I_G \omega^2 + \frac{1}{2} m_1 \left(\frac{\mathrm{d}y_1}{\mathrm{d}t}\right)^2 + \frac{1}{2} m_2 \left(\frac{\mathrm{d}y_2}{\mathrm{d}t}\right)^2 + m_1 g(-y_1) + m_2 g(-y_2) = \text{一定} \tag{23.6}$$

となります. y 軸は鉛直下向き（重力の向き）ですから, y が増加すると重力によるポテンシャルエネルギーは減少します. この式を時刻 t で微分し, 束縛条件 (23.4)

とこれを時刻 t で微分した式を用いて

$$I_G\,\omega\,\frac{\mathrm{d}\omega}{\mathrm{d}t} + m_1 R^2 \omega\,\frac{\mathrm{d}\omega}{\mathrm{d}t} + m_2 R^2 \omega\,\frac{\mathrm{d}\omega}{\mathrm{d}t} - m_1 g R \omega + m_2 g R \omega = 0 \qquad (23.7)$$

が得られます．この式から角加速度 $\dfrac{\mathrm{d}\omega}{\mathrm{d}t}$ が決まり，束縛条件 (23.4) から質点の加速度が決まります．ただし，この方法では，糸の張力を求めることはできません．

例題 23.2　実体振り子（物理振り子，剛体振り子，複振り子）

水平な軸を固定軸として，剛体を重力の作用のもとで微小振動させたときの運動を調べよ．このような振り子を実体振り子 (physical pendulum) という．

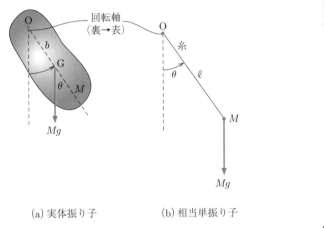

(a) 実体振り子　　　　(b) 相当単振り子

解　剛体の質量を M，固定軸まわりの慣性モーメントを I とします．更に，剛体の重心 G から固定軸へ下ろした垂線の足を O とし，$\overline{\mathrm{OG}} = b$ とします．図 (a) のように，鉛直線と OG のなす角を θ とおくと回転の運動方程式は，

$$I\,\frac{\mathrm{d}^2\theta}{\mathrm{d}t^2} = -Mgb\sin\theta \qquad (23.8)$$

となります．これは，第 13 章の例題 13.2（120 ページ）で取り扱った，単振り子の運動方程式 (13.28) と同じ形です．ですから，詳しい説明はそちらを参照してください．ここでは，そこで得られた結果を用います．

微小振動では $\sin\theta \fallingdotseq \theta$ 近似でき，θ は角振動数 $\omega = \sqrt{\dfrac{Mgb}{I}}$ で単振動します．これと同じ周期をもつ質量 M の単振子を，実体振り子の相当単振子 (equivalent simple pendulum) といいます．相当振り子の糸の長さを ℓ とすると，

☞ $\dfrac{\mathrm{d}^2\theta}{\mathrm{d}t^2} = -\dfrac{Mgb}{I}\theta$ となり，周期 τ は $2\pi\sqrt{\dfrac{I}{Mgb}}$

$$2\pi\sqrt{\frac{I}{Mgb}} = 2\pi\sqrt{\frac{\ell}{g}} \quad \Rightarrow \quad \ell = \frac{I}{Mb} \qquad (23.9)$$

となります．この長さのことを相当長 (equivalent length) とよびます．

剛体の慣性モーメント I は，平行軸の定理 (22.11) で示したように，重心と回転軸の距離 b に依存します．この関係を回転半径 $\kappa = \sqrt{\dfrac{I}{M}}$ を用いて書き直した式 (22.19) を使うと，相当長 ℓ は，

$$\ell = \frac{\kappa^2}{b} = \frac{\kappa_G{}^2}{b} + b \qquad (23.10)$$

で与えられます．

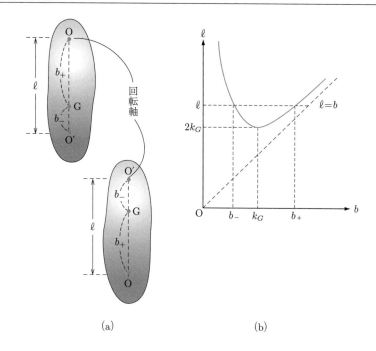

(a)　　　　　　　　　　　　　　(b)

図 23.2　実体振子の振動)

(a) 周期の等しい 2 点．O, O′ を貫く固定軸まわりの振動の周期は等しい．

(b) 二次方程式 (23.11) の解をグラフから求める図．

　式 (23.10) は，実体振子の重心と回転軸の距離 b から相当単振子の相当長 ℓ を計算する方法を示していますが，逆に解いて，ℓ から b を計算する式に書き換えることができます．式 (23.10) の両辺に b を掛けて整理すれば，b についての二次方程式となりますから，二つの解が存在します．

$$b^2 - \ell b + \kappa_{\mathrm{G}}{}^2 = 0 \quad \Rightarrow \quad b_\pm = \frac{\ell \pm \sqrt{\ell^2 - 4\kappa_{\mathrm{G}}{}^2}}{2} \tag{23.11}$$

$b_+ + b_- = \ell$ であることから，周期が τ で等しい点を剛体の重心を通る直線上に 2 つ見つけてその距離 ℓ を測定することで，重力加速度の大きさ g を

$$\tau = 2\pi\sqrt{\frac{\ell}{g}} \quad \Rightarrow \quad g = \left(\frac{2\pi}{\tau}\right)^2 \times \ell \tag{23.12}$$

によって求めることができます．

　しかしながら，支点の位置を変えて周期を測定することは，現実には困難です．そこで工夫されたのが図 23.3 に示した ケーターの可逆振り子 (Kater's reversible pendulum) です．この装置では支点 K_1, K_2 は固定されていて動かせません．その代わり，おもり m を上下に動かすことによって，重心 G の位置を変えることができるようになっています．その結果 $b_+ + b_- = \ell$ は一定に保ったまま $b_\pm$ の値を変えることができます．周期が等しくなるときの値 τ を測定して，式 (23.12) から g を求めることができます．ケーターの振り子の優れている点は，慣性モーメント I の値や，重心の位置を定めて支点までの距離を測定する必要がないことです．これらの値を測定することは，実際には困難なのです．それに対して周期 τ は容易に測定できます．その結果ケーターの可逆振り子を用いると g の精度の高い測定ができます．

　次に，この剛体が，回転軸から受ける抗力を求めてみましょう．剛体が固定軸から受ける抗力を図 23.4 のように極座標成分 R_r と R_θ に分解します．剛体の並進運動の運動方程式は，第 21 章 199 ページの式 (20.4) です．質量 M の質点が半径 b

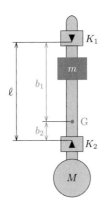

図 **23.3**　ケーターの可逆振り子（模式図）

の円周上を運動していると考えればよいわけで，中心向きと接線向きの運動方程式の成分を書くと，

$$Mb\left(\frac{\mathrm{d}\theta}{\mathrm{d}t}\right)^2 = R_r - Mg\cos\theta \tag{23.13}$$

$$Mb\frac{\mathrm{d}^2\theta}{\mathrm{d}t^2} = R_\theta - Mg\sin\theta \tag{23.14}$$

となります.

剛体の回転運動の運動方程式 (23.8) より

$$\frac{\mathrm{d}^2\theta}{\mathrm{d}t^2} = -\frac{Mgb}{I}\sin\theta \tag{23.15}$$

ですから，

$$R_\theta = \left(1 - \frac{Mb^2}{I}\right)Mg\sin\theta = \frac{{\kappa_\mathrm{G}}^2}{{\kappa_\mathrm{G}}^2 + b^2}Mg\sin\theta \tag{23.16}$$

☞ $\dfrac{I}{M} = \kappa^2 = {\kappa_\mathrm{G}}^2 + b^2$

と決まります. また，式 (23.15) に $\dfrac{\mathrm{d}\theta}{\mathrm{d}t}$ を掛けて積分すると，

$$\frac{1}{2}\left(\frac{\mathrm{d}\theta}{\mathrm{d}t}\right)^2 = \frac{Mgb}{I}\cos\theta + C \tag{23.17}$$

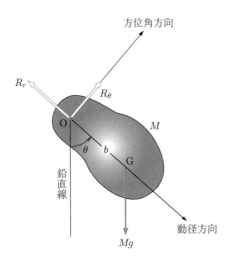

図 **23.4**　固定軸から受ける抗力

☞ 振れ角が $-\theta_0 \leqq \theta \leqq \theta_0$ ということです．θ_0 のことを角振幅といいます．

が得られます．ここで，C は積分定数で，初期条件によって決まります．ここでは，仮に $\dfrac{\mathrm{d}\theta}{\mathrm{d}t} = 0$ となる角を θ_0 としましょう．このとき，$C = -\dfrac{Mgb}{I}\cos\theta_0$ となり，この式を用いて，

$$R_r = \frac{2b^2}{\kappa_{\mathrm{G}}{}^2 + b^2} Mg\left(\cos\theta - \cos\theta_0\right) + Mg\cos\theta \tag{23.18}$$

となります．

24 剛体の平面運動

学習のねらい

　机の上でコーヒーの空缶が転がる運動や，テニスボールがコート上を転がる運動など，剛体の回転軸が常に平行に保たれる運動の取り扱いに習熟することを目指します.

　この章では，剛体の回転軸が常に定平面 S に垂直である平面運動を考察します. この平面を運動平面とよぶことにします. 例として，円筒状の物体が，運動平面が S である平面運動をする様子を図 24.1 に示しました.

☞ 定平面とは，空間内に固定され，時間が経過しても動かない平面のことです.

24.1 剛体の平面運動の運動方程式

　剛体の平面運動の自由度を，図 24.1 を参照して数えましょう. 剛体内の点 A の軌跡は，運動平面 S に平行な定平面 H 上の曲線 f となります. 定平面内の点の位置を表す自由度は 2 です. また，点 A は平面 H（平面 S）に

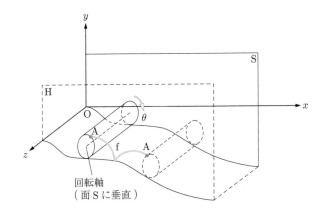

図 24.1　剛体の平面運動のパラメータ
円筒状の物体が中心軸の向きを変えずに坂道を転がる様子. 円筒の奥の底面が常に定平面 S（この平面内に x, y 軸を設定する）の上にあるように運動しているので，平面運動という. 手前の底面上の点 A は，平面 S と平行な平面 H の上で運動する. 曲線 f は平面 H 上の点 A の軌跡である.

垂直な回転軸のまわりに回転できます．その自由度は回転角で表されるので 1 となります．結局，剛体の平面運動の自由度は合計 3 となります．

　この考察から剛体の平面運動は，並進運動に関して 2 つ，回転運動に関して 1 つ合計 3 つの方程式で記述されることが分かります．並進運動は，運動平面内に x, y 軸を設定して

$$M\frac{\mathrm{d}^2 x_\mathrm{G}}{\mathrm{d}t^2} = F_x, \quad M\frac{\mathrm{d}^2 y_\mathrm{G}}{\mathrm{d}t^2} = F_y \tag{24.1}$$

回転運動は，第 23 章の剛体の固定軸まわりの運動を記述する 216 ページの運動方程式 (22.4)

$$I_\mathrm{G}\frac{\mathrm{d}^2\theta}{\mathrm{d}t^2} = N_z \tag{24.2}$$

☞ 剛体は運動平面に沿って運動するのですから，この面に垂直な z 軸方向の力の成分はありません．

☞ 並進運動と回転運動を分離して独立に考えれば，回転軸の向きは運動平面に垂直で変わらないので，固定軸まわりの運動と同じです．

とします．ここで x_G, y_G は重心の座標，I_G は重心を通り x, y 平面に垂直な軸のまわりの慣性モーメントです．

　平面運動する剛体の運動エネルギー K は，並進の運動エネルギーと回転の運動エネルギーの和です．すなわち

$$K = \frac{1}{2}M\left\{\left(\frac{\mathrm{d}x_\mathrm{G}}{\mathrm{d}t}\right)^2 + \left(\frac{\mathrm{d}y_\mathrm{G}}{\mathrm{d}t}\right)^2\right\} + \frac{1}{2}I_\mathrm{G}\left(\frac{\mathrm{d}\theta}{\mathrm{d}t}\right)^2 \tag{24.3}$$

また，運動方程式を用いると，

$$\begin{aligned}
\frac{\mathrm{d}K}{\mathrm{d}t} &= M\left(\frac{\mathrm{d}x_\mathrm{G}}{\mathrm{d}t}\frac{\mathrm{d}^2 x_\mathrm{G}}{\mathrm{d}t^2} + \frac{\mathrm{d}y_\mathrm{G}}{\mathrm{d}t}\frac{\mathrm{d}^2 y_\mathrm{G}}{\mathrm{d}t^2}\right) + I_\mathrm{G}\frac{\mathrm{d}\theta}{\mathrm{d}t}\frac{\mathrm{d}^2\theta}{\mathrm{d}t^2} \\
&= F_x\frac{\mathrm{d}x_\mathrm{G}}{\mathrm{d}t} + F_y\frac{\mathrm{d}y_\mathrm{G}}{\mathrm{d}t} + N_z\frac{\mathrm{d}\theta}{\mathrm{d}t}
\end{aligned} \tag{24.4}$$

が成り立つことが分かります．

24.2　剛体の平面運動の例題

　簡単な問題について運動方程式 (24.1)，(24.2) を解いてみよう．

例題 24.1　水平面上の円筒の運動

半径 a，質量 M の円筒が，粗い水平面（机の面）上を運動している．この運動を調べよ．

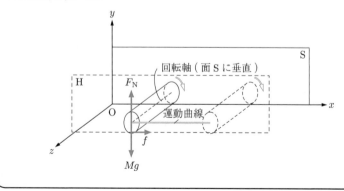

解 　座標系 O–xyz は，水平方向を x 軸，鉛直方向を y 軸，紙面の裏から表へ垂直な方向を z 軸とします．円筒の運動平面は図のように x–y 面，回転軸は z 軸に平行で，剛体は x 軸方向に運動します．剛体に作用する力は図のように，重力 Mg，垂直抗力 F_N と摩擦力 f です．運動方程式 (24.1)，(24.2) は，回転角 θ の代わりに角速度 $\omega = \dfrac{\mathrm{d}\theta}{\mathrm{d}t}$ を用いると，

$$M\frac{\mathrm{d}^2 x_G}{\mathrm{d}t^2} = f \tag{24.5}$$

$$M\frac{\mathrm{d}^2 y_G}{\mathrm{d}t^2} = F_N - Mg \tag{24.6}$$

$$I_G\frac{\mathrm{d}\omega}{\mathrm{d}t} = af \tag{24.7}$$

となります．

　初期条件は，静止した円筒に対して時刻 $t = 0$ に，時計回り（図の矢印の向き）に角速度 $\omega_0 \, (> 0)$ を与えたとします．始めは空回り（剛体が水平面上で滑っている）しますが，x 軸の正の向きに動摩擦力がはたらくため，剛体は x 軸の正の向きに動き出し，加速していきます．一方，トルクが正ですから回転の角速度は $-\omega_0$ から増加し（大きさは小さくなる），円筒と水平面（x-z 面）が接触する点で並進の速度と回転による逆向きの速度が一致するとき，滑りがとまると考えられます．このとき，接触点は水平面に対して静止しています．

　さて，剛体の運動は，x-z 面の上に束縛されています．そのため，$y_G = a$ で一定となり，式 (24.6) から $F_N = Mg$ が得られます．また，動摩擦係数を μ とすれば，$f = \mu F_N$ ですから，$f = \mu Mg$ となります．更に，224 ページに示した慣性モーメントの表 22.1 の薄い円筒で $R = a$ と置くことで，円筒の慣性モーメント I_G は Ma^2 であることが分かります．

　以上の考察から，式 (24.5) と式 (24.7) は，以下のように書き換えられます．

$$\frac{\mathrm{d}^2 x_G}{\mathrm{d}t^2} = \mu g \,, \quad \frac{\mathrm{d}\omega}{\mathrm{d}t} = \frac{\mu g}{a} \tag{24.8}$$

これらの式を 1 回積分し，積分定数を先に述べた初期条件で決めると，

$$\frac{\mathrm{d}x_G}{\mathrm{d}t} = \mu g t \,, \quad \omega = -\omega_0 + \frac{\mu g}{a} t \tag{24.9}$$

が得られます．従って，円筒と水平面とが接触する点の水平面に対する速度 v は，

$$v = \frac{\mathrm{d}x_G}{\mathrm{d}t} + a\omega = 2\mu g t - a\omega_0 \tag{24.10}$$

で与えられることが分かります．

　この式から，剛体と水平面の接触点が止まる時刻 t_1 は

$$v = 0 \quad \Rightarrow \quad t_1 = \frac{a\omega_0}{2\mu g}$$

となります．このとき，

$$\frac{\mathrm{d}x_G}{\mathrm{d}t} = \frac{1}{2}a\omega_0 \,, \quad \omega = -\frac{1}{2}\omega_0$$

です．

　この後，剛体は回転しながら滑ることなく進んでいくと考えられます．しかし，摩擦力が静止摩擦力 f_s に変わりますから，上の結果をそのまま使うことはできません．運動方程式を次のように修正し，解き直します．

$$M\frac{\mathrm{d}^2 x_G}{\mathrm{d}t^2} = f_s \tag{24.11}$$

$$I_G\frac{\mathrm{d}\omega}{\mathrm{d}t} = af_s \tag{24.12}$$

☞ 水平面（x-z 面）は回転軸と平行ですから，運動平面ではありません．

☞ 摩擦力による回転軸まわりのモーメント $\boldsymbol{N}$ は $\boldsymbol{r} \times \boldsymbol{f}$ です．ここで，$\boldsymbol{r}$ は回転軸からみた摩擦力の作用点の位置ベクトルで，$\boldsymbol{r} = -a\boldsymbol{j}$ です．摩擦力は $f\boldsymbol{i}$ ですから，$\boldsymbol{N} = (-a\boldsymbol{j}) \times (f\boldsymbol{i}) = af\boldsymbol{k}$ となります．

☞ 式で書くと，$\dfrac{\mathrm{d}x_G}{\mathrm{d}t} = 0$，$\omega = -\omega_0$

剛体と水平面の接触点が止まる条件

$$\frac{\mathrm{d}x_\mathrm{G}}{\mathrm{d}t} + a\omega = 0 \tag{24.13}$$

を時刻 t で微分すると,

$$\frac{\mathrm{d}^2 x_\mathrm{G}}{\mathrm{d}t^2} + a\frac{\mathrm{d}\omega}{\mathrm{d}t} = 0$$

が得られます. 運動方程式 (24.11), (24.12) から加速度と角加速度を求めてこの関係式に代入すると,

$$\left(\frac{1}{M} + \frac{a^2}{I_\mathrm{G}}\right) f_\mathrm{s} = 0 \tag{24.14}$$

となり, 静止摩擦力 $f_\mathrm{s} = 0$ となります. このことから, 先の予想の通り, 剛体は滑ることなく一定の速さで水平面上を転がっていくことが分かります.

☞ この結論は, 慣性モーメント I の値とは無関係ですから, 円柱（中身の詰まった円筒）や球でも滑らずに転がり始めることになります. 但し, その時の重心の速さは I に依存して異なります.

尚, 円筒が滑らないで転がる条件は, 剛体と水平面の接触点が常に静止していることですから, 式 (24.13) で与えられます. 次のように幾何学的に理解することもできます. 図 24.2 に, 円筒が回転して右向き移動した図を示しました. 重心の移動距離 $\overline{\mathrm{GG'}} = \Delta x_\mathrm{G}$ と円弧の長さ $\overset{\frown}{\mathrm{PQ}} = a\Delta\theta$ が等しくなければなりません. 従って,

$$\Delta x_\mathrm{G} = a\Delta\theta$$

となります. この式をこの間の時間 Δt で割って, $\Delta t \to 0$ の極限をとれば, 剛体が滑らずに転がる条件

$$\frac{\mathrm{d}x_\mathrm{G}}{\mathrm{d}t} = a\frac{\mathrm{d}\theta}{\mathrm{d}t} \tag{24.15}$$

が得られます.

ここで 1 つ注意しておきます. x_G, θ を座標と考えるときには, x_G の正の向きを図 24.2 の右向きとし, θ の正の向きを反時計回りの向きとします. ですから, 図 24.2 の $\Delta\theta$ は負の量として扱わなければなりません. そのため, ここで求めた条件式 (24.15) は, 式 (24.13) と比べて右辺の符号が逆になっています.

☞ 2 力の釣り合いを,「力の大きさが等しい」と考える（式 (24.15) の立場）か,「ベクトルとして和がゼロになる」と考える（式 (24.13) の立場）かの違いです.

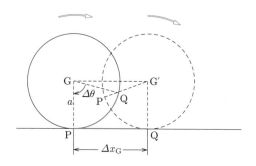

図 24.2 円筒が滑らない条件
巻いたテープが解けていく様子を想像しよう.

問 24.1 例題 24.1 で, 円筒を円柱や球に変えた場合, 滑らずに転がり始めるまでの時間と, その時の並進運動の速さおよび回転運動の角速度を求めよ.

解 剛体が滑っているときの方程式を慣性モーメント I_G を用たまま書き直すと, 式 (24.8) は次の形になる.

$$\frac{\mathrm{d}^2 x_\mathrm{G}}{\mathrm{d}t^2} = \mu g, \quad \frac{\mathrm{d}\omega}{\mathrm{d}t} = \frac{Ma}{I_\mathrm{G}}\mu g$$

これを与えられた初期条件の下で積分し，剛体と水平面の接触点の速度 v を求めると，

$$v = \frac{\mathrm{d}x_\mathrm{G}}{\mathrm{d}t} + a\omega = \left(1 + \frac{Ma^2}{I_\mathrm{G}}\right)\mu g t - a\omega_0$$

よって，滑りが止まる時刻は $t_1 = \dfrac{a\omega_0}{\left(1 + \frac{Ma^2}{I_\mathrm{G}}\right)\mu g}$ で，このとき，

$$\frac{\mathrm{d}x_\mathrm{G}}{\mathrm{d}t} = \frac{a\omega_0}{1 + \frac{Ma^2}{I_\mathrm{G}}}, \quad \omega = -\frac{\omega_0}{1 + \frac{Ma^2}{I_\mathrm{G}}}$$

となる．具体的な値を以下の表にまとめておく．

表 24.1　滑らずに転がるときの速さと角速度

物体	大きさ	I_G	t_1	$\dfrac{\mathrm{d}x_\mathrm{G}}{\mathrm{d}t}$	ω
円筒	直径：$2a$	Ma^2	$\dfrac{1}{2}\dfrac{a\omega_0}{\mu g}$	$\dfrac{1}{2}a\omega_0$	$-\dfrac{1}{2}\omega_0$
円柱	直径：$2a$	$\dfrac{1}{2}Ma^2$	$\dfrac{1}{3}\dfrac{a\omega_0}{\mu g}$	$\dfrac{1}{3}a\omega_0$	$-\dfrac{1}{3}\omega_0$
球殻	直径：$2a$	$\dfrac{2}{3}Ma^2$	$\dfrac{2}{5}\dfrac{a\omega_0}{\mu g}$	$\dfrac{2}{5}a\omega_0$	$-\dfrac{2}{5}\omega_0$
球	直径：$2a$	$\dfrac{2}{5}Ma^2$	$\dfrac{2}{7}\dfrac{a\omega_0}{\mu g}$	$\dfrac{2}{7}a\omega_0$	$-\dfrac{2}{7}\omega_0$

例題 24.2　斜面上を転がり落ちる円柱の運動

半径 a，質量 M の円柱が，粗い斜面の最大傾斜線に沿って滑らず転がり落ちていく．静止摩擦係数を μ_0 として，この剛体の運動を考察せよ．

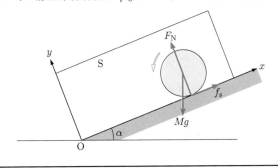

解　第 13 章の例題 13.1（115 ページ）で取り扱った物体の降下を，回転する剛体に置きかえて考察します．座標系はそのときと同じものを使います．

滑らずに転がる場合は，円柱と斜面の間には静止摩擦力 f_s が作用します．剛体の並進の運動方程式と，回転の運動方程式は

$$M\frac{\mathrm{d}^2 x_\mathrm{G}}{\mathrm{d}t^2} = f_\mathrm{s} - Mg\sin\alpha \tag{24.16}$$

$$M\frac{\mathrm{d}^2 y_\mathrm{G}}{\mathrm{d}t^2} = F_\mathrm{N} - Mg\cos\alpha \tag{24.17}$$

$$I_G \frac{d\omega}{dt} = af \tag{24.18}$$

です．斜面上を転がるという束縛条件（$y_G = a$）がありますから，式 (24.17) より

$$F_N = Mg\cos\alpha \tag{24.19}$$

と決まります．滑らずに転がる条件式 (24.13) を時刻 t で微分し，加速度の x 成分と角加速度を式 (24.16) と (24.18) を用いて消去すると，

$$\frac{d^2 x_G}{dt^2} + a\frac{d\omega}{dt} = \frac{f_s}{M} - g\cos\alpha + \frac{a^2 f_s}{I_G} = 0 \tag{24.20}$$

という式が得られ，静止摩擦力が求められます．

$$f_s = \frac{Mg\sin\alpha}{1 + \frac{Ma^2}{I_G}} = \frac{1}{3}Mg\sin\alpha \tag{24.21}$$

ここで，円柱の慣性モーメントが $I_G = \frac{1}{2}Ma^2$ である事を使いました．この値を運動方程式に入れれば，加速度の x 成分と，角加速度が求められます．

$$\frac{d^2 x_G}{dt^2} = -a\frac{d\omega}{dt} = -\frac{\frac{Ma^2}{I_G}g\sin\alpha}{1 + \frac{Ma^2}{I_G}} = -\frac{2}{3}g\sin\alpha \tag{24.22}$$

重心は，等加速度直線運動をします．

ところで，静止摩擦力 f_s は最大摩擦力 $\mu_0 F_N$ を越えられないという制限がありました．式 (24.19) と (24.21) から，斜面の傾きに対して，

$$f_s \leqq \mu_0 F_N \quad \Rightarrow \quad \tan\alpha \leqq \left(1 + \frac{Ma^2}{I_G}\right)\mu_0 = 3\mu_0 \tag{24.23}$$

という条件がつきます．

問 24.2　例題 24.2 で，初期条件として時刻 $t = 0$ のとき $x_G = \ell$，$\omega = 0$ として解を求め，力学的エネルギーが保存することを確かめよ．

解　式 (24.22) を積分して，積分定数を初期条件から決めると，

$$x_G = \ell - \frac{1}{3}g\sin\alpha \cdot t^2, \quad \omega = \frac{2}{3a}g\sin\alpha \cdot t$$

となる．力学的エネルギー E は，並進運動のエネルギー，回転運動のエネルギーと重力による位置エネルギーである．位置エネルギーの基準を原点を含む水平面とすると，$I_G = \frac{1}{2}Ma^2$ である事用いて，

$$E = \frac{1}{2}M\left(\frac{dx_G}{dt}\right)^2 + \frac{1}{2}I_G\left(\frac{d\omega}{dt}\right)^2 + Mgx_G\sin\alpha = Mg\ell\sin\alpha$$

となって，力学的エネルギー E は時刻 t に依らない．

24.3　撃力が作用する場合の剛体の平面運動

第 14 章の 14.2 節（126 ページ）で述べた撃力が，剛体に働いたときの運動について考えてみましょう．重心の速度成分を

$$\frac{dx_G}{dt} = v_x, \quad \frac{dy_G}{dt} = v_y$$

と書くことにします．この速度成分を用いると，剛体の並進運動の運動方程
式 (24.1) は，変数分離形の微分方程式となります．これを積分して

$$\int M \mathrm{d}v_x = \int F_x \mathrm{d}t, \quad \int M \mathrm{d}v_y = \int F_y \mathrm{d}t$$

と書くことができます．撃力が働く直前の時刻 t_0 から直後の時刻 t まで積
分すると，

$$M\big(v_x(t) - v_x(t_0)\big) = \int_{t_0}^{t} F_x \mathrm{d}t, \quad M\big(v_y(t) - v_y(t_0)\big) = \int_{t_0}^{t} F_y \mathrm{d}t$$

$$(24.24)$$

となります．右辺の積分は力積と呼ばれ，これが運動量の変化と等しいこと
を示しています．

　剛体の回転運動の運動方程式 (24.2) も，角速度 ω を用いて書くと変数分
離形で，積分して式 (24.24) と同様に，角運動量の変化が角力積に等しいと
いう形に表すことができます．

$$I_{\mathrm{G}}\big(\omega(t) - \omega(t_0)\big) = \int_{t_0}^{t} N_z \mathrm{d}t \tag{24.25}$$

ここで N_z は，重心から見た力 $\boldsymbol{F}$ の作用点の位置ベクトルを $\boldsymbol{r}$ として，
$\boldsymbol{r} \times \boldsymbol{F}$ の z 成分ですから，

$$N_z = xF_y - yF_x$$

と書けます．撃力が働くのは非常に短い時間なので，時刻 t_0 と t で位置ベ
クトル $\boldsymbol{r}$ は同じであるとみなせます．そのため，式 (24.25) の右辺の積分を
行うとき，x, y を定数とみなして積分の外へ出すことができます．従って，
角運動量の変化を次のように力積を用いて表すことができます．

$$I_{\mathrm{G}}\big(\omega(t) - \omega(t_0)\big) = x \int_{t_0}^{t} F_y \mathrm{d}t - y \int_{t_0}^{t} F_x \mathrm{d}t \tag{24.26}$$

　以上の考察により，撃力が作用する場合の剛体の平面運動は，重心の並
進運動を表す式 (24.24)，および重心まわりの回転運動を表す式 (24.26) に
よって解析出来ることが分かりました．

──── 例題 24.3　ラケットでボールを打ち返す ────

静止した質量 M のラケットに撃力が加えられたとき，ラケットがどの
ような運動を始めるか考察せよ．ラケットは剛体とみなせるとし，ボー
ルがラケットの面に垂直に当たるときを考える．

解　図 24.3 のように，剛体の重心 G を原点とし，撃力の作用する点 O が y 軸上
にあり，x 軸が力積の向きと平行になるように 2 次元デカルト座標系をとります．そ
して，$\overline{\mathrm{OG}} = \ell_1$，力積を $\bar{I}$ とします．撃力が作用した後，ラケットの重心は x 軸の
正の向きに速さ v_x で動き出し，同時にラケットは重心のまわりに角速度 ω で回転
を始めたとしましょう．回転軸は x–y 面に垂直です．

並進の運動方程式を積分した式 (24.24) より

$$Mv_x = \bar{I} \quad \Rightarrow \quad v_x = \frac{\bar{I}}{M}$$

回転の運動方程式を積分した式 (24.26) より

$$I_G\omega = -\ell_1\bar{I} \quad \Rightarrow \quad \omega = -\frac{\ell_1\bar{I}}{I_G}$$

となります. ω が負になるのは, ラケットが時計回りに回転するからです. 点 O は, 撃力が作用した直後には, 右向きに $v_x + \ell_1|\omega|$ の速さで動き出します.

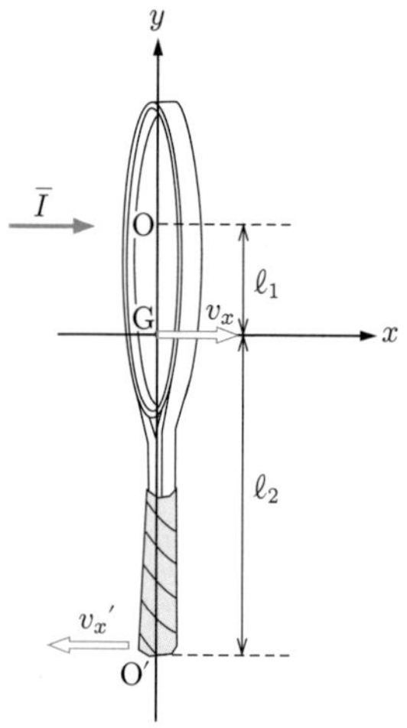

重心 G より下の点では, 撃力が作用した直後の回転による速度の向きが x 軸の負の向きになり, 並進運動による速度と逆になります. そこで, ラケットを握る点をグリップエンド O′ として, この点の速度 $v_x{}'$ を計算してみましょう. $\overline{O'G} = \ell_2$ とすると,

$$v_x{}' = v_x + \ell_2\omega = \left(\frac{1}{M} - \frac{\ell_1\ell_2}{I_G}\right)\bar{I} \tag{24.27}$$

です. ボールを打ち返した瞬間ラケットを握る部分がこの速度で動き出し, 手に衝撃を感じることになります. ボールの当たる場所が変わると ℓ_1 が変化して $v_x{}'$ も変わるので, 手に感じる衝撃も変化します. しかし, $v_x{}' = 0$ となるときには, 全く衝撃を受けないことになります. 式 (24.27) から衝撃を受けない条件を求めると,

$$\ell_1 = \frac{I_G}{M\ell_2} = \frac{\kappa_G{}^2}{\ell_2} \tag{24.28}$$

であることが分かります. この点 O を O′ に対する衝撃の中心または打撃の中心 (center of percussion) といいます.

尚,

$$\overline{OO'} = \overline{OG} + \overline{GO'} = \ell_1 + \ell_2 = \frac{\kappa_G{}^2}{\ell_2} + \ell_2$$

という関係があります. 229 ページの式 (23.10) から, この長さは相当長にあたることが分かります. つまり, O′ を通り紙面に垂直な固定軸のまわりに, ラケットを微小振動させたときの周期に等しい単振り子の長さが, $\overline{OO'}$ です.

図 24.3   打撃の中心

☞ テニスラケットのスイートスポットといったり, 野球のバットの芯といったりする点のことです.

問 24.3   中心軸を O を通り紙面に垂直な固定軸にとっても同じ周期となることを示せ.

解   式 (24.28) は,

$$\ell_2 = \frac{\kappa_G{}^2}{\ell_1}$$

と書き直すことができるので,

$$\overline{OO'} = \ell_1 + \ell_2 = \frac{\kappa_G{}^2}{\ell_1} + \ell_1$$

となり, 点 O を通る固定軸まわりの振動に対する相当長でもある.

本書における剛体に関する記述はひとまずここで終わりとします. コマの運動, ジャイロスコープの原理や飛行物体の姿勢の制御など, 剛体の運動には興味があり, かつ重要な多くの問題があります. 専門書等で更に学習を深めてください.

索　引

力学 2024

2017 年 3 月 20 日	第 1 版 第 1 刷 発行
2018 年 3 月 20 日	第 2 版 第 1 刷 発行
2024 年 3 月 20 日	第 2 版 第 7 刷 発行

編　著　　鳥居 隆

発 行 者　　発田和子

発 行 所　　株式会社 学術図書出版社

〒113−0033　　東京都文京区本郷 5 丁目 4−6
TEL 03−3811−0889　　振替 00110−4−28454
印刷 三和印刷（株）

© T. TORII　2017, 2018　Printed in Japan
ISBN978−4−7806−1217−2　C3042